自动导向垂钻系统与随钻测量技术

郭 宏 著

科 学 出 版 社

北 京

内 容 简 介

本书根据自动导向垂直钻井系统的工作原理，对自动导向垂直钻井系统的整体结构进行分析；根据导向钻具的工作状况对其进行动力学研究和有限元分析；对偏置机构的控制方案，纠斜单元的纠斜策略进行研究；分析电磁波信号在地下传输的基本原理，对电磁波随钻测量仪设计的关键问题进行研究；最后对井下涡轮发电机不同外部结构形式下的内部流场特性进行仿真，提出适用于井下涡轮发电机的结构方案。

本书可供从事钻井工程、石油钻井、地质勘查、地质钻探等领域的科研人员、教师、工程师及其他相关人员参考和阅读。

图书在版编目（CIP）数据

自动导向垂钻系统与随钻测量技术／郭宏著. —北京：科学出版社，2019.11

ISBN 978-7-03-062429-1

Ⅰ. ①自… Ⅱ. ①郭… Ⅲ. ①油气钻井－定向钻井 ②随钻测量
Ⅳ. ①TE243 ②TE27

中国版本图书馆 CIP 数据核字（2019）第 215598 号

责任编辑：杜 权／责任校对：高 嵘
责任印制：彭 超／封面设计：苏 波

科学出版社出版
北京东黄城根北街 16 号
邮政编码：100717
http：//www.sciencep.com
北京虎彩文化传播有限公司印刷
科学出版社发行 各地新华书店经销
*
开本：787×1092 1/16
2019 年 11 月第 一 版 印张：11
2019 年 11 月第一次印刷 字数：280 000

定价：75.00 元

（如有印装质量问题，我社负责调换）

前　言

自动导向垂直钻井技术是在钻井过程中根据随钻测量钻孔的偏斜，确定孔斜后随即通过控制纠斜单元来纠正井斜，该项技术是当今钻井技术发展的热点。在实际的钻井工程中，各种高垂直度要求的钻孔越来越多，自动导向垂直钻进技术也就成为目前钻井工程界研究的一个重要方向。

本书根据自动导向垂直钻井系统的工作原理，对自动导向垂直钻井系统的整体结构进行分析，根据导向钻具的工况对其进行动力学研究和有限元分析，并对构成自动垂直钻井系统的三大组成部分：纠斜单元、随钻测量仪、动力源的工作原理和结构进行分析，通过仿真给出其设计的优化策略。主要内容包括以下五个方面。

（1）根据自动导向垂直钻井系统的功能原理，对自动导向垂直钻井系统的整体结构进行分析，对其三个组成单元工作原理和结构形式进行分析，提出优化设计的思路；重点分析纠斜单元的几种纠斜策略和对应的结构布置形式，提出采用单缸独立动作与双缸异步动作结合的纠斜策略，确定以单泵组三液压缸横向布置形式作为纠斜单元的设计方案。根据自动导向钻具的设计原理，提出根据钻进测斜计算理论与空间几何直线相对位置判断理论确定钻具倾斜状态与偏离距离的计算方法；采用平均角法和最小曲率法计算测段空间坐标偏离设计轨迹的距离与方向，根据计算结果，确定控制支撑掌的序号及进行纠斜的控制方式。

（2）分析偏置机构的核心部件的设计要求。通过两种控制方案的对比，提出遵循最小能量原则和就近原则，采用偏置合位移的最优控制方案，并给出导向工具控制算法框图。利用 Solid Works 三维分析软件对偏置机构的整体装配进行分析，确定各元、部件之间的几何关系和拓扑关系。同时根据适应于纠斜单元优化设计的纠斜策略，提出采用二位二通螺纹插装阀换向和保压的液压控制系统方案，利用 AMESim 软件建立液压控制系统仿真模型，以压力传感器、数据采集卡、PLC 控制器及微机等组成的测试平台，对所设计的液压系统进行试验测试，并验证仿真结果的合理性。

（3）在分析自动导向钻具 BHA 动力学规律的过程中，分别阐述自动导向钻具 BHA 轴向、横向、扭转及其相互之间的耦合振动规律。应用哈密顿（Hamilton）原理对其进行动力学分析，准确、真实地反映了其实际动力学关系。并利用 ANSYS 有限元分析软件，模拟在不同钻压、转速及偏置力情况下，自动导向钻具 BHA 的振动特性。建立基于该理论的钻柱模型，利用该软件分别分析在偏置力作用下轴向振动、横向振动、扭转振动及耦合振动的问题。

（4）讨论电磁波双向信号传输在旋转导向钻进中的作用，分析电磁波信号在地下传输的基本原理与频率特性。通过对发射方式、天线形式的分析，确定直接电场耦合信号发射方式，对比常见电磁随钻测量发射天线的两种方式，重点讨论“并式”天线结构参数对电磁波信号发射的影响。同时根据电磁波随钻测量仪的工作环境条件要求，对其结构设计上遇到的抗压、密封、抗震、散热问题，以及如何在狭小空间内实现电气可靠和快速连接等有关问题进行研究。

（5）分析影响井下涡轮发电机效率的因素，对井下涡轮发电机的几种结构形式进行三维建模，利用计算流体力学的方法，使用 CFD 软件 FloWorks 对井下涡轮发电机不同外部结构形式下的内部流场特性进行仿真，提出适用于井下涡轮发电机的结构方案，并就井下涡轮发电机的结构设计与试验方案提出参考建议。

本书得到国家科学技术部高技术研究发展计划“863”项目“电磁波随钻遥测式自动垂钻系统关键技术研究”（2006AA06Z208）的支持。在编写过程中得到中国地质大学工程学院姚爱国教授的大力支持与帮助，姚教授认真审阅了本书的内容，并提出很多建设性和指导性的意见，在此表示衷心的感谢。同时还要感谢我的师兄邵养涛、陈高杰和张萌等人，感谢他们无偿提供宝贵的资料，对本书起了很大的帮助。

本书虽然在自动导向垂直钻井系统的相关理论、结构设计与优化方面进行了深入的探讨，但是作者水平有限，本书在很多地方还存在着不足和需要完善的地方，诚请读者指正并提出宝贵意见。

郭　宏

2019 年 6 月 15 日

目　录

第 1 章　自动导向垂直钻井系统

1.1　自动导向垂直钻井系统概述

在钻井过程中保持井眼垂直是十分有益的，因为垂直的井眼轨迹是最短的，可以使得套管下井更深，能够降低钻井过程中的扭矩和摩阻，并且避免黏滑及减少地质上的一些不确定性的因素。因此无论在地质科学钻探领域，还是在石油钻井等领域对垂钻技术和垂钻设备都有着很高的要求。

1.1.1　自动垂直钻井系统

防斜是钻井作业中的一个重要课题。直井存在防斜问题，定向井、大斜度井、水平井、分支井、大位移井及丛式井的直井段同样存在防斜问题，而且对井斜有更为严格的限制。一般高陡构造中的钻井为了使井眼轨道不发生偏斜，常常使用钟摆钻具及结合轻压吊打的办法以牺牲钻速来换取钻井质量。这样一来钻井周期长、成本高，并且往往井身质量很差。因此，人们渴望寻求新的防斜打快的工具和技术[1]。

自动垂直钻井技术是以垂直钻井为目标的主动防斜技术。它利用井下闭环控制和地面监测技术，在钻头钻进过程中实时测取井眼的井斜，通过实时控制钻具上纠偏机构的动作，使钻头回到垂直方向，如图 1-1 所示。它是在随钻测量和随钻地层评价技术、实时钻井数据采集-处理-应用技术、闭环旋转导向钻井技术及自动化钻机的研制等方面不断取得突破性进展的基础上发展起来的，和旋转导向钻井技术一样同属于自动化钻井技术范畴。目前国际上现有的自动垂直钻井系统都应用了旋转导向钻井技术，例如斯伦贝谢公司的 Power V 系统就综合了 Power Drive 技术；贝克休斯公司的 VertiTrak 系统综合了 AutoTrak 技术，甚至在关键的工作原理和防斜机理上都是相同的[2-3]。

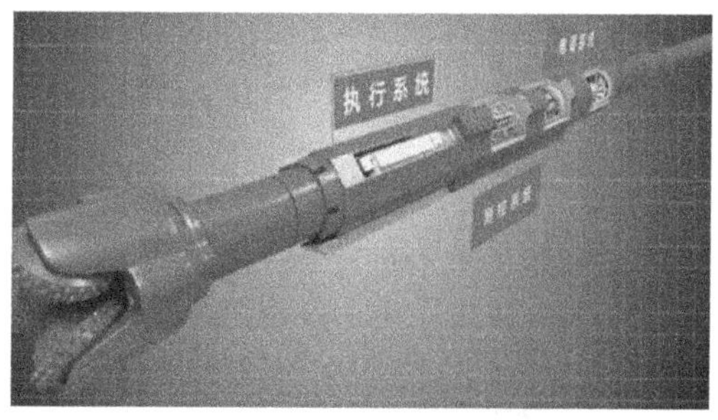

图 1-1　自动垂直钻井系统

1.1.2 旋转导向钻井系统

旋转导向钻井技术是国际上 20 世纪 90 年代发展起来的一项尖端自动化钻井新技术，它的出现是世界钻井技术的一次质的飞跃。与传统的滑动导向钻井技术相比，旋转导向钻井技术由于井下工具一直在旋转状态下工作，井眼净化效果更好，井身轨迹控制精度更高，位移延伸能力更强，更适合于海洋油气资源开发以及在油田开发后期的复杂油气藏中钻超深井、高难定向井、丛式井、水平井、大位移井、分支井以及三维复杂结构井等特殊工艺井[4-6]。

旋转导向钻井系统主要由地面监控系统、双向通信系统、测量系统、短程通信系统、井下旋转导向钻井工具系统组成，如图 1-2 所示。这个系统可实施井下自动测量、辨别、处理、控制、传输。

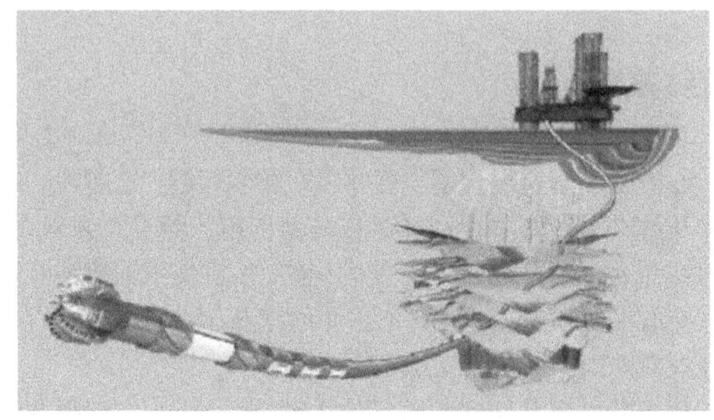

图 1-2　旋转导向钻井系统

系统工作时，井下旋转导向钻井工具系统根据钻头空间姿态测量系统测得的井眼信息，经井下微电脑处理后，与储存在井下微电脑中的预置井眼轨迹比较，形成控制指令并发送给控制机构。控制机构按控制指令指导偏执机构产生偏置，实现导向作用。随钻测量（measure whil drilling，MWD）则将井下测量信息通过双向通信系统的上行通信功能将这些信息传输至地面监控系统，监控系统通过实时模拟软件仿真再现井下工作状况，并根据需要通过双向通信系统的下行通信功能向井下旋转导向钻井工具系统发送控制指令，实现地面干预。

井下旋转导向钻井工具系统是旋转导向钻井系统的核心。它主要由测量系统、导向机构、控制系统三部分构成。

1. 测量系统

测量系统主要用于监测井眼轨迹的井斜、方位及地层情况等基本参数，使钻井过程中井下的地质参数、钻井参数和井眼参数能够实时测量、传输、分析和控制。

2. 导向机构

按原理不同，导向机构可分为推靠式（push the bit）旋转导向工具和指向式（point the

bit）旋转导向工具。推靠式旋转导向工具是通过侧向力推靠井壁来改变钻头的井斜和方位。采用这种导向方式的有 AtuoTrak 和 Power Drive（X5、V、Xtra、vorteX）。而指向式旋转导向工具是预先定向给钻柱一个角位移，通过为钻头提供一个与井眼轴线不一致的倾角来使钻头定向造斜。采用这种导向方式的有 Power Drive Xceed 和 Geo-Pilot。

3. 控制系统

控制系统是整个系统的信息处理和管理中心，它接收测量系统的信息和地面控制指令进行处理，并根据预置的控制软件和程序控制偏置导向机构的动作，从而改变钻头的运动轨迹，以达到预设的要求。以上三种工具的控制原理和方法各不相同，这里不再赘述。

所以旋转导向钻井系统与自动垂直钻井系统在组成上类似，只是在功能的应用侧重点上有所不同，而且旋转导向钻井技术可直接用于自动垂直钻井。

1.2　自动导向垂直钻井系统应用情况

目前，国际上成熟的垂直钻井系统有 3 种[7]，分别为斯伦贝谢公司的 Power V 系统、贝克休斯公司的 VertiTrak 系统和德国智能钻井公司的 Smart Drilling 系统。

1.2.1　Power V 应用情况

斯伦贝谢公司的 Power V 旋转导向垂直钻井系统已经形成系列以满足不同钻井的需求，具体参数见表 1-1。该系统具有以下特点。

（1）自动化。自动找回垂直并全程保持垂直角度。

（2）无干扰。井下闭环工作系统不受日常钻井活动干扰。

（3）高效率。人力需要最少化，无须地面干预，选择 MWD 与否由客户决定。

（4）低成本。自动防斜打直，不需费时费钱的额外纠偏下钻。

表 1-1　Power V 系列性能参数

型号	Power V 475	Power V 675	Power V 825	Power V 900	Power V 1100
外径/mm	120.7	171.5	209.6	228.6	241.3
长度/m	4.56	4.11	4.45	4.45	4.60
重量/kg	342	771	862	1075	1 172
最大钻压/kN	223	290	290	290	290
最大扭矩/Nm	5 420	21 700	21 700	65 000	65 000
最高温度/℃	150	150	150	150	150
最大压力/MPa	138	138	138	138	138
泥浆流量/(L/min)	830～1 500	1 200～2 400	1 800～6 800	1 800～7 200	1 820～7 200

国内的塔里木油田、四川油田、玉门油田、中国海洋石油集团等单位有使用 Power V

系统的经历，都取得了较好的施工效果，缩短了钻井周期，节约了钻井成本，并且积累了相关使用经验，为我国自动垂直钻井系统研究提供了丰富的素材。

Power V 系统的优点有：

（1）可以有效地防斜和纠斜；

（2）可以有效提高钻速；

（3）井身质量良好，大部分都控制在 0.5°以内；

（4）钻柱完全旋转有效降低卡钻的风险。

Power V 系统的不足有：

（1）Power V 工具一旦失效，下部钻具立即变成一套增斜钻具组合；

（2）Pads 在硬地层极易磨损；

（3）钻进过程中扭矩比较大且不稳，容易导致刺、断钻具事故；

（4）仪器工作影响因素多，性能不能保证、故障率高；

（5）对泥浆有较高要求。

Power V 垂直钻井系统在塔里木油田应用的进尺已达 2.7 万米以上，该技术可以从根本上解决山前高陡构造防斜与加大钻压之间的矛盾，但是该工具稳定性不高，寿命较短，服务价格昂贵。

1.2.2 VertiTrak 应用情况

贝克休斯公司开发的 VertiTrak 系统只有 6 3/4″和 9 1/2″两种型号[8]，分别适用于 8 1/2″到 9 7/8″井眼和 12 1/4″到 28″井眼。9 1/2″的 VertiTrak 垂钻系统的性能参数见表 1-2。

表 1-2 9 1/2″的 VertiTrak 系列性能参数

性能参数		数值
井眼尺寸		12 1/4″～28″
长度		10.1～10.4 m
重量	12 1/4″～14 3/4″	3 200～3 500 kg
	16″～28″	4 000～4 350 kg
排量范围	底排量型	2 000～3 500 L/min
	高排量型	3 000～4 400 L/min
转速		80～185 rpm
工作压差		8 MPa
最大扭矩		27 900 Nm
工作钻眼	12 1/4″～14 3/4″	27 t
	16″～28″	34.5 t
最大钻压	12 1/4″～14 3/4″	41 t
	16″～28″	52.5 t

VertiTrak 垂钻系统适用于高倾角地层、断层及破碎地层、盐膏层及盐层，其主要优点有：

（1）能够有效控制井斜，保持井眼垂直；

（2）可以有效降低对套管的磨损；

（3）在高倾角地层应用中，防斜打快效果明显；

（4）摩阻/扭矩小，可减少钻具磨损，降低钻具扭断落井风险；

（5）井眼光滑。

VertiTrak 垂钻系统的不足有：

（1）钻进过程中易在扶正器位置形成应力集中，造成钻具的丝扣磨损加快，甚至导致钻具断裂；

（2）处理复杂情况困难，尤其在发生井漏时；

（3）摩阻较大，在自流井组钻进过程中起钻较困难；

（4）对泵设备要求较高；

（5）辅助作业和加单根时间长。

从川东北地区的应用情况来看，VertiTrak 垂钻系统的防斜效果和工具稳定性要高于 Power V。

1.2.3　Smart Drilling 应用情况

德国智能钻井(Smart Drilling)公司的前身是德国矿业集团智能钻井部，他们早在 1979 年就开始研究垂直钻井技术，并承担了德国大陆深井钻探项目（KTB），其 ZBE 系列性能参数见表 1-3。

表 1-3　ZBE 系列性能参数

性能参数	ZBE 2000	ZBE 3000	ZBE 4000	ZBE 5000
长度/m	1.93	—	4.21	5.96
重量/kg	180	300	1 300	2 900
最大钻压/kN	70	156	250	400
最大扭矩/Nm	15 000	15 000	30 000	30 000
转速/rpm	60～250	50～100	50～100	70～100
最高温度/℃	125	85	85	125
最大压力/Mpa	60	20	60	70
泥浆流量/(L/min)	830～1 500	1 200～2 460	1 800～6 800	1 820～7 600

从塔里木油田迪那 204 井试验情况来看，可以得出 ZBE 垂钻系列的如下结论：

（1）系统在高陡构造能很好地实现防斜打快的目的；

（2）系统具有减震性能，并带自动无线传输系统；

（3）系统本身对钻井参数没有约束；

（4）泵压变化、钻头喷嘴、钻头类型对系统工作无影响；

（5）压力补偿系统可保证工具在高密度钻井液和深井条件下使用。

1.2.4 V-pilot 应用情况

作为世界三大油田服务公司的哈里伯顿公司也开发了专门用于垂直钻井的 V-Pilot 系统，其性能参数见表 1-4。它主要由垂直控制分系统、容积式泥浆马达、近钻头稳定器和执行机构组成。4 个均匀分布在近钻头处的“巴掌（Pads）”由重力式触动阀决定是由一个或者两个“巴掌”产生纠斜力。近钻头的螺旋状稳定器是用来消除或者尽量减少井眼台阶和螺旋形状。纯机械的重力信号检测装置在井斜大约 0.2°时触动执行机构纠斜。该系统为机液一体化装置，在加拿大使用时井斜控制在 0.4°，在阿曼苏丹国使用时井斜控制在 0.33°。

表 1-4 V-pilot 9600 性能参数

型号	井眼尺寸/mm	长度/m	重量/kg	最大扭矩/Nm	最大钻压/t	工作温度/℃	灵敏度/°	工作压力/MPa
9600	311～559	6.9	2 722	27 116	122	200	0.183	206

1.3 自动导向垂直钻井系统的比较

1.3.1 Power V 与 VertiTrak 的比较

目前比较成熟的垂直导向钻井技术是贝克休斯公司的 VertiTrak 垂直导向钻井工具和斯伦贝谢公司的 Power V 垂直导向钻井工具。这两种工具结构特征截然不同，工作方式也不一样，但是，最终都是以主动机械力侧向作用于钻头，达到降斜防斜的目的。

两种工具的导向原理都为推靠式（push the bit），但是 VertiTrak 为静态偏置推靠式（static bias），即偏置导向机构在钻进过程中不与钻柱一起旋转，从而在某一固定方向上提供侧向力；而 Power V 为动态偏置式（dynamic bias），即偏置导向机构在钻进过程中与钻柱一起旋转，依靠控制系统使其在某一位置定向支出提供导向力。在纠斜力的产生方式上，VertiTrak 依靠液压泵向每个导向翼肋产生导向压力，属于液压驱动；而 Power V 的“巴掌”支出动力来源是钻井过程中自然存在的钻柱内外的钻井液压差。在井下工作时，由控制部分稳定平台控制上盘阀的相对稳定性；随钻柱一起旋转的下盘阀上的液压孔将依次与上盘阀上的高压孔接通，使钻柱内部的高压钻井液通过该临时接通的液压通道进入相关的翼肋支撑液压腔，在钻柱内外钻井液压差的作用下将翼肋支出。这样，随着钻柱的旋转，每个支撑翼肋都将在设计位置支出，从而为钻头提供一个侧向力，产生纠斜作用。

从国内实际应用情况来看，两种系统在工具正常情况下都可以有效地控制井斜钻成垂直井同时提高机械钻速。Power V 系统和 VertiTrak 系统需要配用功率与泵压排量更大、性能更好的钻井机泵，现有的钻井设备兼容性较差，且不得不组织必要的工具接头等，现场装配劳动强度大，且工作影响因素多，性能不够稳定、故障率高、作业费用高。总的来说 Power V 在塔里木油田的应用效果比较理想，而 VertiTrak 在川东北地区的效果更优，所以我们应根据具体的情况（工作方式，地层，钻井设备等）来选择相应的垂直钻井工具。

1.3.2　Power V 与 Power Drive 的比较

Power V 是斯伦贝谢公司开发的一种旋转导向垂直钻井系统，是斯伦贝谢旋转导向钻井系统 Power Drive 家族中的一员。而且 Power V 和 Power Drive 的原理基本相同（Power Drive Xceed 除外），所以在结构上有许多相似之处，只是在其主要功能上有所不同。

斯伦贝谢 Power Drive 系列现有 Power Drive（Xtra、X5、V、vorteX、Xceed）等类型，前四种导向方式为推靠式（push the bit），Power Drive Xtra 系列的具体参数见表 1-5，Power Drive X5 系列的具体参数见表 1-6；后一种为指向式（point the bit）。

表 1-5　Power Drive Xtra 系列性能参数

性能参数	Xtra 475	Xtra 675	Xtra 900	Xtra 1 100
外径/mm	120.7	171.5	228.6	241.3
长度/m	4.17	3.87	4.45	4.60
重量/kg	342	782	1 077	1 174
最大钻压/kN	223	268	268	268
最大扭矩/Nm	5 420	21 700	65 000	65 000
最大转速/rpm	250	220	200	200
造斜能力/(°/30 m)	0～8	0～8	0～5	0～3
最高温度/℃	150	150	150	150
最大压力/MPa	138	124	124	138
泥浆流量/(L/min)	830～1 500	1 200～2 460	1 800～6 800	1 820～7 600

表 1-6　Power Drive X5 系列性能参数

性能参数	X5 475	X5 675	X5 825	X5 900	X5 1 100
外径/mm	120.7	171.5	209.6	228.6	241.3
长度/m	4.56	4.11	4.45	4.45	4.60
重量/kg	342	771	862	1 075	1 172
最大钻压/kN	223	290	290	290	290
最大扭矩/Nm	5 420	21 700	21 700	65 000	65 000
最大转速/rpm	250	220	200	200	200
造斜能力/(°/30 m)	0～8	0～8	0～8	0～5	0～3
最高温度/℃	150	150	150	150	150
最大压力/MPa	138	138	138	138	138
泥浆流量/(L/min)	830～1 500	1 200～2 460	1 800～6 800	1 800～7 200	1 820～7 200

通过以上数据可以看出 Power V 与 Power Drive X5 两类工具的性能参数基本吻合。

Power V 综合了井下密封系统、Power Drive 技术和高精度井斜方位测量仪器等技术，并且为能钻出真正的垂直井而做了重要的改进。Power V 使用了高精度的陀螺仪和三轴加速度计等测量井斜、方位的仪表与技术，能够在已钻井段井斜角小于 1°（甚至只有约 0.5°）时精确测得当时近钻头处的井斜，而 Power Drive 是在已钻井段井斜角大于 3°～5°时才能测得井斜值。Power V 工作时，如果井眼稍有一点倾斜，其井下闭环测控系统就立即使“巴掌”主动推靠在井底处的井眼高边并自动恢复垂直，井眼就及时地按井眼高边的反方向即垂直方向钻进。Power V 有一套数据编程软件（装入特制芯片中），通过它可以对稳定平台（CU）进行编程，直接设定 CU 的工作状态、储存调取数据和分析 CU 的工作情况。Power V 的自动操作系统是依靠井下闭环和软件系统来自动工作的，它在作业过程中可以不使用 MWD 随钻测量系统，也不必像 Power Drive 那样为了把 CU 信号传输到 MWD 而专门设计安置一个电磁波短程通信系统。但是斯伦贝谢公司根据用户需要也可以像 Power Drive 那样使 Power V 具有短程通信系统并与 MWD 联用，以便于用户能够在地面进行监控。与 Power Drive 相比，Power V 的井下密封系统质量更高。

1.4 自动导向垂直钻井系统国内外研究现状

1.4.1 钻井过程的钻孔弯曲与纠正

自从发明旋转钻进技术以来，钻孔的弯曲问题就一直存在着。造成钻孔弯曲的根本原因是粗径钻具轴线偏离钻孔轴线。造成发生钻孔弯曲的充要条件主要是以下三个方面。

（1）存在孔壁间隙，为粗径钻具偏倒或弯曲提供了空间。

（2）具备偏倒或弯曲的力，为粗径钻具偏倒或弯曲提供动力。

（3）粗径钻具偏倒或弯曲的方向稳定。

为了保证冲洗液能顺畅地排出碎屑，钻孔直径一般大于钻具直径，孔壁与钻具之间的环形空隙是必然存在的。而在钻进过程中，当孔深达到一定深度时，钻杆柱已不是一简单的刚性体，而是可视为一个细长的柔性杆件。对钻头施加轴向力时，钻杆将会产生弯曲变形，由此可见，使钻具偏倒或弯曲的条件是客观存在的。但最终钻孔是否弯曲，还将决定于钻具偏倒或弯曲的方向是否稳定。如果钻具偏倒或弯曲方向不稳定，则有可能使钻头在不同时刻朝着不同方向钻进，从而只发生扩壁作用[9]。

由于钻孔弯曲和倾斜现象的存在，一些相应的防斜技术例如钟摆钻具、满眼钻具及偏轴钻具等防斜打直技术也先后出现并应用到工程中。钟摆钻具是较早用于防斜、纠斜的钻具组合，它是利用倾斜井内切点以下部分钻铤重力的横向分力，把钻头推靠在已斜井段的低边，产生降斜和纠斜效果，这个力又称为钟摆力。而满眼钻具的主要特征是其底部钻具组合中含有 2～3 个或更多的与钻头直径相近的稳定器以及相应的大直径钻铤，从而组成刚性很大、不易弯曲的防斜钻具组合。其工作原理是在已钻过的直井段中，保持刚性的满眼钻具位于井眼中间，其钻具轴线与井眼轴心线基本保持一致，从而减小钻头的倾斜角度，起到控制井眼弯曲和井斜的作用。偏轴钻具是在钻柱的下部靠近钻头处设置偏重钻铤或者设置回转心轴偏离钻柱轴心线的偏轴接头。当钻头回转时，偏轴部分在靠近钻头上方的钻具组合中产生一个离心力，该离心力的大小与偏心重量和偏心距有关。在轴向钻压的作用下，下部钻具组合发生弯曲旋转时成弓形。偏重钻挺每回转一周就会对倾斜井段的井眼低边产生一定的纠斜力，以减小倾斜井段的井斜角。前述几种传统的防斜设备和技术的共同特点是均属于被动防斜技术。它们虽然也得到了较广泛的工程应用，但在高陡构造的大倾角地层或是高应力破碎性地层中，由于无法克服地层极强的自然造斜能力，难以满足对于深井、超深井及复杂结构井上直井段钻进的要求[10-11]。

1.4.2　国外自动导向垂直钻井技术研究现状

国外工程技术人员在进行深部钻井、特别是在进行大陆深部科学钻探的过程中，认识到被动防斜技术的不足，迫切需要一种能适应深井和超深井钻进的主动防斜技术。而最早提出这一要求并投入实际研制和应用的项目是20世纪80年代开始进行的联邦德国大陆超深井计划（KTB 计划），该井的设计深度近万米，而所钻深部地层很多都是结晶岩，地层倾角可达 60°左右，在这样的条件下用传统的钻井工具难以使井眼保持垂直，因此迫切需要一种新型的垂直钻井系统来完成这一大陆超深井计划，工程技术人员提出研制一种采用主动防斜技术的自动垂直钻井系统（vertical drilling system，VDS）[12]。在提出该设想以后，美国贝克休斯公司立即开展了相应的研究工作，最终于 1988 年成功研制了垂直钻井系统，成功解决了德国大陆超深井计划中遇到的井斜问题。

1. VDS

在 VDS 的研制过程中，从首例样机开始，先后经历了 3 代共计 5 种型号的垂直钻井系统。其中 VDS-1（VDS-2 与 VDS-1 类似）属于外导向垂直钻进系统，属于最初的试验性产品，其主要结构如图 1-3 所示。

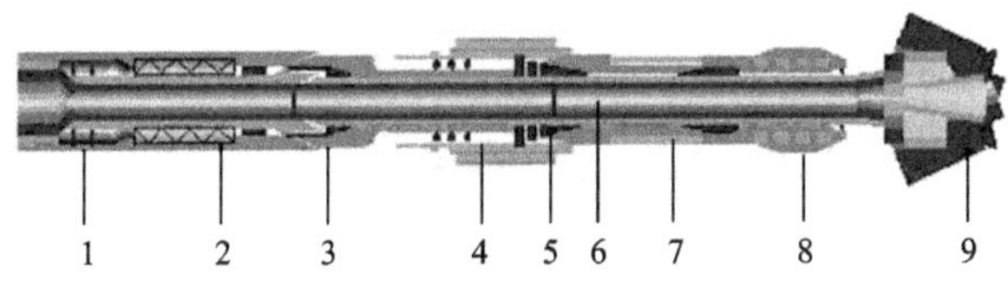

图 1-3　VDS-1 结构示意图

1. 马达驱动节；2. 内部吸振单元；3. 旋转部分；4. 轴承；5. 顶部稳定器；6. 旋转轴；7. 传感器、电子及电池部分；8. 外伸式导向块；9. 钻头

不旋转的导向套与旋转轴 6 之间通过轴承 4 连接，在导向套四周均匀分布了 4 个可以伸缩的导向块 8，由泥浆提供驱动力的 4 个活塞可以分别控制导向块的外伸。钻进过程中的井斜数据由井斜传感器测量并反馈到装置的微处理器单元，微处理器单元经过计算，发出控制命令给液压阀，由液压阀控制驱动活塞的运动，使得导向块伸缩。当导向块向外伸出时压靠井壁，产生作用于旋转轴上的纠斜导向力，使得钻具回到中心位置。

在该系统中测斜传感器、微处理器单元等是靠内置电池供电的。由于自动垂直钻井系统的导向块布置在外部，工作时外伸并作用在井壁上，这种结构形式称为外导向式垂钻结构，如图 1-4（a）所示。

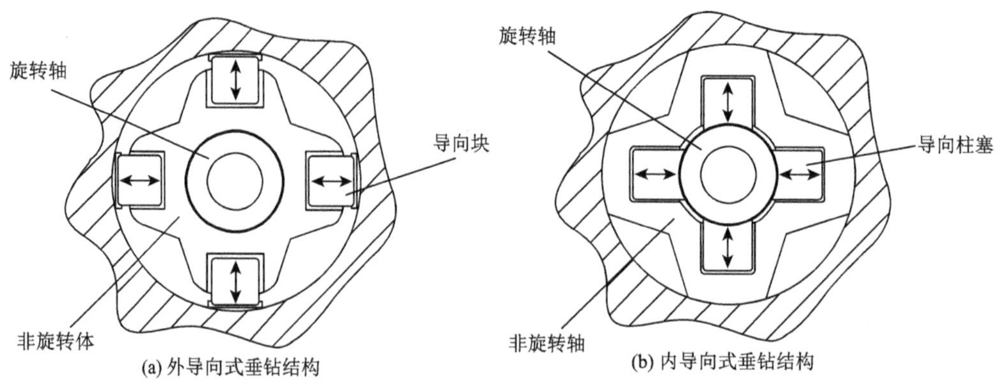

图 1-4　VDS 导向块结构布置示意图

在 KTB 计划中实际投入应用的产品为 VDS-3 和 VDS-5。VDS-3 在结构上与 VDS-1 的主要区别有两个：一个是在电子部分上 VDS-3 用数字电路取代了 VDS-1 的模拟电路；另一个是在导向块的结构形式上。如图 1-4（a）及（b）所示分别为 VDS-1 及 VDS-3 的导向块布置形式。两者的主要区别是图 1-4（a）中液压缸及导向块作用在井壁上，图 1-4（b）中所示 VDS-3 的导向块不直接作用于井壁，而是作用在内部的旋转中轴上，这种结构形式称为内导向式垂钻结构。4 个导向活塞内的压力是可以独立控制的，动力来源于内部的泥浆压力。当钻具未发生偏斜和弯曲时，4 个导向活塞均外伸抵靠旋转中轴，如果井眼偏离垂直方向，井下测斜仪测得井斜数据并传递给微处理器单元，微处理器单元经过运算，将使其中一个或两个控制阀关闭，使相应的导向活塞失压而收缩，这样外伸的导向活塞就会对旋转中轴产生一合力，然后通过旋转中轴在钻头上形成一个侧向力，从而使井眼轨迹保持到垂直方向。

图 1-5 是 VDS-3 的结构示意图。可以看出在近钻头处的不旋转外壳的外部是比较平整的，内置式导向块安装于不旋转外壳中，导向块作用在内部旋转轴上，通过对旋转轴的推挤调整钻头的方位，导向块自身并不与外井壁直接接触，从而提高了装置的使用寿命，所钻井眼轨迹的变化也更光滑一些。

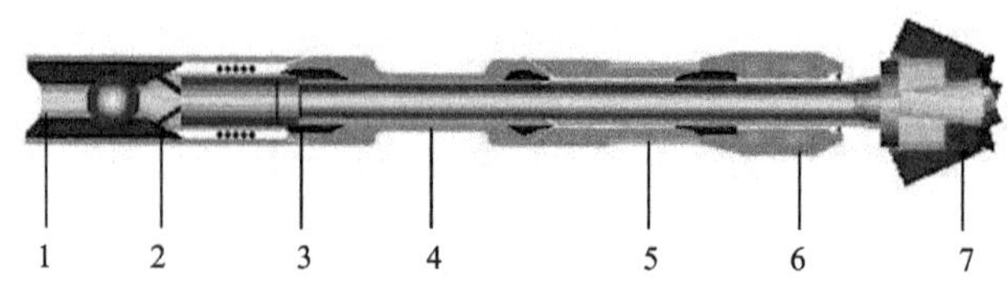

图 1-5　VDS-3 结构示意图

1. 马达联轴节；2. 不旋转外壳；3. 马达驱动节；4. 旋转轴；5. 传感器、电子及电池部分；6. 内置式导向块；7. 钻头

VDS-3 在钻进时有时会引起悬挂的现象。为了改进这一问题，并使 VDS 能应用于井径扩大的井眼，且能适应井下 200 ℃左右的高温工作环境，贝克休斯公司进一步研制了 VDS-5。VDS-5 与 VDS-1 相似，也属于外导向型的垂直钻井结构。它与 VDS-1 的主要区别在于，VDS-5 采用了“负液压导向”[13-14]。所谓的“负液压导向”是指当钻具处于完全垂直的井眼中时，4 个导向块均在压力作用下外伸并支撑于井壁上，使得钻具与井眼中轴线对中。如果井眼偏斜或弯曲时，处于井眼低边处的导向块由于对应液压缸失压而缩回，这样就会使其对面的导向块产生导向力把底部钻具推向井眼低边，从而达到纠斜的目的。VDS-5 与 VDS-1 相比，其改进之处还体现在系统中机械、液压及电子组件是严格分开的，这大大增加了系统的可靠性且便于进行维护。另外，VDS-5 中还采用了井下交流发电机来代替抗高温电池，使得系统有更好的环境适应性和更长的井下工作时间。

VDS 系列在 KTB 计划中的应用是成功的，但在使用过程中也出现了一些不足之处，一个主要原因是 VDS 中产生导向块的驱动力的来源是泥浆（钻井液）的能量，然而泥浆与液压油等普通液压介质相比，存在颗粒含量高、润滑性能差等特点，利用泥浆作为传动介质时，系统中的电磁阀以及柱塞缸等液压元件容易发生磨损和卡死现象，从而降低了系统的可靠性。其后，贝克休斯公司与其他公司合作，在 VDS 的基础上进行了改进，并在 20 世纪 90 年代中期研制了新的垂直钻井装置（stright hole drilling device，SDD）。SDD 的结构如图 1-6 所示。它与 VDS 系统基本相同，但其结构形式更为复杂一些。其主要的改进在于液压系统和电子线路方面。SDD 中的电磁阀是隔离式的，从电磁阀到液压缸活塞之间采用了液压油为工作介质，减小了电磁阀及液压缸等液压元件的磨损情况，提高了装置的使用寿命。此外 SDD 中导向块的数量也由 VDS 中的 4 个减少为 3 个[15]。

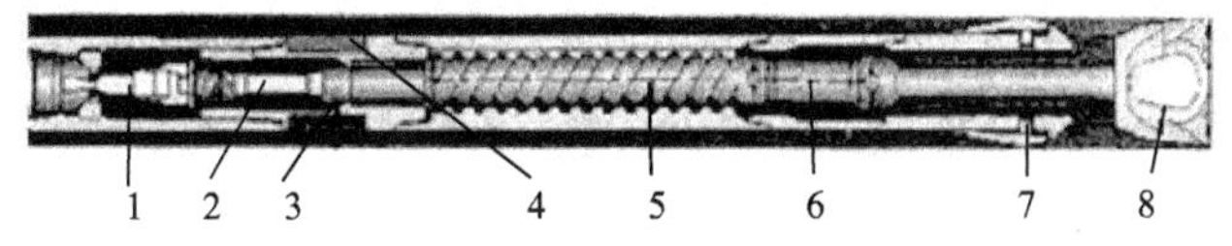

图 1-6 SDD 结构示意图

1. 泥浆脉冲发生器；2.交流发电机；3. 井斜传感器及电子部分；4.液压油源；5. 井下马达；6. 挠性轴；7. 外伸式导向块；8. 钻头

2. Power V

Power V 主要有两个组成部分，它们分别是上端的控制单元（control unit，CU）和靠近钻头的下端偏置单元（bias unit，BU），在两者中间还有一个辅助部分加长短接（extension sub，ES），其结构如图 1-7 所示。

控制单元（CU）是 Power V 的指挥核心，其内部包含了泥浆驱动的发电机、井斜测量传感器、钻柱转速传感器、震动传感器、温度传感器以及流量变化传感器等。它可以独立于外面的无磁钻铤而旋转或者静止。工作时井斜测量仪测量井斜角和方位角，独立的控制单元的控制轴始终稳定在预设方位上。这个方位加上一个校对值后就是地面工程师所需要的高边工具面角的反方向。如果需要调整这个控制轴的方位角，可以由地面工程师给

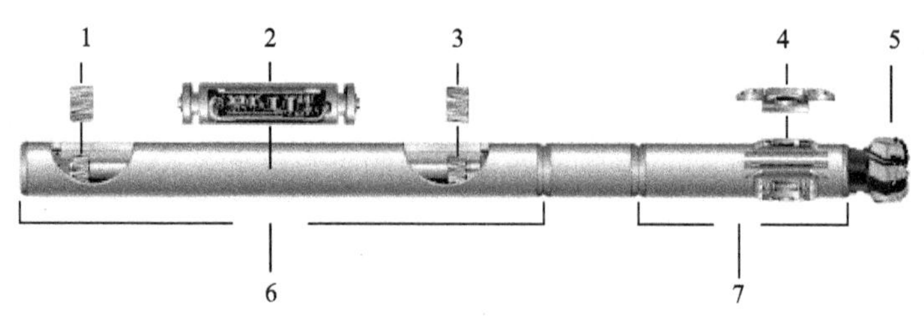

图 1-7　Power-V 结构示意图

1. 上涡轮；2. 控制及测量电路；3. 下涡轮；4. 导向块；5. 钻头；6. 控制单元；7. 偏置单元

Power V 发送命令，方法是：按照一定的时间编排方式，在不同的时间开不同的工作排量，CU 内部的传感器探测到这个排量的变化后，由其内部的程序对其进行核对，如果与预先设定的某个指令吻合，就开始执行这个新的工作指令[16]。

偏置单元（BU）主要包括一个泥浆控制阀和三个由泥浆驱动的导向/推力块，泥浆控制阀由上、下盘阀组成，其上盘阀的旋转方向是由控制轴的方位确定的，下盘阀随钻头一起旋转，下盘阀上的 3 个圆孔分别与驱动 3 个导向块的 3 个液压缸相通。当 Power V 工作时，井斜测量仪测量井斜角和方位角，并将测量数据与地面工程师预设的工具面角进行比较，控制系统控制泥浆控制阀上盘阀，使其开口位于上井壁（高边），当泥浆控制阀下盘阀的圆孔旋转到的上井壁（高边）时，泥浆通道打开，与该控制阀下盘阀的对应圆孔相通的导向块在泥浆压力下伸出，外伸的导向块推挤井壁，井壁对钻头产生一个反方向的作用力，改变钻头作用方向，使钻头切削下井壁（低边），从而把钻头推向所需纠斜的正确方位。当第一个导向块转过此位置后，泥浆将转向下一个旋转到此的第二个导向块，并同样推动第二个导向块伸出。而第一个导向块在井壁对它的挤压下缩回。导向块共有 3 个，呈 120°周向分布，如图 1-8 所示。3 个导向块在旋转过程中依次顺序伸出和收回，导向块伸出的方位及伸出的频率可以由地面操作人员通过控制单元（CU）进行调节。

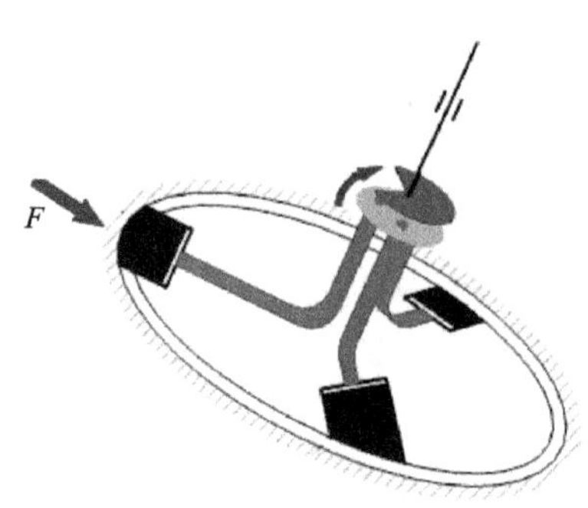

图 1-8　Power V 导向块结构示意图

3. VertiTrak

VertiTrak 是贝克休斯公司研制的另一种先进垂直钻井系统，整个系统主要由 MWD 控制单元、高性能动力马达单元及导向单元三部分组成[17]。其最大降斜能力可以达到 1.50°/30 m。

MWD 控制单元包括了测斜传感器、涡轮发电机、泥浆脉冲发生器以及液压控制系统等。涡轮发电机的作用是提供系统电源并驱动液压泵运转。测斜传感器用于监测井眼的倾斜。用于传递井下和井上信息的设备是泥浆脉冲发生器。采用泥浆驱动的 X-TREME 系列马达构成了垂直钻井系统中的高性能动力马达单元，该高性能动力马达单元可以提供足够的扭矩驱动钻头旋转。导向单元的外套上有 3 个环向间隔 120°分布均匀的导向块，3 个独立的液压柱塞缸分别驱动 3 个导向块。VertiTrak 的主要结构如图 1-9 所示。

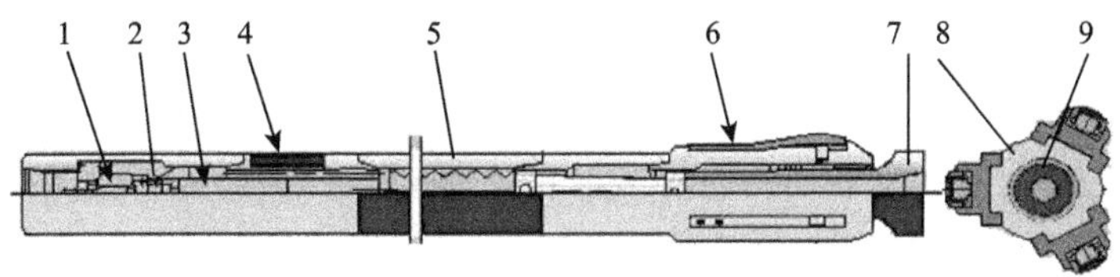

图 1-9　VertiTrak 结构示意图

1. 脉冲阀；2. 涡轮发电机；3. 液压源；4. 测量及控制电路；5. 井下马达；6. 伸缩导向块；7. 钻头；8. 非旋转节；9. 旋转轴

VertiTrak 有两种工作模式，即标准钻进方式以及旋转钻进方式，标准钻进方式也称导向钻进方式（steer mode），旋转钻进方式也称为划眼工作模式（rib offmode）。当 VertiTrak 处于标准钻进方式时，由 X-TREME 马达为钻头提供旋转动力，钻具处在滑动钻进模式，通过测斜仪测量井斜，并将井斜信号通过泥浆脉冲发生器传到地面。此时工具内纠斜液压系统开始工作，驱动三个导向块中的一个或两个外伸以推靠井壁，利用井壁产生的反力使与钻头相连的内钻柱向倾斜位移的反方向运动，以克服井斜趋势。VertiTrak 的闭环系统可连续地、以递增的纠斜量进行纠斜，确保钻出垂直且规则的井眼。当 VertiTrak 处于划眼工作模式时，三个导向块均收回，VertiTrak 不进行纠斜工作，从而相应地可以提高机械转速。

1.4.3　国外闭环旋转导向钻井技术研究现状

在自动导向垂直钻井技术的进入市场应用以后，国外也开始进行井下闭环旋转导向钻井系统的研发，该系统的核心技术来源于自动导向垂直钻井系统，所不同的是，井下闭环旋转导向钻井系统除了能纠斜以外，还能造斜和稳斜，因此其除了能应用于直井钻井外，还可应用于定向井、水平井以及大位移井的钻进。

虽然研制井下闭环旋转导向钻井系统的公司不少，但由于技术上的难度，能投入商业应用的并不多。与自动导向垂直钻井系统类似，目前国际上少数几家大公司的产品垄断了市场，这几家公司也基本都是自动导向垂直钻井系统的研制厂家。最具有代表性的产品主要包括贝克休斯公司的 AutoTrak RCLS、哈利伯顿公司的 Geo-Pilot 以及斯伦贝谢公司的 Power Drive SRD，其他公司的产品还未得到规模化的应用。

根据导向的工作方式，闭环旋转导向钻井一般可以分为两种类型，即推靠式和指向式[18]。闭环旋转导向钻井系统的另一种分类方法是按照导向机构的运动形式不同分为静态偏置式和调制式。上述提到的 3 个厂商的产品中，前两种均属于静态偏置式的旋转导向钻井系统，其基本工作原理与自动控向垂直钻井系统 VertiTrak 类似，工作时外筒均不随钻头驱动轴相对旋转。两者的差别主要是 AutoTrak RCLS 是通过偏置钻头进行导向，而 Geo-Pilot 是通过偏置旋转心轴进行导向。斯伦贝谢公司的 Power Drive SRD 属于调制式旋转导向钻井系统，其工作原理则与该公司的自动控向垂直钻井系统 Power V 相类似，在钻进工作时其外筒体随钻头的驱动轴一起旋转[19-21]。

1.4.4　我国自动导向垂直钻井技术研究现状

目前自动导向垂直钻井技术及闭环旋转导向钻井技术基本被国外几家大公司所垄断，国内虽有一些单位进行了不同程度的研究工作，但仍有一些技术难点有待攻克，还没有成熟的商业化的产品投入实际应用。近几年来，我国部分油田租用贝克休斯公司的 VertiTrak 垂直钻井工具和斯伦贝谢公司的 Power V 垂直钻井工具，通过油田的实际应用证明了自动垂直钻井技术的优越性。如西南油气田分公司使用 VertiTrak，塔里木油田使用 Power V，井斜角都控制在 1°以内[22]，同时钻进速度却提高了一倍以上。但是这类设备的日租用费用高达 1.2～3.4 万美元，这样高昂的价格国内很多企业都难以承受。因此，打破国外大公司技术垄断，开发适合我国国情的具有自主知识产权的自动垂直钻井系统是具有十分重要意义的，也是迫在眉睫的。

中国石油勘探开发研究院的苏义脑院士在国内较早提出了井下控制工程学的概念，把工程控制论和航天制导技术引入了钻井工程，于 20 世纪 90 年代年开始了对旋转导向钻井技术初步的理论研究并主持了一些实验样机的研发工作[23]。

2000 年中国地质大学和中国地质科学勘探研究所先后共同承担的“微机自动控向垂钻系统的研究”项目和后续项目“自动控向垂钻系统的研究与开发”，对微机自动控向垂钻系统进行了研制，并研制出了微机自动控向垂钻系统的样机，完成了室内试验以及野外系统性能试验，获得了三项专利。

另外胜利钻井工艺研究院在国家 863 项目和中石化科技攻关项目“自动垂直钻井系统研制”的支持下研制出机械式自动垂直钻井工具第一代样机和捷联式自动垂直钻井系统。2007 年 5 月 19 日至 5 月 23 日，机械式自动垂直钻井工具在川东北雷北 1 井首次试验成功，井斜控制精度小于 3°，其他关键参数均达到设计要求，不仅在技术上取得重大突破，而且填补了国内在该领域的空白[24]。

西安石油大学对钻井轨迹控制理论进行了应用研究，并针对旋转导向钻井工具稳定平台的机械系统设计、稳定平台变结构控制以及稳定平台静力学有限元计算等方面开展了相应的研究工作[25-27]。

中海石油研究中心也投入力量对旋转地质导向钻井系统开展了研究工作，例如在可控偏心器旋转导向钻井工具偏心位移的形成与分解原理，导向机构位置状态发生改变时偏心位移矢量的控制过程以及旋转导向钻井偏心稳定器横向振动等方面进行了一定的研究[28-30]。

中国石油勘探研究院钻井工艺研究所与武汉科技大学流体传动与控制研究所合作完成了“垂直钻井的井下机电液系统闭环控制理论与技术研究”项目。在井斜动态测量方法，控制理论以及井下流场分析上取得了一定的成果[31-33]。

中国地质大学开展了针对垂直钻井系统的测斜技术、液控技术以及无模型自适应纠斜控制算法等方面的理论和试验研究工作[34-36]。

中国石化胜利石油管理局针对地质导向随钻测量仪信号传输技术理论及应用等开展了一定的研究工作[37-38]。

总之，在国内研究人员的努力下，自动垂直钻井系统的研究取得了一定的成绩，已取得相关专利 20 余项，但和国外的差距还相当大。下一步将在现场实际运用的基础上推进垂直钻井系统的商业运用，形成自己的品牌。

参 考 文 献

[1]　刘白雁，陈新元等. 自动垂直钻井工具的理论与技术研究[J]. 武汉科技大学学报（自然科学版），2008，31（1）：6-10.

[2] 杨春旭，韩来聚等. 现代垂直钻井技术的新进展及发展方向[J]. 石油钻探技术，2007，35（1）：16-19.

[3] 张绍愧. 深井、超深井和复杂结构井垂直钻井技术[J]. 石油钻探技术，2005，33（5）：13-14.

[4] 狄勤丰，张绍槐. 旋转导向钻井系统测量技术研究[J]. 石油钻探技术，1998，26（2）：50-53.

[5] 苏义脑，窦修荣，王家进. 旋转导向钻井系统的功能、特性和典型结构[J].石油钻采工艺，2003，25（4）：5-8.

[6] 闰文辉，彭勇，张绍槐. 旋转导向钻井工具的研制原理[J]. 石油学报，2005，26（5）：94-97.

[7] 刘磊，刘志坤，高晓荣. 垂直钻井系统在塔里木油田应用效果及对比分析[J]. 西安石油大学学报（自然科学版），2007，22（1）：79-81.

[8] 侯树刚，舒尚文等. 普光气田防斜打快技术研究与应用[J]. 天然气工业，2007，27（6）：61-63.

[9] 汤凤林，加里宁，杨学涵. 岩心钻探学[M].武汉：中国地质大学出版社，1997：446-452.

[10] 高德利等.易斜地层防斜打快钻井理论与技术探讨[J]. 石油钻探技术，2005（5）：16-19.

[11] 赵胜英等. 新型闭环直井钻井系统[J]. 石油机械，2003（1）：53-54.

[12] 李松林，苏义脑.自动垂直钻井系统 VDS 的形成与发展[J]. 国外石油机械，2005. 33（5）：10-13.

[13] 石得权. 自动控向垂钻系统性能试验研究[D]. 北京：中国地质大学，2005，12-16.

[14] KURT B，JOHANN D. The KTB Borehole-Germany's Superdeep Telescope into the Earth's Crust. Oilfield Review，2004（7）：14-18.

[15] 汪海阁，苏义脑. 直井防斜打快理论研究进展[J]. 石油学报，2004，25（3）：86-90.

[16] 张俊良，肖科，吕俊川. 旋转导向系统 POWER-V 钻井技术应用简介[J]. 西部探矿工程，2008（4）：79-81.

[17] 张华卫，令文学. VertiTrak 垂直钻井技术在秋南 1 井的应用[J]. 内蒙古石油化工，2008（12）：121-123.

[18] 赵金海，唐代绪等. 国外典型的旋转导向钻井系统[J]. 国外油田工程，2002，18（11）：33-36.

[19] 艾才云等. 一种新型垂直钻井工具[J]. 钻采工艺，2006（5）：82-83.

[20] 张绍槐. 深井、超深井和复杂结构井垂直钻井技术[J]. 石油钻探技术，2005（5）. 11-15.

[21] COLEBROOK M A，et al. Application of Steerable Rotary Drilling Technology to Drill Extended Reach Wells. IADC/SPE 39327，presented at the 1998 IADC/SPE Drilling Conference，Dallas，Texas，1998. 3-6：11-12.

[22] 刘磊，刘志坤，高晓荣. 垂直钻井系统在塔里木油田应用效果及对比分析[J]. 西安石油大学学报（自然科学版），2007，22（1）：79-81.

[23] 苏义脑，季细星. 井眼轨道控制系统控制原理分析[J]. 石油学报，1996，17（4）；109-113.

[24] 赵胜英，孔祥成等. 新型闭环直井钻井系统[J]. 石油机械，2003，31（1）：53-54.

[25] 崔琪琳，张绍槐等. 旋转导向钻井系统稳定平台变结构控制研究[J]. 石油学报，2007，28（3）：121-123.

[26] 闰文辉，彭勇，张绍槐等. 旋转导向钻井工具稳定平台单元机械系统的设计[J]. 钻采工艺，2007，29（4）：73-75.

[27] 李军，强彭勇，张绍槐等. 旋转导向钻井工具稳定平台静力学有限元计算[J]. 石油钻探技术，2006，34（5）：14-17.

[28] 李汉兴，姜伟等.可控偏心器旋转导向钻井工具研制与现场试验[J]. 石油机械，2007，35（9）：71-74.

[29] 李军，强彭勇，张绍槐等.可控偏心器旋转导向钻井工具偏心位移控制分析[J]. 石油钻探技术，2008，20（3）：144-187.

[30] 姜伟. 旋转导向钻井偏心稳定器横向振动研究[J]. 中国海上油气，2006，18（5）：330-333.

[31] 刘白雁，苏义脑等. 自动垂直钻井中井斜动态测量理论与实验研究[J]. 石油学报，2006，27（4）：105-109.

[32] 李秋敏，刘白雁等. 自动垂直钻具井下流场特性仿真分析[J]. 石油矿场机械，2008. 37（8）：10-13.

[33] 李明，刘白雁等. 深井液控导向纠斜机构的动态仿真及实验研究[J]. 系统仿真学报，2009，21（8）：2417-2419.

[34] 赵秀绍，王延军，姚爱国等. 微机自动控向垂钻系统中测斜技术研究[J]. 煤田地质与勘探，2005，33（3）：78-80.

[35] 李运升，姚爱国等. 基于无模型自适应算法的垂钻纠斜控制试验研究[J]. 探矿工程，2009 年增刊：104-107.

[36] 周琴，姚爱国等. 自动控向垂钻系统的纠斜原理和液压技术的实现[J]. 矿山机械，2003，11：7-9.

[37] 刘西林. 地质导向无线随钻测量仪器 FEWD 现场施工常见问题探讨[J]. 石油钻探技术，2005，33（4）：73-76.

[38] 李洪强，丁景丽等. 地质导向随钻测量数据实时远传系统的设计与实现[J]. 石油仪器，2006（6）：8-10.

第 2 章　自动导向垂直钻井系统关键技术

自动导向垂钻系统涉及地质、钻探、机械、电子、液压、材料、通信及自动控制等多个学科领域的多项关键技术。由于受内部空间限制，其对电子元件的集成度、机械零部件的材料性能、结构的耐压和密封、环境的散热条件及动力部分的效率等均提出很高的要求。

2.1　自动导向垂直钻井系统组成及结构分析

自动导向垂直钻井系统的功能原理可参见图 2-1，其纠斜过程：井下测斜单元实时测量底部钻具的倾斜角和方位角参数，当井眼发生偏斜时，井下测斜单元将井斜信号反馈给以微控制器为核心的井下控制单元，井下控制单元经过分析判断，然后向纠斜单元发出指令，纠斜单元的液压系统工作，按一定规律驱动导向块伸出，使底部钻具靠近钻头处受到一个横向集中力的作用，该横向集中力使钻头产生对应的降斜力，从而使井眼重新回到垂直对中轨迹上来。当井眼回到垂直对中轨迹上后，井下控制单元控制导向块收回，使近钻头处的横向力消失，让钻头继续垂直钻进。这样便在井下形成一种自动闭环的偏差控制系统。自动导向垂直钻井系统在井下形成闭环控制时，还需要将井下的倾斜角和方位角等参数发送到地面上，使地面操作人员可以实时地监控钻机的井下钻进情况，同时操作人员也可以将操作命令通过信号传输单元下传到井下控制器，控制和纠正纠斜单元的动作，以达到最佳的垂直钻进效果[1]。

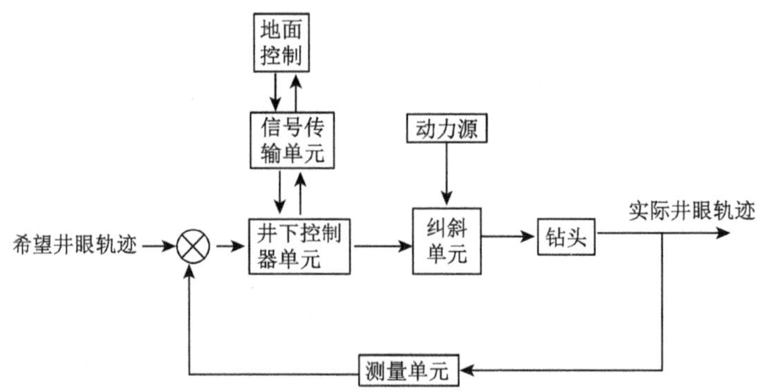

图 2-1　自动导向垂直钻井系统功能原理图

根据自动导向垂直钻井系统的功能原理，自动导向垂直钻井系统的基本结构组成形式如图 2-2 所示。图中 1 为随钻测量仪（MWD），它既完成测量单元的测斜任务，又完成信号传输单元的井上/井下信号传输任务。图中液压泵组 3、液压控制阀组 4、伸缩肋片（导向块）8以及液压柱塞9等组成纠斜单元。纠斜单元的动力源2给纠斜单元的液压泵组、液压控制阀组以及其他电气元件提供动力，泥浆马达5起驱动钻头11旋转钻进的作用。井下控制单元安装于液压控制阀组4及涡轮发电机（动力源）2附近适当的位置。

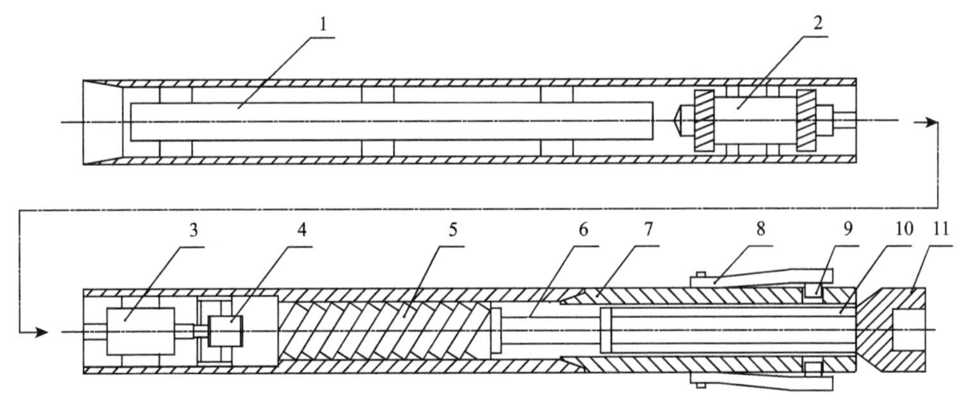

图2-2　自动导向垂直钻井系统结构组成图

1. 随钻测量仪（MWD）；2. 动力源；3. 液压泵组；4. 液压控制阀组；5. 泥浆马达；6. 联轴节；7. 近钻头稳定器；8. 伸缩肋片（导向块）；9. 液压柱塞；10. 传动轴；11. 钻头

自动导向垂直钻井系统安装在钻柱底部靠近钻头处，其径向尺寸受到井眼尺寸的限制，而轴向尺寸的伸缩空间很大，因此自动导向垂直钻井系统的设计主要是围绕减小其径向尺寸进行。随着电子的发展，电子元器件的集成度越来越高，电子元件的尺寸已不是影响自动导向垂直钻井系统结构尺寸的主要因素。而随钻测量仪（MWD）、动力源以及纠斜单元既是自动导向垂直钻井系统中极为重要的功能单元，也是体积尺寸较大的结构，因此，自动导向垂直钻井系统设计时的重点就是实现这三者的小型化。

2.2　自动导向垂直钻井系统主要单元结构的特点

随钻测量仪（MWD）、纠斜单元及动力源是影响自动导向垂直钻井系统尺寸的重要的功能单元，这三者采用何种工作原理和结构形式既要有助于减小整体尺寸又要满足功能需要，必须统筹进行考虑。

2.2.1　随钻测量仪

1. 井斜测量的基本概念

井斜实时测量是指在钻井的同时，进行井眼的井斜角和相对方位角等参数的测量，它主要是用于自动垂直钻井、水平井以及定向井中的井斜控制。

由于各种地质因素和技术因素的影响，使得实际钻孔轨迹常常会偏离设计轨迹。这种轨迹偏离现象称为钻孔弯曲或钻孔偏斜（井斜）[2]。要完全避免井斜是很困难的，但是采取措施纠正井斜是可行的。要纠正井斜，首先要实时了解钻孔轨迹在地下空间的位置，研究钻孔弯曲的原因、机理和规律性，才能采取相应的措施，进行防斜和纠斜。为了随时了解钻孔轨迹空间变化的位置情况，在钻进过程中需要测量井深、倾角、方位角等参数[3]。

钻井轨迹基本参数井深、井斜角以及井斜方位角的定义如下。

（1）井深（L）。指井口（通常以转盘面为基准）至测点的井眼长度，也称之为斜深，国外称为测量井深（measure depth，MD）。井深是以钻柱或电缆的长度来量测。井深既是测点的基本参数之一，又是表明测点位置的标志。一个测段的两个测点中，井深小的称为上测点，井深大的称为下测点。井深的增量总是下测点井深减去上测点井深。

（2）井斜角（α）。在井眼轴线上某测点作井眼轴线的切线，该切线向井眼前进方向延伸的方向为井眼方向线。井眼方向线与重力线之间的夹角就是井斜角。

（3）井斜方位角（φ）。某测点处的井眼方向线投影到水平面上，称为井眼方位线，或井斜方位线。以正北方位线为始边，顺时针方向旋转到井眼方位线上所转过的角度，即井斜方位角，简称方位角。

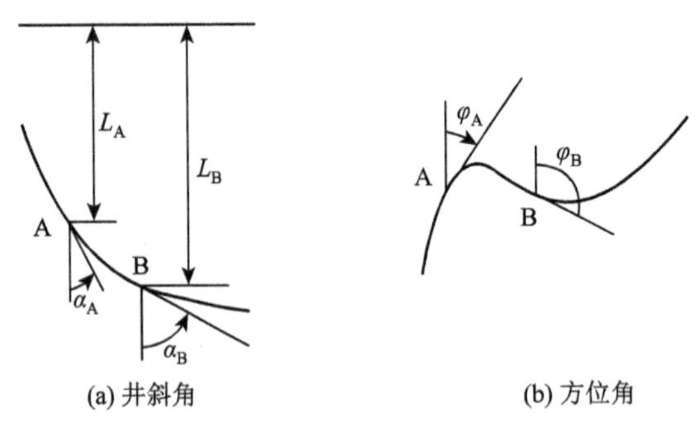

图 2-3　井斜角与方位角示意图

如图 2-3 所示，A 点的井斜角为α_A、方位角为φ_A，B 点的井斜角为α_B、方位角为φ_B，AB 井段的井斜角增量$\Delta\alpha$、方位角增量$\Delta\varphi$分别为$\Delta\alpha=\alpha_B-\alpha_A$；$\Delta\varphi=\varphi_B-\varphi_A$。

2. 测斜传感器选择

随钻测量仪需要放置在狭长形的无磁钻铤内，应具备结构可靠、耐振动、耐冲击、耐高温的特点，另外还应有体积小和重量轻的特性。在垂直钻井过程中，主要检测井斜角和相对方位角的变化，综合考虑实际成本以及安装体积的限制，选用重力加速度计作为测斜传感器，测量方法上有采用三轴重力加速度计的测量方法[4]，也有采用二轴重力加速度计的测量方法[5]。

由二轴重力加速度计构成的井斜探测部件的测斜原理如图 2-4 所示。各物理量之间的相互关系如下：以未发生倾斜时的井眼中心线（重垂线）为 z 轴，向下为正方向，以仪器探测部件竖直放置时的仪器斜口朝向为 x 轴，xoy 平面为水平面，建立井眼未发生倾斜时的坐标系 $oxyz$；以当前倾斜井眼中心线为 z'轴，向下为正方向，建立井眼发生倾斜时的坐

标系 $ox'y'z'$；Gx、Gy、Gz 分别为重力加速度 g 在 X'、Y'、Z'轴投影的加速度计输出，G 为 $\alpha=0$ 时重力加速度计的输出值。图 2-4 中 OA 即为当前井眼的重力高边，重力高边 OA 与此时仪器斜口朝向 x'轴的夹角 β 即是相对方位角或重力工作面角，当前井眼中心线方向 z'轴与重垂线方向 z 轴的夹角 α 为井斜角。井斜角表明发生井斜的程度，相对方位角反映了往哪个方向发生了井斜[6-7]。

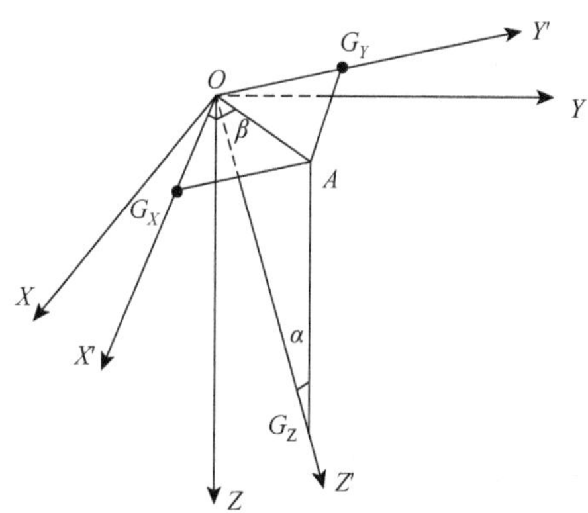

图 2-4　井斜角和相对方位角示意图

x'、y'、z'轴投影加速度计输出：

$$\begin{cases} G_X = g\cos\beta\sin\alpha \\ G_Y = g\sin\beta\sin\alpha \\ G_Z = g\cos\alpha \end{cases} \tag{2-1}$$

由于

$$G_X^2 + G_Y^2 = (g\cos\beta\sin\alpha)^2 + (g\sin\beta\sin\alpha)^2 = g^2\sin^2\alpha$$

从而有 $\sin\alpha = \sqrt{G_Y^2 + G_Y^2}\,/\,g$，由于有 $\sqrt{G_X^2 + G_Y^2 + G_Z^2} = g$ 则井斜角可表示为

$$\alpha = \arctan(\sqrt{G_X^2 + G_Y^2}\,/\,\mathrm{G}_z) \tag{2-2}$$

由式（2-1）可知 $G_Y/G_X = \tan\beta$，得 $\beta = \arctan(G_y/G_x)$，根据 G_x、G_y 的符号判断所处的象限。

3. 信号传输方式选择

自动导向垂直钻井系统上的随钻测量仪（MWD）均为无线随钻测量仪。无线随钻测量仪按信号传输方式分为泥浆脉冲、电磁波、声波及光纤 4 种方式，其中后两种还基本处于试验阶段，目前使用比较多的泥浆脉冲式随钻测量仪按脉冲工作方式又分为连续波方式、负脉冲方式及正脉冲方式。不管哪种形式的泥浆脉冲式随钻测量仪，其内部必然有产生泥浆压力脉冲信号的发生器，信号发生器一般由可开闭的阀芯和阀体等运动构件组成。泥浆脉冲式随钻测量仪技术比较成熟，但在使用上也受到一定限制，例如钻头水眼特别小时，会导致立管压力很高，这种情况下如果泵上水不好时，泥浆泵上水时的瞬间会产生很

高的压力信号，高噪音信号往往会覆盖掉有用信号而导致地面检测不到信号。同时，钻头水眼特别小，立管压力很高，脉冲发生器发射脉冲需要的压力较大，往往还会导致脉冲发生器损坏。当泥浆比重较高时，信号的衰减幅度增大，在深井中会导致信号检测困难。对于一些高压油气层，泥浆往往会受到气侵。受到气侵的泥浆，会对信号造成很大的衰减。

电磁波随钻测量（electromagnetic measurement while drilling，EM-MWD）具有信号传输速率高、不需要循环钻井液便可传送数据、测量时间短以及成本低等特点。而且电磁波随钻测量系统理论上基本不受钻井液介质影响，可靠性较高。由于电磁波随钻测量内部无机械运动构件，尺寸可以做得比较小，非常符合自动导向垂直钻井系统设计的要求。电磁波随钻测量的基本结构形式如图 2-5 所示[8]。电磁波随钻测量系统采用钻杆上、下分隔绝缘的偶极发射天线的电磁激励方法，借助随钻电磁通道将信息实时发送到地表上。其单元构成包括地面接收及井下发射部分，技术难点主要在井下发射部分。

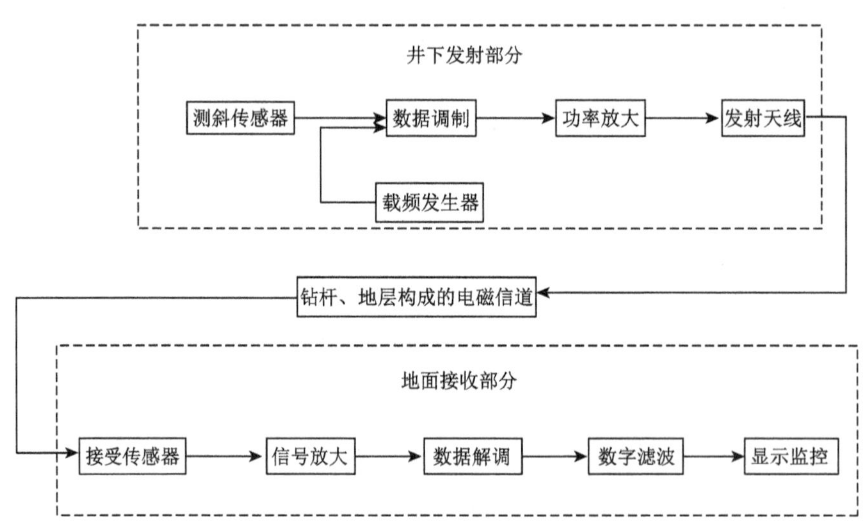

图 2-5　电磁波随钻测量系统组成示意图

井下仪器可以采用自带的电源（如锂电池组），也可以通过整个垂钻系统的供电单元提供所需电源能量。

2.2.2　动力源

自动导向垂直钻井系统是一个机电液集成的系统，完成正常的工作必须有充足的电源供应，在钻进过程中是无法获得井上电源的，需要井下动力源提供电源能量。井下动力源比较简单的方式是使用由若干电池组成的电池筒。电池筒供电的特点是简单方便、体积小。但其主要缺点是必须采用特殊耐高温电池，其次电量有限，使用完后必须更换，不具备持续供电能力。以一般泥浆脉冲式 MWD 正常工作情况下的供电为例，电池筒采用碱性电池时使用寿命为 60 小时左右，而采用高效锂电池一般可维持 120～150 小时的电源供应[9]。靠电池筒给垂直钻井系统的 MWD 或者控制单元供电已显不足，如果再由电池筒给功耗更大的纠斜单元供电显然难以实现。比较可行的办法是利用井底的自身的能源。底部钻柱带动钻头在井下破碎岩石时能量损失是比较大的，包括振动、冲击等形式，但是这些能量在现有技术下还难以利用。目前比较可行的是利用井底泥浆循环的水利能来驱动涡轮发电机发电。涡轮发电机工作在井下比较严酷的环境，在保证可靠性的前提下，如何设计合理的结构参数和电磁参数，以提高涡轮发电机的能量转换效率也是垂直钻井系统小型化设计所需面对的问题。

2.2.3　纠斜单元

纠斜单元是自动导向垂直钻井系统的执行结构，也是垂直钻井系统中直接与外部井眼环境接触的单元，还是垂直钻井系统中机械运动件最多、径向尺寸最大的单元，某种程度上可以认为纠斜单元的结构尺寸决定了自动导向垂直钻井系统的口径尺寸。

1. 纠斜策略

不同的纠斜策略决定了纠斜单元中液压系统的特点和液压元件的种类及数量，从而在一定程度上影响了纠斜单元的结构尺寸。早期的自动导向垂直钻井系统纠斜单元往往采用四液压缸加四导向块的结构，其系统形式如图 2-6 所示。该系统的特点是 4 个液压缸分别推动 4 个可独立伸缩的导向块，4 个液压缸的运动由对应的 4 个二位三通电磁换向阀控制。由于进入 4 个液压缸的压力油来源于同一个供油源，在同一时刻 4 个液压缸的最大工作压力相同，属于同压力系统。在结构上，液压系统及导向块与井壁之间保持相对静止。导向块成 90°均匀分布在不旋转导向套内，结构形式如图 2-7 所示。4 个导向块分别抵靠井壁可产生 4 个方向的导向力，而相邻两个导向块共同作用于井壁时可以产生另外 4 个导向力，一共可产生 8 个不同方向的导向力。根据井斜控制原则，一般井斜角的变化只受到作用在井斜平面内的钻头侧向力的影响，而与作用在方位平面内的钻头的侧向力没有关系[10]。

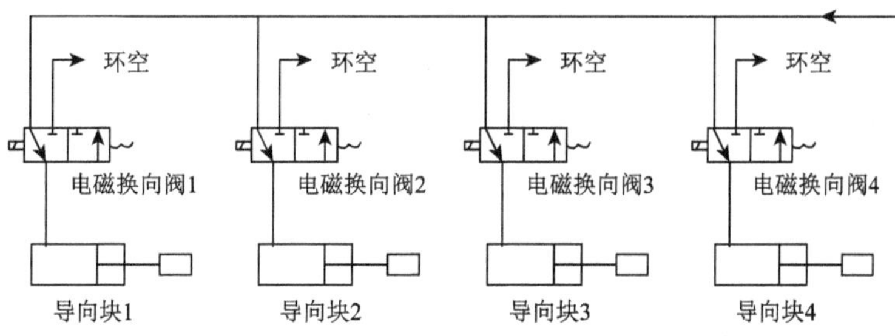

图 2-6　四液压缸纠斜单元液压系统组成示意图

由井斜控制原则可以制定的纠斜策略如下：当实测井斜角小于等于最大允许井斜角时，说明井斜角处在允许范围内，此时使 4 个二位三通电磁阀均关闭，导向柱塞失压，4 个导向块在弹簧力的作用下复位收回，从而不产生导向集中力，钻进井眼按原轨迹继续前进。当实测井斜角大于最大允许井斜角时，说明井斜角超过了允许范围，要根据 φ 值（φ 表示井眼高边从顺时针方向旋转到导向块 1 方向的夹角的大小），控制其中的某一个或两

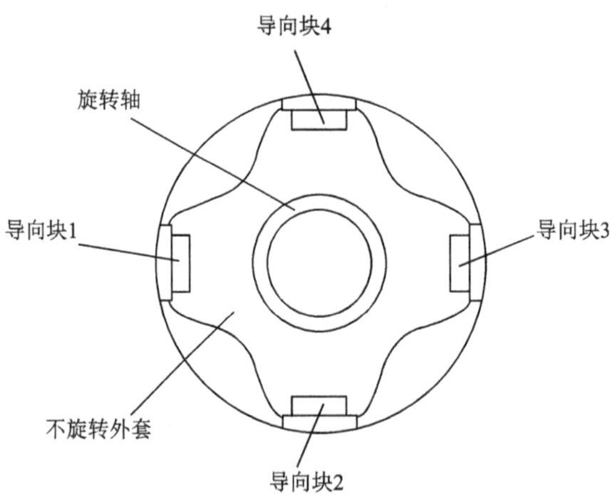

图 2-7　四液压缸纠斜单元导向块结构分布图

个液压柱塞运动，推动导向块伸出，使钻头产生一定的降斜力，把井眼纠正回到垂直轨道。各个导向块的控制方式与伸缩状态见表 2-1。例如 $\varphi=220°$时，符合 $202.5°<\varphi\leqslant 247.5°$，属于 F_{34} 的范围之内，则导向块 3 和导向块 4 伸出形成合力 F_{34} 顶向井壁，合力 F_{34} 引起井壁的反作用力使导向集合力进行纠斜。

表 2-1　四液压缸纠斜单元控制方法

条件	导向块 1	导向块 2	导向块 3	导向块 4	导向块对井壁作用集中力的方向与导向块 1 方向的夹角（φ）
$-22.5°<\varphi\leqslant 22.5°$	伸出	缩回	缩回	缩回	0°
$22.5°<\varphi\leqslant 67.5°$	伸出	伸出	缩回	缩回	45°
$67.5°<\varphi\leqslant 112.5°$	缩回	伸出	缩回	缩回	90°
$112.5°<\varphi\leqslant 157.5°$	缩回	伸出	伸出	缩回	135°
$157.5°<\varphi\leqslant 202.5°$	缩回	缩回	伸出	缩回	180°
$202.5°<\varphi\leqslant 247.5°$	缩回	缩回	伸出	伸出	225°
$247.5°<\varphi\leqslant 292.5°$	缩回	缩回	缩回	伸出	270°
$292.5°<\varphi\leqslant 337.5°$	伸出	缩回	缩回	伸出	315°

我们通常把上述纠斜策略称为第一种纠斜策略。在第一种纠斜策略中，液压缸和方向控制阀的数量均为四个，压力源或泵组可以采用一个，液压缸存在单缸动作和双缸同步动作两种工况，双缸同步动作时两缸的工作压力是相同的。第一种纠斜策略中采用了四个液压缸，其特点是液压控制方案简单，由于井眼轨迹的偏离位置是随机的，使得纠斜效果存在一定偏差。另外液压系统的元件数量也较多，会给垂直钻井系统的小型化设计带来一定困难。

目前国外自动导向垂直钻井系统以及旋转导向系统的纠斜单元大部分已采用三导向块结构形式，如贝克休斯公司的 VertiTrak 及 AutoTrak RCLS 等，对应三导向块采用的是三液压缸形式的液压系统。当三个液压缸的压力可分别独立调节时，构成了第二种纠斜策略。三液压缸系统一般采用三个独立的液压源来分别控制三个液压缸的工作。由于三个液压缸的压力可分别独立调节，当两个液压缸同步工作，推动导向块抵靠井壁时，通过给液压缸施以不同大小的压力，则可获得两个大小不同的反作用力，两个大小不同的反作用力的矢量和可以指向两个对应的导向块之间夹角为 120°范围内的任意位置。液压缸两两组合即可产生指向为 360°范围内任意位置的反作用力。第二种纠斜策略的具体纠斜控制过程如图 2-8 所示，图中实线圆周表示实际的井眼，圆周上的三个黑色圆点表示三个导向块的位置，虚线圆周表示钻具移动前井眼的位置[11]。图 2-8（a）所示中间两圆点一个表示实际井眼的位置，另一个表示希望井眼的位置，可以看出井眼的实际位置偏离了井眼的希望位置，这时就需要控制导向块伸出来驱动钻柱移动。根据井眼希望位置与井眼实际位置之间相对位置的关系，可以由相应的推力公式分析计算出三个导向块各自需要输出的推力，然后通过调压阀控制三个回路的系统压力，使 A、B、C 三个液压缸活塞杆输出大小不同的推力，以产生方向和大小变化的矢量合力。假设井眼偏离位置处于如图 2-8（a）所示的情况，由于其位置不在单个导向块作用的位置，需要双缸动作使井壁对双导向块分别产生如图 2-8（b）所示的反力 $\boldsymbol{F}_{\mathrm{A}}$ 及 $\boldsymbol{F}_{\mathrm{B}}$，$\boldsymbol{F}_{\mathrm{A}}$ 及 $\boldsymbol{F}_{\mathrm{B}}$ 大小不同，其产生的合力 $\boldsymbol{F}_{\mathrm{AB}}$ 方向正好与实际井眼与希望井眼的连线位于同一直线，如图 2-8（c）所示。与此同时液压缸 C 保持收缩状态不输出推力。纠斜之后实际井眼移动到了希望井眼位置，如图 2-8（d）所示。

第二种纠斜策略的优点是纠斜过程直接，双缸同步动作时，可以以直线轨迹将偏离井眼直接纠正到期望位置。采用第二种纠斜策略时，三个液压缸的压力需要独立调节，液压系统比较复杂，元件数量和种类也较多，对垂直钻井系统的小型化设计来说也不是最佳方案。

如果三个液压缸共用一个油源，工作压力由一个压力调节系统共同调节，则需采用第三种纠斜策略。当偏斜的实际井眼位置与希望的井眼位置连线与其中任意导向块位于同一直线时，如图 2-9 所示，可以直接驱动对应的单液压缸动作，以使对应导向块推靠井壁产

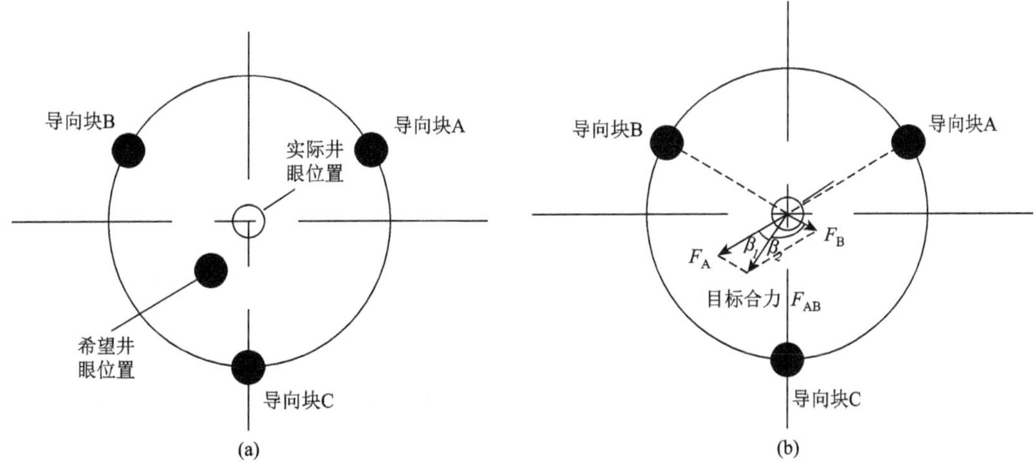

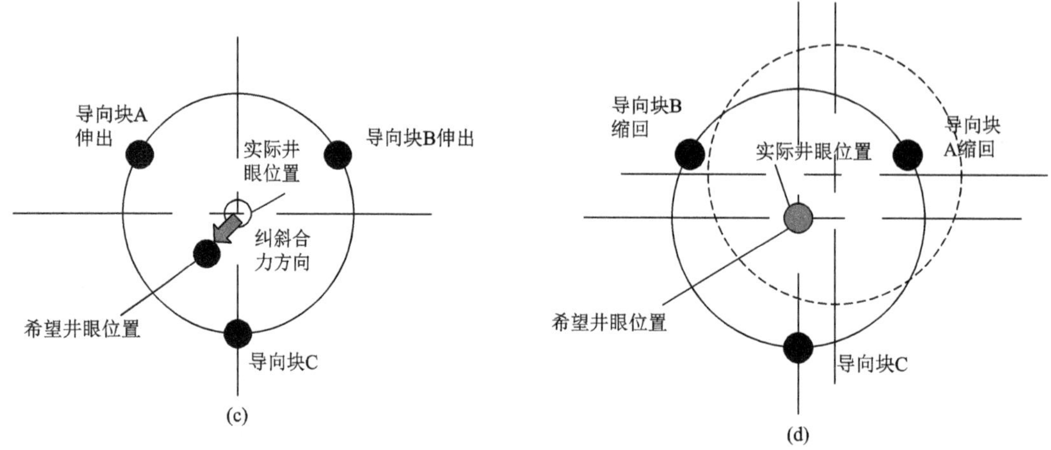

图 2-8　不同压力双缸纠斜示意图

生反作用力推动钻杆，使偏斜的实际井眼归位。实际井眼、希望井眼与导向块 B 位于同一直线时，只需液压缸 B 动作，即可利用导向块 B 上的反作用力推靠钻柱使实际井眼回到希望井眼处。当偏斜的实际井眼位置、希望的井眼位置与任意两个导向块夹角的中心平分线（即对应两缸产生的纠斜力的合力方向）位于同一直线时，如图 2-10，对应两缸 A、B 同步动作，其产生的纠斜合力将偏斜的实际井眼归位到希望井眼处。

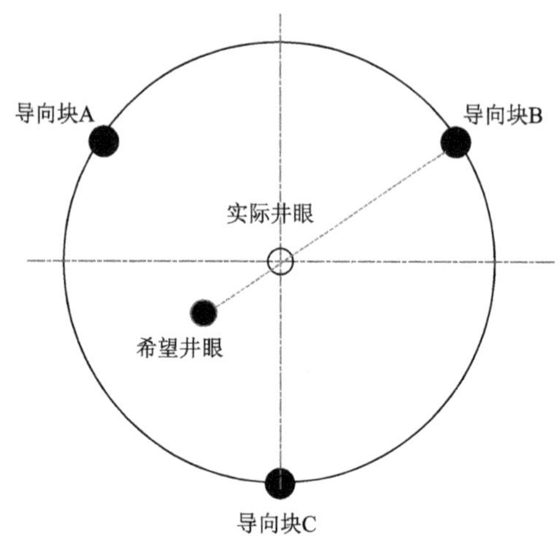

图 2-9　单缸直接纠斜示意图

而当偏斜的实际井眼不处在上述两种位置情况时，可以采用两个液压缸异步动作的控制方式，控制过程可参见图 2-11（a）～（d）。其中实际的井眼用实线圆周表示，三个导向块的位置用圆周上的三个黑色圆点表示，钻具移动前井眼的位置用虚线圆周表示。图 2-11（a）中实际井眼的位置用空心圆点表示，希望井眼的位置用实心圆点表示，可以看出实际井眼的位置与希望井眼位置的连线不与任意导向块在同一直线上。此时先让导向

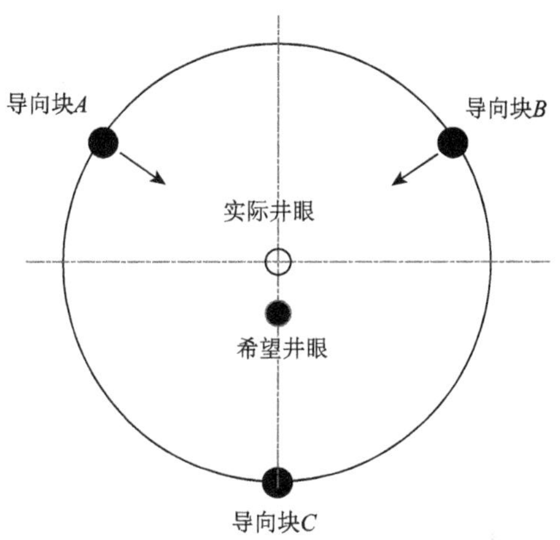

图 2-10　相同压力双缸同步纠斜示意图

块 A 对应的液压缸单独伸出，使实际井眼位置移动到导向块 A 与导向块 B 构成的合力方向与希望井眼位置成同一直线的地方，如图 2-11（b）。然后导向块 B 对应的液压缸也开始投入工作，导向块 A 与导向块 B 同时工作，两者的合力 $\boldsymbol{F}_{AB}$ 使实际井眼向希望井眼位置移动，如图 2-11（c）。从图 2-11（c）中可以看到实际井眼的位置与希望井眼的位置已处在一条直线上（在竖直方向上）。图 2-11（d）显示了最后实际井眼位置移动到希望井眼位置的情况。两缸同步动作也可以看成是两缸异步动作的特例，即时间差为零的异步动作。

第三种纠斜策略中的液压缸压力由一个压力调节阀控制即可，在三个方案中所用元件数量最少，更适合垂直钻井系统的小型化设计要求。

2. 纠斜单元布置形式

当纠斜策略确定后，影响垂直钻井系统纠斜单元的径向尺寸主要因素就与纠斜单元的机械结构布置情况有关，对于一般的液压缸，其轴向长度尺寸远大于径向尺寸，液压缸如果采用垂直于井壁方向布置会使径向尺寸较大，如采用平行于井壁方向布置，则可能会使

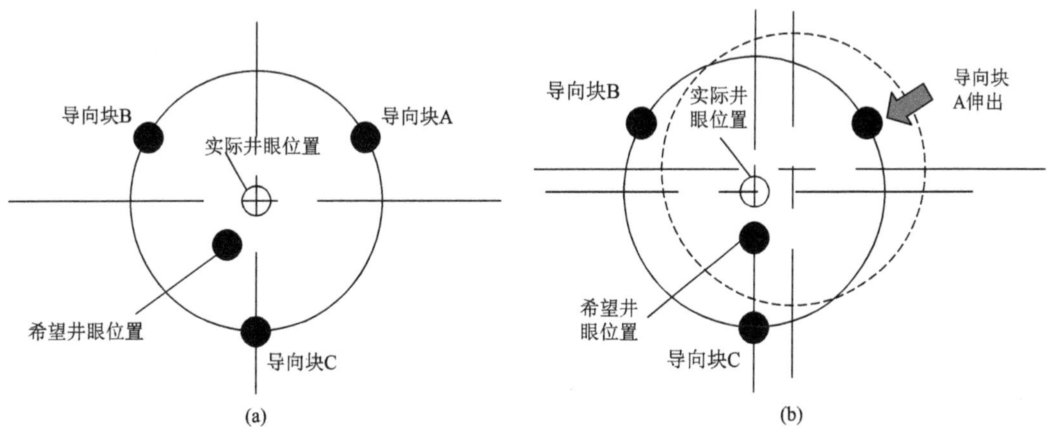

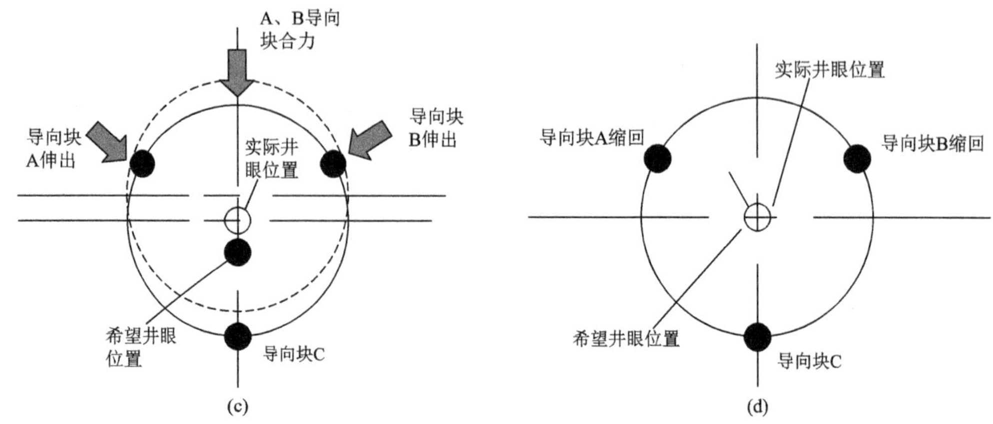

图 2-11　相同压力双缸异步纠斜示意图

径向尺寸较小。如采用液压缸轴线与井眼方向线平行的布置形式（简称为纵向布置），有助于减小径向尺寸。但由于导向块工作方向是垂直于井壁的，而与井眼方向平行布置的液压缸柱塞无法直接推动导向块工作，在液压缸柱塞与导向块之间需增加机械结构进行过渡连接和液压缸柱塞输出力转换。图 2-12 为一种可行的纵向布置形式。图中液压缸轴线方向与井眼方向平行，液压缸通过斜楔机构与导向块相连，导向块一端与钻杆外套固定，另一端与楔形块顶面相接触。斜楔机构由上、下楔形块组成。液压缸柱塞推动上楔形块（主动楔块）移动，上楔形块上楔面与下楔形块（从动楔块）下楔面重叠，将纵向运动通过下楔形块转换为横向运动，下楔形块顶面驱动导向块外伸，导向块伸出和缩回状态如图 2-13（a）和（b）所示，斜楔机构的结构及受力分析如图 2-14 所示。

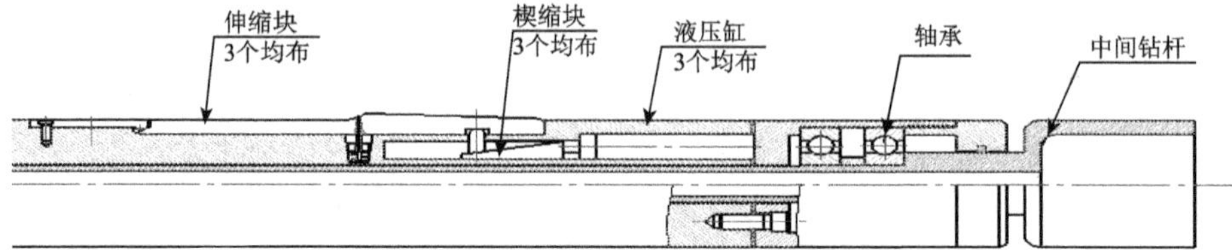

图 2-12　纠斜单元液压缸纵向布置示意图

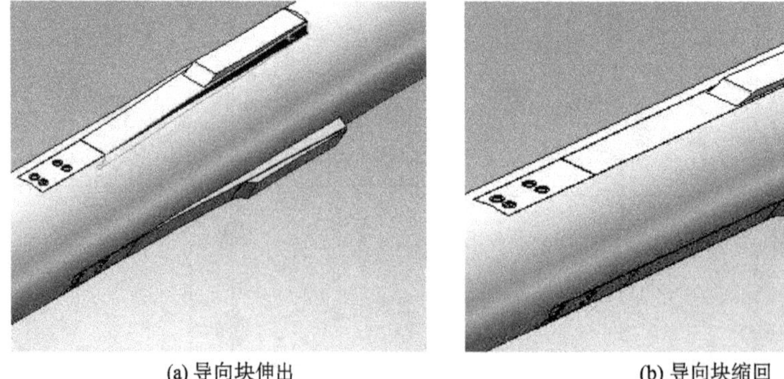

(a) 导向块伸出　　(b) 导向块缩回

图 2-13　导向块伸缩示意图

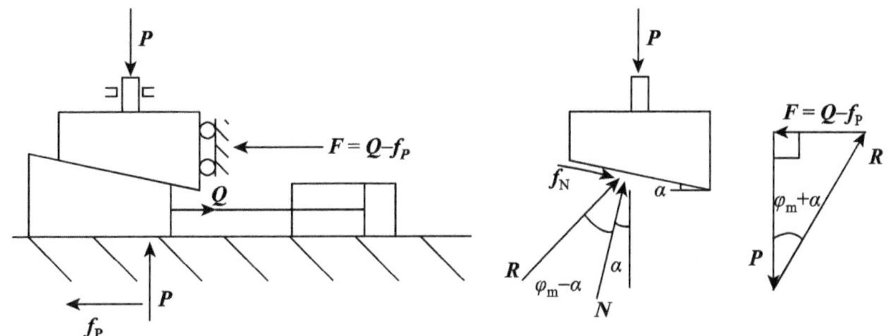

图 2-14　上、下楔形块结构及受力分析示意图

液压缸以 $\boldsymbol{Q}$ 力驱动主动楔块，从动楔块上升推动导向块产生纠斜力 $\boldsymbol{P}$，主动楔块与底座板间摩擦力 $\boldsymbol{f}_\mathrm{p}$ 方向与 $\boldsymbol{Q}$ 相反，从动楔块侧面压力为 $\boldsymbol{F}$。

$$\boldsymbol{Q} = \boldsymbol{F} + \boldsymbol{f}_\mathrm{p} \tag{2-3}$$

$$\boldsymbol{F} = \boldsymbol{Q} - \boldsymbol{f}_\mathrm{p} \tag{2-4}$$

应用静力学平衡条件可知纠斜力 $\boldsymbol{P}$，水平推力 $\boldsymbol{F} = \boldsymbol{Q} - \boldsymbol{f}_\mathrm{p}$，斜面全反力 $\boldsymbol{R}$，这三者构成封闭力三角形。

$$\boldsymbol{F} = \boldsymbol{Q} - \boldsymbol{f}_\mathrm{p} = \boldsymbol{P}\tan(\alpha + \varphi_\mathrm{m}) \tag{2-5}$$

$$\boldsymbol{Q} = \boldsymbol{P}[\tan(\alpha + \varphi_\mathrm{m}) + \tan\varphi_\mathrm{m}] \tag{2-6}$$

系统纠斜单元如采用液压缸轴线与井眼方向线垂直的布置形式（简称为横向布置），液压缸柱塞是直接与导向块相连的，如图 2-15 所示。纠斜单元液压缸采用纵向布置方案时，由于液压缸柱塞的运动与导向块之间需通过斜楔机构进行转换，增加了传动环节，工作中可能会出现卡死现象，使可靠性降低，另外出于小型化考虑，纵向排列的液压缸直径和壁厚较小，承压有限，使得导向块产生的推力不足。纠斜单元液压缸采用横向布置方案时，传动直接，运动件数量少，可靠性高，如采用特殊设计的薄形液压缸，或直接把液压缸设计到钻柱外套中，可以达到减小纠斜单元径向尺寸的目的，基于上述分析，自动导向垂直钻井系统设计方案采用液压缸横向布置方案为宜。

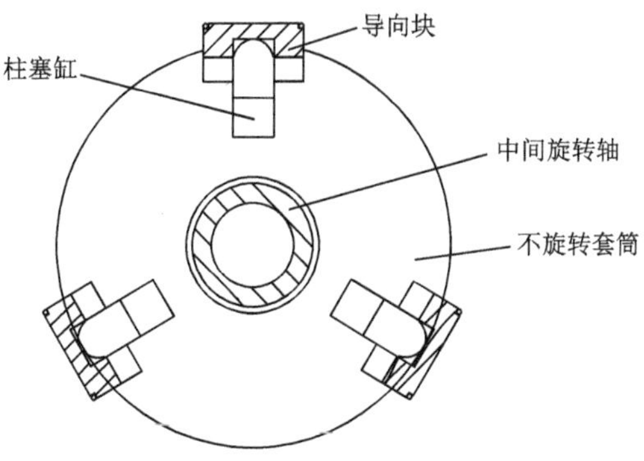

图 2-15　纠斜单元液压缸横向布置示意图

参 考 文 献

[1] 姚清添. 自动垂钻钻具的测控系统研究[D]. 北京：中国地质大学，2008：8-12.

[2] 桂得洙. 浅谈钻井测斜仪[J]. 石油钻采工艺，1999，21（05）：45-49.

[3] 傅华明，阮静洁等. 一种垂钻过程检测与控制器的设计及室内试验[J]. 石油仪器，2004，18（1）：13-15.

[4] 赵秀绍，王延军，姚爱国等. 微机自动控向垂钻系统中测斜技术研究[J]. 煤田地质与勘探，2005，33（3）：78-80.

[5] 周春，刘白雁等. 井下实时测斜的理论分析与实验研究[J]. 中国测试，2009，35（6）：1-4.

[6] 傅华明，史学峰等. 垂钻系统纠斜控制器的软件设计与测试[J]. 工业控制计算机，2007，20（1）：20-23.

[7] 刘白雁，王新宇等. 井斜实时测量方法研究[J]. 中国测试技术，2007，33（4）：5-8.

[8] 李林. 电磁随钻测量技术现状及关键技术分析[J]. 石油机械，2004，323（5）：53-55.

[9] RONALD A G，FREDERICK W R. Overview of high-temperature batteries for geothermal and oil/gas borehole power sources[J]. Journal of Power Sources 2004（136）：257–262.

[10] 苏义脑，李松林等. 自动垂直钻井工具的设计及自动控制方法[J]. 石油学报，2007，22（4）：87-90.

[11] 郑登科. 基于单片机井下纠斜控制系统的研究[D]. 武汉：武汉科技大学，2007：12-16.

第3章　自动导向钻具设计理论

设计自动导向钻具的目的在于使实际钻进轨迹能基本按照设计的轨迹方向钻进。设计过程主要包括实际钻进轨迹的计算，以及根据计算出的实际钻进轨迹与设计钻进轨迹的坐标差值进行纠斜。其中涉及三个关键部分，一是信号检测与传输，二是执行机构的设计与计算，三是大轴径比（细长）的发电机的设计与参数计算。

3.1　钻具的设计思路及步骤

3.1.1　系统的设计思路

导向钻具系统包括液动马达发电机、测量系统、微处理器、双通道信号传输系统和执行机构等，其设计思路是：当钻进轨迹偏离设计轨迹时，测量系统检测发出信号，微处理器经过对信号的处理，给控制单元发出命令，控制单元导通电路，使一个或者两个电动螺旋传动机构工作，同时带动相应的一个或两个执行机构（支撑掌）工作，支撑掌伸出撑向井壁，使钻具回到设计的理论轨迹。

3.1.2　系统的设计步骤

（1）确定系统的工作原理和总体结构。

（2）确定装置的整体尺寸和各个部件的尺寸。

（3）在主要尺寸确定后，充分考虑支撑掌所需要的力，然后利用倒推法初步确定执行机构，传动机构，液态马达发电机的参数。

（4）根据参数进行理论计算，并以此为基础进行总装图设计和各个部件设计，零件图设计，再到各个部件设计，总装图设计。以此来充分保证装置的可靠性、可拆卸性。

（5）对关键部件进行测试实验，验证设计计算和制造是否符合实际。

由于导向钻具及其关键部件和关键技术涉及很多技术领域，在设计和加工制造及元器件的选取过程中肯定有许多不足和缺陷，必须通过现场试验不断改进和完善，这期间肯定需要很多次的反复、很长的时间及人力和物力。

3.2　功能设计的基本方法

所有的设备都有其总功能或称为主功能，且所有设备都由多个主要分功能系统构成，它们的协调工作来实现设备的总功能；每个主要分功能系统通常由四大部分来组成：动机源、传动机构、执行机构和控制系统。在一般的设备中这四部分的区别是比较明显的。

机构一般能实现的动作功能有：①匀速运动（平动、转动）与非匀速运动（平动、转动或摆动）的转换；②连续转动与间歇式的转动或摆动的变换；③实现预期运动轨迹的运动；④实现运动离合或停止；⑤换向，超越或反向运动；⑥实现连锁，过载保护或安全制动；⑦实现锁止、定位、夹压、测量、放大、比较、显示、记录或运算等。

3.2.1 导向测控系统的作用与功能

导向测控系统的主要功能是测定钻具状态[1]，判断钻具倾斜程度，接收地面下传指令，控制电动机转动从而控制钻具的支撑运动。该系统中主要传送数字或模拟电信号。由单片机和数字信号处理器（digital signal processor，DSP）组成小型处理系统，输出信号经数模转换并进行适当放大后，用来控制执行机构中电动机的转动速度与转动时间。该系统需要稳定的直流电源。系统与外部单元联系较多，有测量单元接口，信号传输单元接口以及与执行单元的接口。为适应不同用户测量单元传感器增加或减少的变化，需设计开放式，标准化接口。

3.2.2 传动机构的作用与功能

传动机构的作用是将原动机的运动和动力传给执行机构，以此来完成预定的功能。常用的传动机构主要有齿轮机构、连杆机构、凸轮机构、螺旋机构、楔块机构、棘轮机构、槽轮机构、摩擦轮机构、液气动机构、电气机构及利用以上一些常用机构进行组合而产生的组合机构。传动机构在使用中最主要的目的是为了实现速度或者力的变换，或者实现特定运动的要求。

3.2.3 执行机构的功能

带动工作头进行工作并使之获得工作力或工作力矩的机构称之为执行机构。它的主要作用一是满足特定的运动规律；二是满足特定的运动轨迹；三是满足某种特殊的信息传递。其主要功能是最终实现夹持、搬运、输送、施力等执行动作。

3.2.4 动力源的作用与功能

所有设备要实现其设定的功能，都必须要有稳定的动力提供装置，即要有动力源。

3.3 钻具的功能设计

3.3.1 钻具的测控系统

测量单元的功能主要为井斜测量，井斜角、方位角、工具面角及三个加速度计分量和三个磁通门分量以及温度、磁场强度、孔底泥浆压力等数据通过串口传输到 DSP 单元，地面下传信号也传输到 DSP，经过 DSP 的计算与判断输出控制信号控制三个电动机。DSP 同时将上述数据经过信号传输系统传至地面，供地面工程技术人员参考。

3.3.2 钻具的执行机构

在平行于钻具轴线的一周 360°内，均匀设置三个支撑掌，其每个支撑掌都可以自由地在钻具的径向方向伸出和缩回。和三个支撑掌相对应，在平行于钻具轴线的一周 360°内，均匀设计三套相互独立的传动机构。该机构的动力源为电动机，通过螺旋副传动，将电动机的转动转变为沿钻具轴线方向的直线运动，再通过副斜块，把沿钻具轴线方向的直线运动转变成垂直于钻具轴线的径向运动。

3.3.3 动力源

导向钻具通常选择钻进泥浆液为原动力产生载体，泥浆液通过螺杆马达的转子和定子的工作腔驱动马达旋转，马达通过联轴器带动永磁无刷发电机发出电力，给整个井下导向钻具各部分元器件提供工作电力。

3.4 钻具的设计目标和原则

根据自动导向钻具的功能[2]，确定如下目标和原则。

（1）功能合理。总的结构布置应适于功能实现，在整体或局部都应采用利于实现功能目标的布局方案。

（2）结构紧凑。最大限度地利用空间的紧凑结构方式，同时应使机械尽可能地减少零部件的数量。

（3）动力传递路线力求简短、直接，使传动效率最高。

（4）各部件或零件在装配及使用过程中，其位置调整、拆装和维修等，力求简单、方便、安全可靠，使设计出的自动导向装置结构简单合理，各部件安装均衡，拆卸安装方便快捷，执行机构置于装置的最下部。

（5）充分考虑钻具的动平衡问题，合理布置元器件。

（6）充分考虑装置的工作状况例如由于泥浆液的腐蚀性及含沙量问题需要充分考虑装置的密封性。

（7）由于装置会受到冲击，还要充分考虑装置的防震问题。

（8）在钻进施工过程中，不改变已有的现场设备布局。

3.5 实际钻进轨迹的测定

设定导向钻具为油气田勘探钻进设计，确定钻具外径 $\Phi = 146$ mm，所钻地层较硬，口径较小。

采用测斜探管测出顶角和方位角，结合测量深度可计算出钻进轨迹的坐标。其计算方法有多种，钻进现场用得较多的是平均角法（手算时用）和最小曲率法（机算时用）[3-4]。

已知钻孔轨迹，在测点 1，2 分别测出顶角与方位角的值；再测出 1，2 两点的测量深度，如图 3-1 所示。则 1，2 两点间的弧长或者两点间的折线长度（平均角法）即为测量深度。

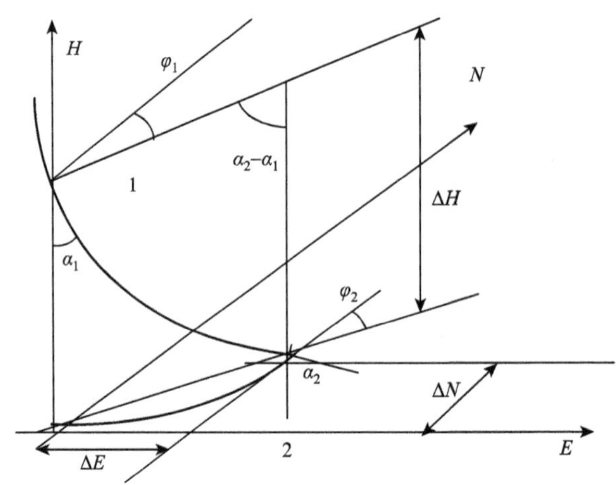

图 3-1　钻孔轨迹测量计算原理

由平均角法可计算出两点间的坐标增量为

$$
\begin{aligned}
\Delta E_{1,2} &= \Delta L_{1,2}\sin\left(\frac{\alpha_1+\alpha_2}{2}\right)\sin\left(\frac{\varphi_1+\varphi_2}{2}\right)\\
\Delta N_{1,2} &= \Delta L_{1,2}\sin\left(\frac{\alpha_1+\alpha_2}{2}\right)\cos\left(\frac{\varphi_1+\varphi_2}{2}\right)\\
\Delta H_{1,2} &= \Delta L_{1,2}\cos\left(\frac{\alpha_1+\alpha_2}{2}\right)
\end{aligned} \tag{3-1}
$$

式中：$\Delta E_{1,2}$，$\Delta N_{1,2}$，$\Delta H_{1,2}$ 分别为测点 1，2 两点在东西方向、南北方向与垂直深度方向的增量，单位 m；$\Delta L_{1,2}$ 为测点 1，2 两点间测量深度增量，单位 m；α_1，α_2 分别为 1，2 两点的顶角（井斜角），单位°；φ_1，φ_2 分别为 1，2 两点的方位角（井斜角），单位°。

按照最小曲率法则由下列公式计算：

$$
\begin{aligned}
\Delta E_{1,2} &= \frac{\Delta L_{1,2}}{2}(\sin\alpha_1\sin\varphi_1+\sin\alpha_2\sin\varphi_2)RF\\
\Delta N_{1,2} &= \frac{\Delta L_{1,2}}{2}(\sin\alpha_1\cos\varphi_1+\sin\alpha_2\cos\varphi_2)RF\\
\Delta H_{1,2} &= \frac{\Delta L_{1,2}}{2}(\cos\alpha_1+\cos\alpha_2)RF
\end{aligned} \tag{3-2}
$$

式中：RF 为修正系数。

$$
RF=\frac{2}{\beta}\tan\frac{\beta}{2} \tag{3-3}
$$

β 值可由下面任意一式求得，第三个公式计算结果往往稍大。

$$\beta=\cos^{-1}[\cos(\alpha_2-\alpha_1)-\sin\alpha_1\sin\alpha_2(1-\cos(\varphi_2-\varphi_1)] \tag{3-4}$$

$$\beta=\cos^{-1}[\cos(\varphi_2-\varphi_1)\sin\alpha_1\sin\alpha_2+\cos\alpha_1\cos\alpha_2] \tag{3-5}$$

$$\beta=2\sin^{-1}\sqrt{\sin^2\left(\frac{\Delta\alpha}{2}\right)+\sin^2\left(\frac{\Delta\varphi}{2}\right)\sin\alpha_1\sin\alpha_2} \tag{3-6}$$

式中符号含义同上。

为了分析方便需把上面公式中得出的坐标值转换为以钻进方向为一主轴的坐标系统。采用直角坐标变换公式。

坐标变换方法如下。

（1）判断钻具中心线偏离设计轨迹的距离。

（2）判断在孔内的位置状态与钻具高边。

（3）确定输出位移的支撑掌。

（4）利用测斜仪测得数据计算出钻具的坐标位置。

（5）设 t_1 时刻测得 P_1 点的顶角、方位角与测深增量。

（6）按照平均角法或最小曲率法可计算出测点的垂直深度、南北及东西方向的增量。

3.6　钻孔段偏斜判断

在自动导向钻进中，两测点的时间间隔一般很短，例如，在 1 分钟这段时间钻进深度不大；为了简单起见，把两测点的轨迹近似地看作直线。在新的坐标系统中，根据空间几何原理，可以容易地分析出测量段的空间状态[5-6]。

根据空间解析几何原理：空间直线或是通过一定点且平行于一个定向量；或是通过空间两个固定点；或是两个相交平面的交线，都可以唯一地确定空间的直线。

如果已知直线上两个点的坐标为 $P_1(x_1,y_1,z_1),P_2(x_2,y_2,z_2)$，则过上述两点的直线方程为

$$\frac{x-x_1}{x_2-x_1}=\frac{y-y_1}{y_2-y_1}=\frac{z-z_1}{z_2-z_1} \tag{3-7}$$

空间两条直线的位置关系可分为同平面或是异平面。在同一平面内又可分为平行、重合或相交。其判别条件为

$$(\boldsymbol{P}_1\boldsymbol{P}_2,\boldsymbol{s}_1,\boldsymbol{s}_2)=0 \tag{3-8}$$

$$(\boldsymbol{P}_1\boldsymbol{P}_2,\boldsymbol{s}_1,\boldsymbol{s}_2)\neq 0 \tag{3-9}$$

$$\begin{cases}(\boldsymbol{P}_1\boldsymbol{P}_2,\boldsymbol{s}_1,\boldsymbol{s}_2)=0\\ \boldsymbol{s}_1\times\boldsymbol{s}_2=0\end{cases}\quad \text{重合} \tag{3-10}$$

$$\begin{cases}(\boldsymbol{P}_1\boldsymbol{P}_2,\boldsymbol{s}_1,\boldsymbol{s}_2)=0\\ \boldsymbol{s}_1\times\boldsymbol{s}_2\neq 0\end{cases}\quad \text{相交} \tag{3-11}$$

$$\begin{cases}(\boldsymbol{P}_1\boldsymbol{P}_2,\boldsymbol{s}_1,\boldsymbol{s}_2)\neq 0\\ \boldsymbol{s}_1\times\boldsymbol{s}_2\neq 0\end{cases}\quad \text{平行} \tag{3-12}$$

式中：$\boldsymbol{s}_1(l_i,m_i,n_i)(i=1,2)$；$\boldsymbol{P}(x_i,y_i,z_i)(i=1,2)$ 为直线 $\boldsymbol{L}_i(i=1,2)$ 上的点。

两直线段重合说明钻进轨迹未偏斜，相交说明实际钻进轨迹未离开设计轨迹。但要进行钻具姿态调整，才能与设计轨迹重合。而两直线处于异面状态包括两直线平行才是需要关注的重点。

根据钻孔弯曲精度的要求，需设定其实纠斜门槛阈值，门槛阈值的确定根据测斜仪的两异面直线间的距离 h 确定。

$$\left|\frac{\boldsymbol{n}\cdot\boldsymbol{P}_1\boldsymbol{P}_2}{\boldsymbol{n}}\right|=\frac{|(\boldsymbol{s}_1,\boldsymbol{s}_2)\cdot\boldsymbol{P}_1\boldsymbol{P}_2|}{|\boldsymbol{s}_1,\boldsymbol{s}_2|} \tag{3-13}$$

或写为

$$h=\frac{\left\|\begin{matrix}x_2-x_1 & y_2-y_1 & z_2-z_1\\ l_1 & m_1 & n_1\\ l_2 & m_2 & n_2\end{matrix}\right\|}{\left[\begin{vmatrix}m_1 & n_1\\ m_2 & n_2\end{vmatrix}^2+\begin{vmatrix}n_1 & l_1\\ n_2 & l_2\end{vmatrix}^2+\begin{vmatrix}l_1 & m_1\\ l_2 & m_2\end{vmatrix}^2\right]} \tag{3-14}$$

假设设计线段为 L_1，测量线段为 L_2，在给定测斜段，以某一坐标轴为基准，可比较出实际钻进轨迹与设计轨迹的偏离程度。例如，在垂向井钻进时，以 z 轴为基准，可以比较出实际钻进轨迹在 x，y 方向的偏离程度。进行水平钻进时，沿水平钻进方向设为 x 轴，可以计算出钻孔沿水平方向的偏离程度。

由实测数据计算出实际钻进段的垂直深度，如图 3-2 所示。计算出相同设计深度的垂直深度值，即令 L_2 上的 z_1 等于 L_1 上的 z_1，L_2 上的 z_2 等于 L_1 上的 z_2，即 $z_{21}=z_{11}$，$z_{22}=z_{12}$。

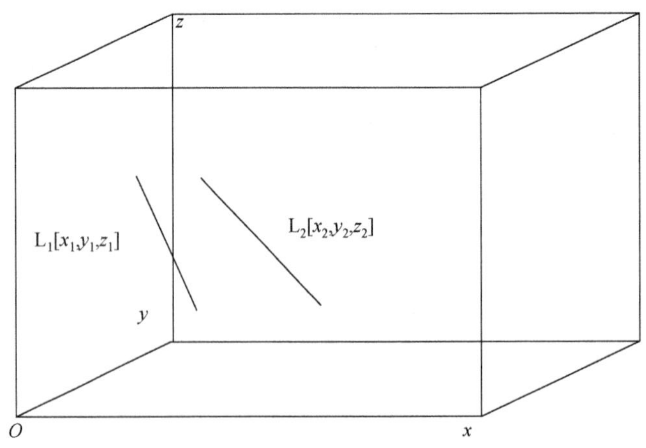

图 3-2　系统的整体设计钻具参数的确定方式

可计算出

$$\begin{cases}\Delta x_1 = x_{21} - x_{11} \\ \Delta x_2 = x_{22} - x_{12} \\ \Delta y_1 = y_{21} - y_{11} \\ \Delta y_2 = y_{22} - y_{12} \\ \Delta x = \Delta x_2 - \Delta x_1 \\ \Delta y = \Delta y_2 - \Delta y_1 \end{cases} \tag{3-15}$$

根据Δx，Δy的比值及大小可计算出钻具倾斜以及纠斜方向线。再根据加速度传感器分量G_x，G_y的正负及三个支撑掌的安装位置可以计算出哪一个或两个支撑掌需要支撑。

3.7　位移控制原理简介

执行机构采取位移控制方式纠斜。假设已确定纠斜方向线，则根据其所在的方位，可决定支撑掌的伸出状况。如图 3-3 所示，三个支撑掌在钻具径向成 120°均匀分布在导向套下部，把整个圆周分为 6 等份，每份 60°。可以在 6 个方向进行控制。如纠斜方向线落在 I 区内，则 1 号支撑掌单独支出；若落在如图 3-3 所示的 II 区内，则 1、2 号支撑掌同时支出，以此类推。

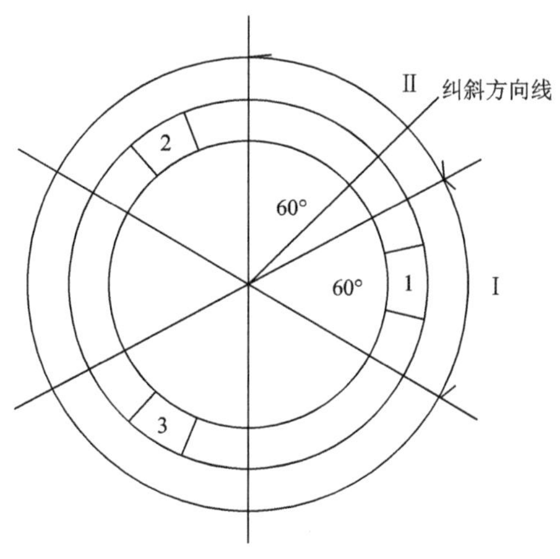

图 3-3　执行机构纠斜原理

3.8　导向钻具工作原理

如图 3-4，自动导向钻具通过上接头 1 和下接头 12 分别和钻杆和钻头连接，钻井泥浆液通过上接头 1 进入钻具，驱动螺杆马达 22 旋转，螺杆马达经过联轴器 3 带动无刷发电机 21 转动发出电力，电流经过整流稳压 3 后，通过集流环 20 传给和井壁相对静止的导向套 15-16 内的各用电元器件工作使用。导向套内安装有三维重力加速度计 17、微处理器 6、执行机构 7、9、14 和信号收发系统。当钻进轨迹偏离设计轨迹时，三维重力加速度计 17 向微处理器 6 发出信号，微处理器经过分析比对，发出指令，导通电动机电路，电动机 7 工作，电动机通过联轴器和螺旋传动副连接。螺旋传动副把电动机的旋转运动转变为螺母的沿钻具径向运动的直线运动，螺母一边为斜面，推动支撑掌 9 撑向井壁，支撑掌撑 9 向井壁时，发生弹性变形而弯曲，动作结束后，微处理器 6 发出指令，电动机 7 停止转动，利用螺旋副的自锁功能和支撑掌的弹性弯曲变形，保持对井壁的持续纠斜力。当钻具回到设计轨迹后，同样的道理，电动机反向工作，带动螺母恢复原位，支撑掌在复位弹簧的作用下也恢复原位。成 120°均匀分布的执行机构可以独立自由的工作，根据井斜情况可以单独或两个工作完成任务。导向套有内套筒 15 和外套筒 16 及上下密封 5 和支撑轴承 18 等组成，内部充填有液压油。

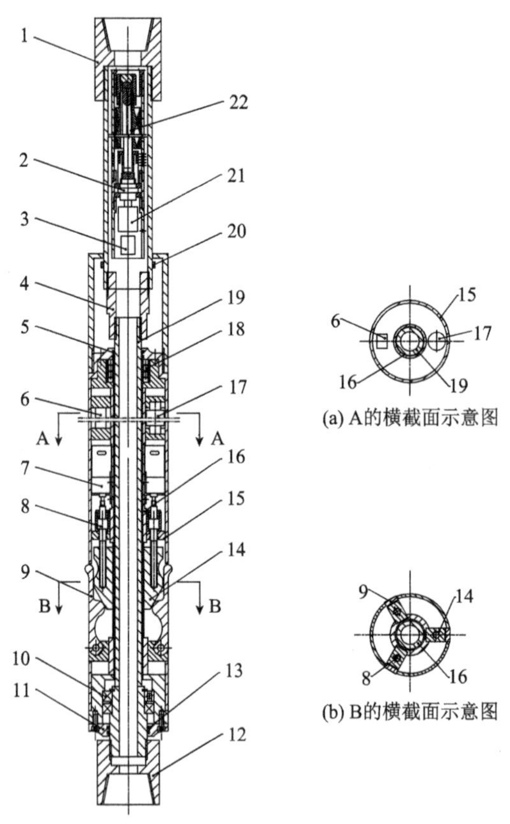

图 3-4　自动导向钻具总装结构示意图

1. 上接头；2. 连接轴；3. 整流稳压器；4. 接头；5. O 形密封圈；6. 微处理器；7. 电机；8. 螺杆；9. 支撑掌；10. 轴承；11. 端盖；12. 下接头；13. 密封圈；14. 滑块；15. 外套筒；16. 内套筒；17. 重力加速度计；18. 轴承；19. 钻杆；20. 集流环；21. 发电机；22. 螺杆马达

为实现测斜、判断与纠斜的功能，导向钻具应包括测斜、数据采集与控制、双向信息传输通道、执行单元与动力单元等[7-8]。

（1）测斜仪。采用三维重力加速度计，需具有很强的抗震性能，测量精度要达到±0.2°。试验中采用 LHE2711 探管，井斜角精度为±0.2°测斜范围为（0～180°），方位角精度±1°（0～360°）。另外，该探管还能检测温度与磁场强度。这些数据通过串口输入到电子数据采集及控制单元。

（2）钻井数据采集及控制单元。采用 DSP 作为核心数据处理器，芯片型号为 TMS320F2812。除了考虑到该芯片的性能与本项任务较为符合，重要的一点是考虑到它有军工级的芯片，能保证在井下恶劣环境中工作稳定可靠。

本单元的主要功能有：①采集测斜探管输出的数据；②估算钻进深度；③计算纠斜支撑掌序号；④控制三路电动机的运转；⑤发送编码数据到电磁波发送单元；⑥接收、处理地面控制台通过电磁波传来的指令。

（3）电磁波随钻测量信息传输系统。部件单元包括井上机、井下机、井下天线、井下机与电子控制单元接口等。该系统的功能主要包括：①从地面向井下传输关于井段测深增量的数据以及控制井下钻具的指令；②从井下传输实时测斜数据及其他信息。

（4）执行机构。部件包括电动机和支撑传动机构与支撑掌。钻井数据采集与控制单元控制电动机的运动。需要纠斜时发送指令启动电动机，电动机转动推动螺杆下移从而推动支撑掌支出，实现纠斜功能。

（5）动力单元。井下动力单元包括发电机驱动装置、发电机、整流稳压以及蓄电装置。驱动装置为螺杆马达，通过连接器带动发电机转子转动。永磁式单向交流发电机的功率为 150 W，通过整流稳压装置，输出±36 V 的直流电，供给两个或一个电动机，以及钻井数据采集与控制系统。电磁波信号传输装置则单独供电。

参 考 文 献

[1] 邵养涛，姚爱国，张明光. 电磁波随钻遥测技术在钻井中的应用与发展[J].煤田地质与勘探，2007，35（3）：77-80.

[2] RASIT A. Evaluation if drilling cuttings in prediction of penetration rate by using coarseness index and mean particle size in percussive drilling[J]. Geotechnical and Geological Engineering. 2004，（22）：417-425.

[3] 朱学立. 以高斯理论为基础计算弯曲钻孔节点空间坐标[J]. 物探化探计算技术，2007，29（6）：545-549.

[4] 梁俭. 祁连山冻土层天然气水合物水平对接孔钻孔弯曲率设计分析[J]. 青海大学学报，2017，35（3）：40-45.

[5] 赵兵. 定向井井眼轨迹不确定性分析[J]. 录井工程，2012，23（3）：45-48.

[6] 管志川，陈炜卿，都振川. 考虑测地数据影响的定向井测斜计算修正方法[J]. 天然气工业，2006，10：86-89.

[7] 周琴，姚爱国. 自动控向垂钻系统的纠斜原理和液压技术的实现[J]. 矿山机械，2003（11）：7-9.

[8] 李童. 自动垂直钻井工具指向式导向纠斜机构原理方案研究[J]. 中国西部科技，2012（119）：39-42.

第 4 章　自动导向钻具偏置机构的设计与优化

自动导向垂直钻井系统是一个复杂系统，涵盖了机械、电子、液压、地质、材料以及自动控制等多个领域。在导向钻具的设计工作过程中，需要合理考虑结构空间尺寸、钻进参数、钻井效率以及可靠度等诸多的问题影响。由于系统设计在狭小的空间尺寸中，对电子元件的集成度和机械零部件的材料性能提出了更高的要求。而如何设计和控制能够产生较大偏置力的偏置机构，使其满足实际导向的需要，是自动导向钻具偏置机构设计的难点与重点之一。

4.1　自动导向钻具偏置机构的基本结构及工作原理

4.1.1　自动导向钻具基本结构

就功能而言，自动导向的钻井体系核心部分包括 4 部分。①测量单元。它主要用作检测方位角、井斜角与钻孔顶角等参量。②信号传输单元。它把检测的数据传递至控制中心处，同时接收相关的控制命令。③控制单元。它处置并比对所接收到的数据信息内容，测量现实的和设计的钻井轨迹的区别（主要是偏差），再传递给控制命令的驱动偏置组织。④偏置机构。基于控制命令的相关动作，给出相应的合力矢量，确保钻具基于设置的轨迹展开钻进的工作。

这里对国内广泛使用的一型导向钻具的结构进行分析，导向钻具的工作模式为静态推靠式体系工作模式，井下的工具体系因为非转动外套与旋转心轴两大块经过上下轴的连接而构建起相对旋转的情况。而旋转的心轴其上和钻柱相连，其下和钻头相连，其功能主要在于传送扭矩与钻压以及传递钻井液等。具体如图 4-1 所示。

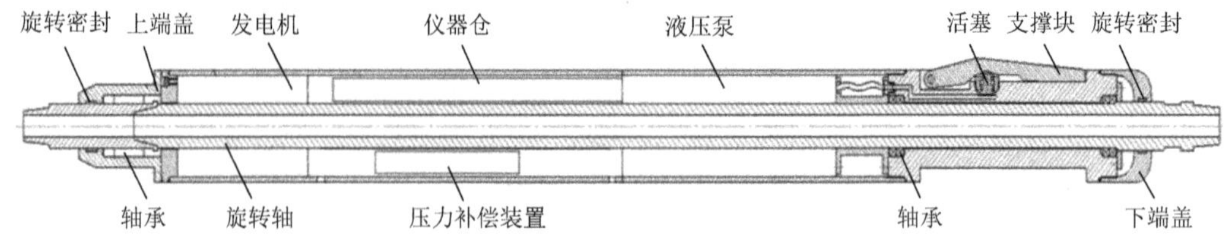

图 4-1　自动导向垂直钻井系统的执行机构结构图

自动导向垂直钻井系统的基本工作原理是：当井眼轨迹未按照垂直方向钻进发生偏斜时，偏置机构上液压控制系统会发出指令，调节均布在外筒上的导向块产生偏置力，在靠近钻头处受到一个横向集中力的作用，这一横向集中力使钻头产生一定的降斜力，从而使井眼回到垂直轨道上来。当井眼回到垂直轨道上后，井下微处理器使近钻头处的横向力消失，让钻头保持垂直钻进。这样在井下形成一种自动闭环控制过程。自动导向垂直钻井系统的井下闭环控制原理如图 4-2 所示。

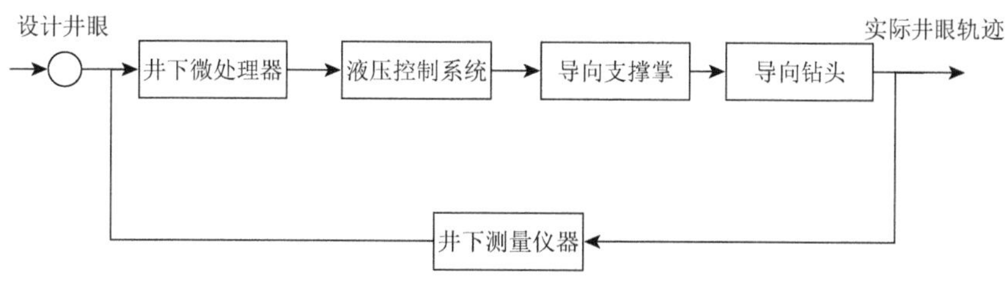

图 4-2　自动导向垂直钻井系统的井下控制原理图

4.1.2　偏置机构的工作原理

自动导向钻具机构的主要部分是单个经过轴承和钻杆联系的导向套，上面对称地安置了 3 套支撑掌设备。控制的相关液压泵推动活塞，确保其中的 1 个或是 2 个支撑掌延伸而出，对井壁产生一个支持作用。井壁对它的反作用力作用于钻具处，此类反作用力即为导致纠斜功能的一种导向集中力[1]。偏置机构的主要结构示意图如图 4-3 所示。

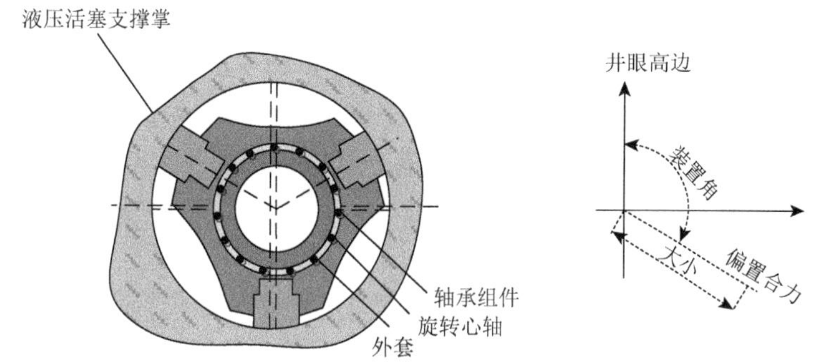

图 4-3　偏置机构结构示意图

偏置机构的工作原理：井斜传感器将信号作用于微处理器，通过判断处置之后将相关的命令传递至液压泵，经过控制各个液压泵液压油流量大小为活塞油缸提供相关行程，支撑掌伸出给井壁提供一个支反力，且控制支撑翼肋数量和偏置力的方位，确保偏置设备在预期的井眼轨迹方向处能够产生与实际要求相吻合的偏移变形，让钻头调整至想要钻进的方向，并始终顺着此方向旋转钻进。

4.1.3　偏置机构的工作要求

井眼轨迹的控制精度取决于偏置机构对钻头处所施加的偏置力矢量的准确度，因此应在导向工具控制平面内使偏置力矢量可调节控制挡位较多，确保满足导向造斜的要求。

当选择并固定好方位角度及其位置之后，下一步则要求偏置力矢量需保持该方向上力的大小，也就是对偏置力的矢量进行锁定，确保其处于导向的状态。在钻进过程中，因为导向钻具会受到外部设备构造的影响，在导向作业时，自动导向稳定控制平台会顺着自身的轴线转动，进而导致相关的工具围绕工具面展开旋转，若没有及时地加以掌控，则会导致导向工具失去平稳的方位造斜性能。因此，偏置机构须处于平稳造斜时，需要基于自动导向机构工具面的改变同步地协调偏置力的大小和方向，确保其获得相对的方位角，进而使得工具的造斜位置处于平稳的状态中。

4.2 自动导向钻具偏置机构液压系统

4.2.1 偏置机构液压系统运动规律

自动导向钻具偏置机构的液压控制系统，实际上就是一个完整的微型液压动力控制系统。它由液压控制元件、动力元件以及执行元件组成。液控导向机构在井下工作时分为两种工况，即执行工况和复位工况。

1. 执行工况

在执行工况中液压油缸活塞的运动可分为三个阶段。

1）初始阶段（$0 \leqslant P \leqslant P_0$）

设复位弹簧作用在液压缸活塞端部的弹性拉力为 F_0（单位为 N），则液压缸的启动压力为 $P_0 = F_0/S$（S 为纠斜油缸的有效工作面积，单位为 m^2）。在该工作状态下，液压油缸的推力小于复位弹簧的拉力，液压油缸处于静止状态位移为 0，观察不到活塞的运动，偏置机构支撑翼肋未伸出。

2）启动阶段（$P_0 < P < P_m$）

当油压增加并超过启动压力 P_0 时，液压油缸的活塞按照控制平台的指令行驶一段位移，在支撑翼肋与井壁接触之前，液压油缸的活塞主要受到复位弹簧的拉力，此种状态下油缸的受力关系由下式表示：

$$m\ddot{x} + C\dot{x} + kx = (P - P_0)S \quad P_0 < P < P_m \tag{4-1}$$

式中：m 为活塞（包括推力块）质量，单位为 kg；x 为液压油缸活塞的位移，单位为 m；k 为复位弹簧刚度，单位为 N/m；P_m 为支撑翼肋接触井壁时液压油缸的压力，单位为 MPa；C 为液压油缸受到的等效阻尼系数，单位为 $N \cdot S/m^2$。

3）工作阶段（$P \geqslant P_m$）

当支撑翼肋接触到井壁后，液压缸活塞停止移动（设其位移为 x'）。由于液压油缸工作容积没有增加，油压 P 会增加至溢流阀开启，该工作状态下的油压 P_n 为

$$P_n = \begin{cases} \dfrac{F' + kx'}{S} + P_0 & (0 < x' < x_m) \\ \dfrac{F + kx'}{S} + P_0 & (x' = x_m) \end{cases} \tag{4-2}$$

式中：F 和 F' 分别为偏置力的设计值和实际值，单位为 N；x_m 为活塞位移值，单位为 m。复位弹簧的拉力和偏置机构所提供的偏置力共同决定了油缸开启压力的大小，且 $F' \geqslant F$，P_n 为液压缸额定压力。在这种工况下液压油缸的油压 P 的大小由下式决定：

$$P = (Q - V) \Big/ \left(c_t + \frac{V}{\beta_e} \right) \tag{4-3}$$

式中：Q 为油泵输出的流量，单位为 m^3/s，其值取决于轴承的偏心距、钻杆转速及柱塞缸的有效工作面积；c_t 为液压油缸内部损耗系数，单位为 m^5/N，其值可近似为 0；$V = Sx$ 为液压油缸实际工作容积，单位为 m^3；β_e 为油缸内液压油的等效弹性模量，单位为 MPa。

此时由于 $x \approx 0$，液压油缸内的压力逐渐上升，直至溢流阀开启。

2. 恢复工况

导向造斜完成，钻具按照预定轨迹钻进后，电磁阀收到控制指令断电，液压缸压力降低，当压力小于复位弹簧的拉力时，支撑翼肋逐渐缩回，液压油液将通过电磁阀流回存储油箱。忽略电磁阀口的压降，液压油缸中油压 $P \approx 0$。此工况包括支撑翼肋伸出与井壁接触位置至支撑翼肋缩回和保持缩回状态这两种情况，可以用下式表示：

$$m\ddot{x} + C\dot{x} + kx = 0 \quad P \approx 0 \tag{4-4}$$

4.2.2 偏置机构推靠力计算

导向执行机构推靠力主要取决于液压缸产生的推力、柱塞与支撑掌的相对位置等。液压缸可产生的推力：

$$F = P_n \cdot S = P_n \frac{\pi}{4} d^2 \tag{4-5}$$

式中：P_n 为液压缸的额定压力；d 为液压缸的内径。

根据分析可知钻井液对柱塞的作用力最终通过支撑掌作用在井壁上。支撑掌的受力简图如图 4-4 所示。

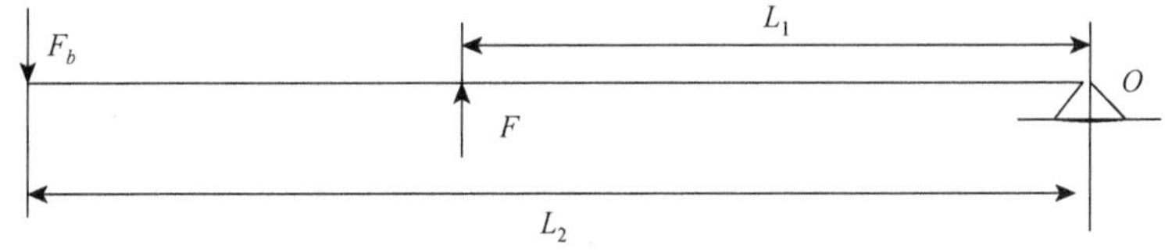

图 4-4　支撑掌受力简图

其中，F_b 为支撑掌推靠井壁的力；F 为柱塞推靠支撑掌的力；L_1 为柱塞对支撑掌力作用点到支撑掌销轴的距离；L_2 为在柱塞的作用下支撑掌对井壁作用力到支撑掌销轴的距离。

由 $\Sigma M_0 = 0$ 得

$$F_b L_2 = F L_1, 即 F_b = F \frac{L_1}{L_2} \tag{4-6}$$

4.3 自动导向钻具偏置力优化控制

自动导向垂直钻井系统在定向钻进时，导向钻具造斜能力取决于钻进地层特性、偏置机构所产生的偏置合力适量大小以及井下钻具组合自身特性。在相同地层条件下，钻具的造斜能力由偏置力矢量大小决定。偏置合力矢量的幅值越小，造斜能力就越差；反之，造斜能力就越强。此外，井眼轨迹呈三维空间分布，要求偏置合力矢量的方向必须在工具平面内360°可调，同时要求设定的工具面向角保持不变。因此，自动导向钻井系统导向钻进的关键是偏置合力矢量的控制。控制偏置合力矢量可以通过调整柱塞位移矢量或力矢量两种途径来控制。

4.3.1 偏置合力矢量控制分析

在相对静止的外套筒上，3个支撑翼肋的方向呈120°均匀分布，3个分力矢量在工具面上的方向是固定不变的。通过增加或减少某一个或几个支撑翼肋压力的大小，依据力矢量合成原理，合力矢量也相应发生变化；如图4-5所示，分析可知，若满足3个支撑翼肋分力无级调节的情况下，偏置合力矢量已知反推3个或2个分力的大小，可得出任意多种组合 F_1、F_2、F_3。

建立如下数学模型：3个分力矢量交于原点 o，x 轴为水平方向，垂直 x 轴建立 y 轴，分力 F_1 和水平方向的任意夹角为 θ_0，建立坐标系如图4-6所示。3个分力 F_1、F_2、F_3 在 x-y 平面内均匀分布。

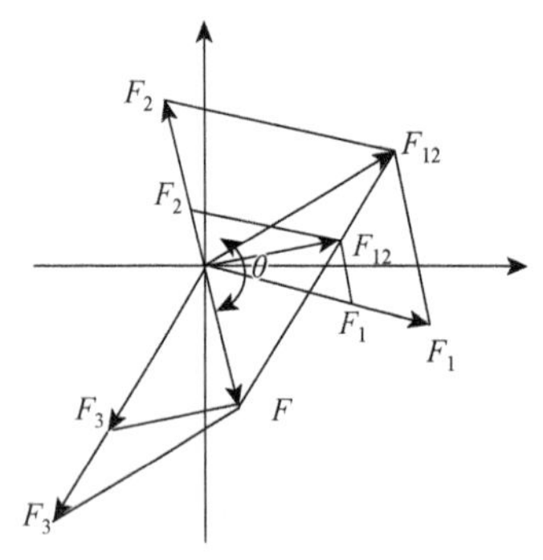

图4-5 矢量合成原理

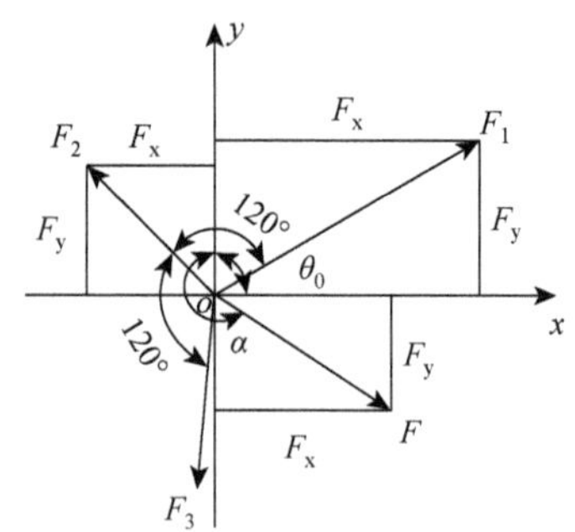

图4-6 交汇力计算

钻进地层足够坚硬能够为支撑翼肋提供支反力、每个液压油缸能为支撑翼肋提供的最大支撑力为 F_{max}，其中3个分力 F_1、F_2、F_3 均在 F_{max} 幅值范围内。如图4-6所示，依据矢量合成原理，当任意两分力达到最大幅值时，剩余的分力为0，合力矢量幅值在这种情况下达到最大值。由偏置机构产生的偏置合力 F 的幅值落在如图4-7所示的正六边形内，其中：0≤（F_1，F_2，F_3）≤F_{max}。

自动导向系统偏置机构所要达到的最终目标是控制偏置合力矢量。若已知的工况条件包括：井下钻具组合、造斜段地层、井眼轨迹曲率半径和工具面向角，就能确定偏置合力矢量的大小和方向。由力矢量合成原理可知，若要产生预定的偏置合力矢量，3 个分力矢量不是唯一的。因此，要保持合力矢量方向不变，钻头沿预定轨迹钻进，初始工具角 θ_0 也必须保持恒定，即外套必须保持静止。

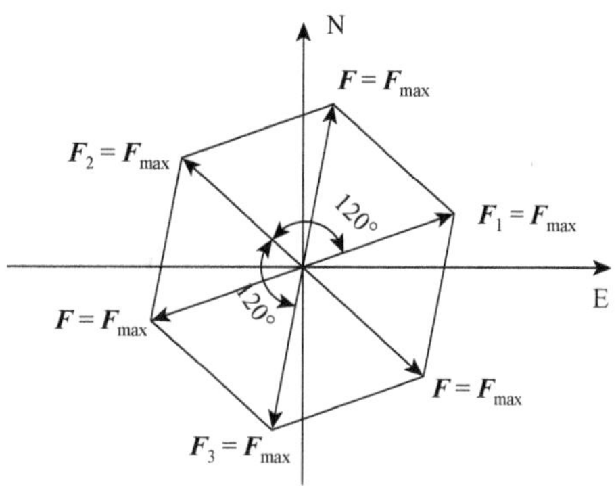

图 4-7　偏置力幅值范围

理想状态下的外套是不随芯轴的转动而转动的，但是由于钻具自身结构的缺陷，在导向造斜的过程中，驱动心轴在旋转的同时，也会带动外套做缓慢的旋转。通过大量现场数据统计和实验分析，外套转速一般在 1～2 r/h[2-3]。由于外套筒并不是处于理想的静止状态，偏置合矢量的方向会发生改变。此类由于自身结构缺陷而无法避免的旋转现象，在 3 个分力矢量给定各自设定值时，就要求支撑掌在导向造斜的过程中做出相应的调整，确保偏置合矢量能满足实际钻进的需要。

若外套筒的转动速度已知，相应偏置合矢量应满足幅值不变，方向任意可调，这样偏置机构才能通过改变 3 个分力大小来控制整个井眼轨迹的目的。

偏置合矢力幅值范围如上所述为正六边形范围，外套筒的旋转等效成该六边形的旋转，如图 4-8 所示。在旋转的过程中形成正六边形的外接圆和内切圆。根据力矢量合成原理，在包络圆之间，偏置合力矢量的方向不具有全方位任意可调性，即在某个区域内无法控制偏置合矢量的方向，在实际工程应用中称之为“控制死区”，在设计和定向造斜的过程中应尽量避开此区域。

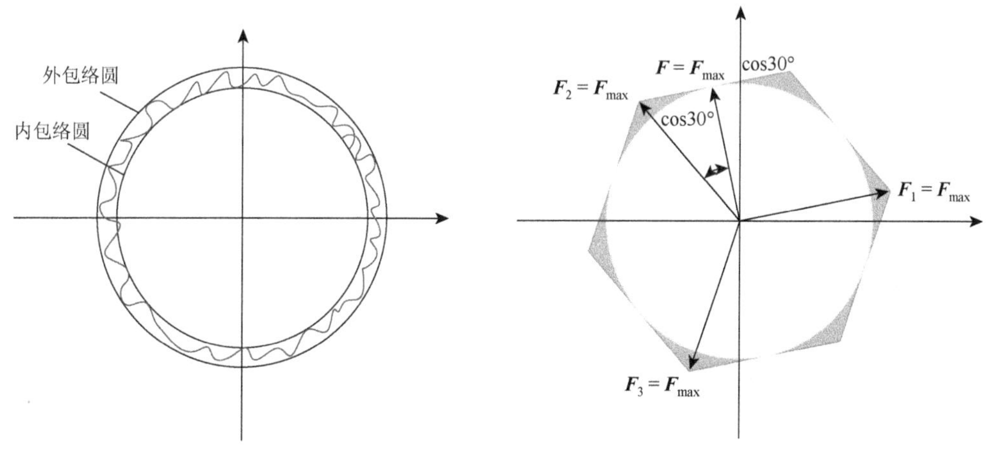

图 4-8　合力矢量几何解析

由上述分析可知，最大可使用偏置合力幅值不是单个液压缸所能提供的最大工作压力。通过力矢量合成原理及几何分析计算得出：$\boldsymbol{F}=\frac{\sqrt{3}}{2}\boldsymbol{F}_{\max}$。

在相同的地层条件下，采用相同的井下导向钻具，从理论上可推导得出，导向钻具的最大造斜能力由偏置合力矢量决定；在导向造斜的过程中，最大偏置合力矢量不能超过最大可使用偏置合力矢量幅值，即 $\boldsymbol{F}'\leqslant\boldsymbol{F}$。

4.3.2 偏置位移矢量控制分析

自动导向钻具通过偏置机构作用在钻头端部的偏置力来实现井眼轨迹的控制。偏置位移矢量控制的基本原理是：在导向造斜的过程中，根据设定井眼轨迹的需要，通过调节偏置合位移矢量的大小，来控制实际钻进的井眼轨迹。将需要调整的偏置合位移分解到 3 个支撑翼肋上，通过井下控制系统和独立的液压油缸来实现 3 个分位移矢量的精确控制。位移分量平面内的角度定义如图 4-9 所示。

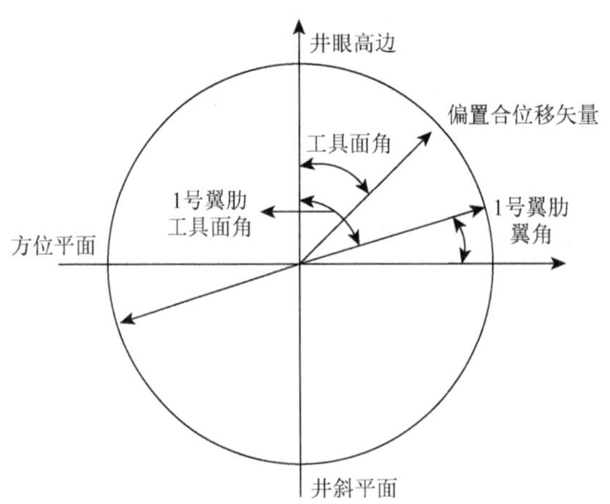

图 4-9　位移分量平面内角度定义

当导向钻具偏置机构的外套不旋转时，3 个支撑翼肋的位移状态和方向是确定的，考虑到每个支撑翼肋都有伸、缩两种状态，等效于在该控制平面内 6 个分位移矢量是确定的，将该平面划分为 6 个控制区域。创建如图 4-10 所示的数学模型，θ_0 为初始装置角，$\boldsymbol{S}$ 为偏置合位移矢量，$\boldsymbol{S}_1$，$\boldsymbol{S}_2$，$\boldsymbol{S}_3$ 为各支撑翼肋上的分位移矢量。

根据矢量合成原理，如图 4-10（a）所示，偏置合位移矢量 $\boldsymbol{S}$ 幅值和方向可以确定，但各偏置分位移矢量不能唯一确定。分析图 4-10（b），偏置合位移矢量的幅值及其方向为

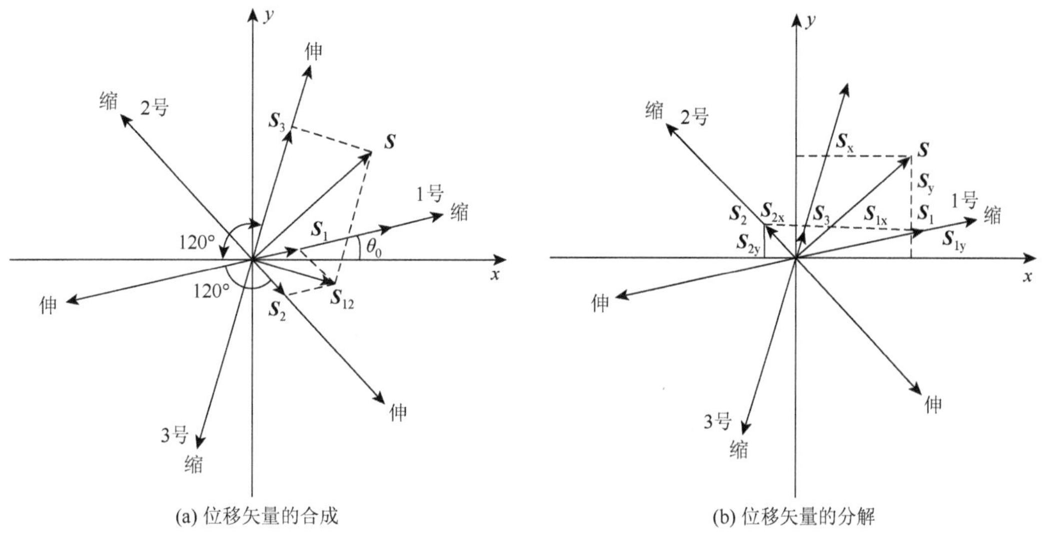

图 4-10　偏置机构位移矢量

$$
\begin{cases}
|\boldsymbol{S}|(|\boldsymbol{S}_1|,|\boldsymbol{S}_2|,|\boldsymbol{S}_3|)=\sqrt{|\boldsymbol{S}_1|^2+|\boldsymbol{S}_2|^2+|\boldsymbol{S}_3|^2-|\boldsymbol{S}_1||\boldsymbol{S}_2|-|\boldsymbol{S}_1||\boldsymbol{S}_3|-|\boldsymbol{S}_2||\boldsymbol{S}_3|} \\
\tan\alpha=\dfrac{|\boldsymbol{S}_1|\sin\theta_0+|\boldsymbol{S}_2|\sin(120°+\theta_0)+|\boldsymbol{S}_3|\sin(240°+\theta_0)}{|\boldsymbol{S}_1|\cos\theta_0+|\boldsymbol{S}_2|\cos(120°+\theta_0)+|\boldsymbol{S}_3|\cos(240°+\theta_0)}
\end{cases}
$$

$$
|\boldsymbol{S}_1|^2+|\boldsymbol{S}_2|^2+|\boldsymbol{S}_3|^2-|\boldsymbol{S}_1||\boldsymbol{S}_2|-|\boldsymbol{S}_1||\boldsymbol{S}_3|-|\boldsymbol{S}_2||\boldsymbol{S}_3|\geqslant 0 \tag{4-7}
$$

$$
|\boldsymbol{S}_1|\leqslant|\boldsymbol{S}_{\max}|,|\boldsymbol{S}_2|\leqslant|\boldsymbol{S}_{\max}|,|\boldsymbol{S}_3|\leqslant|\boldsymbol{S}_{\max}|
$$

式中：$|\boldsymbol{S}_1|$、$|\boldsymbol{S}_2|$、$|\boldsymbol{S}_3|$分别为各分矢量的幅值，单位为 m；α 为合矢量 $\boldsymbol{S}$ 与 x 轴正向的夹角，单位为°。

由式（4-7）可知，控制平面内偏置合位移矢量，可以通过改变 3 个分位移矢量 $\boldsymbol{S}_1$，$\boldsymbol{S}_2$，$\boldsymbol{S}_3$ 来实现。当初始角 θ_0 恒定时，合位移矢量的幅值和方向仅与 3 个分位移矢量的幅值有关。反之，当分位移矢量已知时，合位移矢量的方向只与初始装置角 θ_0 有关。因此，要保持偏置合位移矢量 $\boldsymbol{S}$ 方向不变，初始装置角 θ_0 须保持恒定，即偏置机构的导向外套筒不会随着芯轴的转动而转动。在理论分析中，外套是保持静止的，但在实际导向造斜过程中，由于钻具结构自身的缺陷，导向外套会随着芯轴做缓慢的旋转，由实践经验可得，偏置机构的外套转速为约 2 r/h。

在满足由矢量合成原理和偏置合位移幅值所构成的约束条件下，若偏置合位移 S 的幅值和方向已知，可以得到任意一个支撑翼肋上的分位移矢量。如图 4-11 所示，假定先计算 $\boldsymbol{S}_1$ 的位移幅值。分位移矢量 $\boldsymbol{S}_{23}$ 可继续分解到所对应支撑翼肋的两个分位移矢量 $\boldsymbol{S}_2$、$\boldsymbol{S}_3$。若假定先计算分位移矢量 $\boldsymbol{S}_2$ 的幅值，将可能出现其中一个分位移矢量 $\boldsymbol{S}_1$ 的位移幅值超出支撑翼肋最大伸、缩位移到达井壁外侧，这与钻进实际情况不符。

采用数值计算的方法可能出现多种解或错误解，须结合实际的工程情况进行求解。在导向造斜钻进过程中，由于井下动力源所能提供的能量有限，为提高导向钻具的工作效率，一般采用的原则是输出最少的能量达到最优的位移矢量控制。当位移合矢量靠近某一支撑翼肋时，先计算该支撑翼肋的位移矢量；同时按照能量分配最小原则，使其中一个位移分

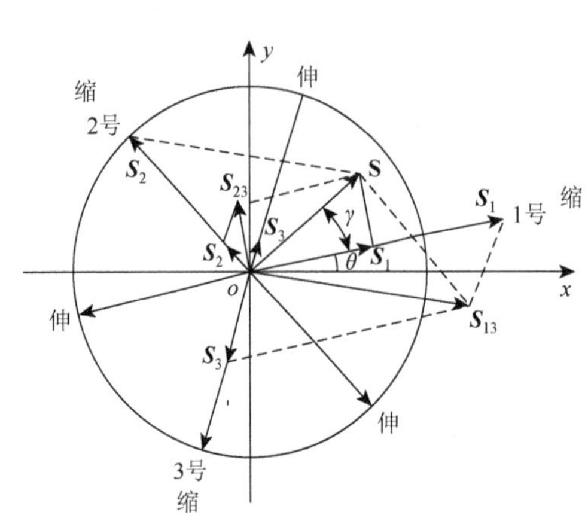

图 4-11　分位移矢量几何计算原则

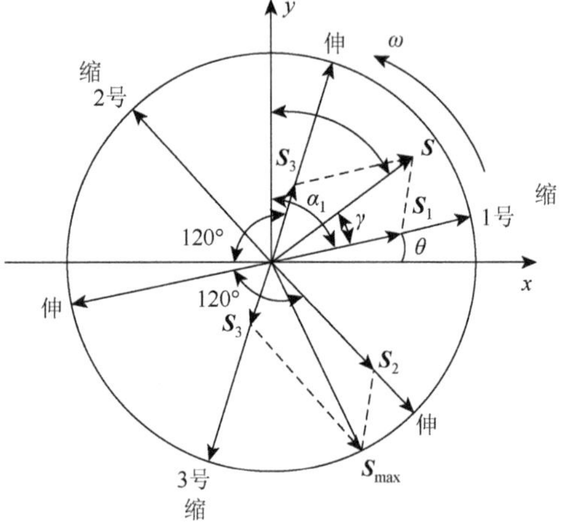

图 4-12　合位移矢量控制区域

量为 0，另外一个位移分量与上一个位移分量的矢量合为合矢量 $\boldsymbol{S}$。在上述计算分位移矢量分配过程中，采用就近原则和最小能量原则。

支撑翼肋编号按照逆时针顺序，如图 4-12 所示，1 号翼肋缩回方向与工具面方向夹角为 γ。依据上述两个原则，通过夹角 γ 所在的象限来判定与合位移矢量 $\boldsymbol{S}$ 邻近的支撑翼肋，并完成分位移矢量幅值的分配计算。导向造斜的过程中，导向外套会随着旋转芯轴做缓慢的旋转，这就要求其中 2 个支撑翼肋分位移必须做出相应的调整，以确保导向合位移 $\boldsymbol{S}$ 的幅值和方向按照预定的参数保持不变。同时考虑支撑翼肋从接收指令到执行反馈的时间 t。反馈时间 t 和外套旋转角速度 ω 在计算工具控制角 γ 时一并考虑。

在导向造斜的过程中，已知 1 号支撑翼肋与井眼高边的夹角 α_1、偏置合位移矢量 $\boldsymbol{S}$ 的幅值及其与井眼高边的夹角 α，计入导向外套旋转角速度 ω 和支撑翼肋复位 t 引起的角度变化，则

$$\gamma=\begin{cases}\alpha_1-\alpha-\omega t & \alpha_1\alpha>0\\ \alpha_1+\alpha-\omega t & \alpha_1\alpha<0\end{cases} \tag{4-8}$$

通过 γ 判断，当偏置合位移矢量 S 处于第 1 个控制区域时，1 号支撑翼肋和 3 号支撑翼肋的位移幅值分别为

$$\begin{aligned}&|S_1|=\frac{\sin\gamma}{\sin(2\pi/3)}|S|\\ &|S_2|=0\\ &|S_3|=\frac{\sin\left(\dfrac{\pi}{3}-\gamma\right)}{\sin\dfrac{2\pi}{3}}|S|\end{aligned} \tag{4-9}$$

当偏置合位移 S 与其他 5 个控制区域邻近时，计算方法同上。

在图 4-12 中，2 个支撑翼肋分位移矢量的幅值均在支撑翼肋最大幅值 $\boldsymbol{S}_{max}$ 范围内，

合位移矢量的方向可以在合位移矢量幅值保持不变且方向 360°任意可调。因此，偏置机构合位移矢量的控制区域为整个控制平面，其取值范围关系式为 $0 \leqslant (\boldsymbol{S}, \boldsymbol{S}_1, \boldsymbol{S}_2, \boldsymbol{S}_3) \leqslant \boldsymbol{S}_{\max}$。

综上所述，采用偏置合位移矢量控制方法进行导向造斜，偏执机构不存在控制“盲区”。导向钻井工具在井下工作时，其导向造斜效果受井下复杂工况的影响。在分析中做如下假设：忽略井壁冲蚀的影响，能够为支撑翼肋提供足够的支反力；导向钻井工具的各个截面为圆形；导向钻井工具的截面中心与同一平面上的井眼中心重合；支撑翼肋的液压驱动机构能够提供足够的动力和复位功能，确保偏置机构能够处于正常工作状态。其中，单个支撑翼肋的最大伸缩位移量为

$$\boldsymbol{S}_{\max} = \frac{1}{2}(\delta \boldsymbol{S}_0 - \boldsymbol{S}_{\mathrm{D}}) \tag{4-10}$$

式中：$\boldsymbol{S}_0$ 和 $\boldsymbol{S}_{\mathrm{D}}$ 分别为已钻井眼直径和旋转导向钻具的外径，单位为 m；δ 为井眼经验扩大系数；$\boldsymbol{S}_{\max}$ 为单个支撑翼肋最大伸、缩位移量，单位为 m。在设计与研发导向钻具时，单个支撑翼肋的最大伸出位移量应为 $(\delta \boldsymbol{S}_0 - \boldsymbol{S}_{\mathrm{D}})$。

4.3.3　自动导向钻具偏置机构控制方案

通过上述分析，由于偏置合力矢量的方向在内、外包络圆之间的区域存在“控制死区”，且支撑翼肋达不到最大幅值，在偏置机构控制方案的选择上采用偏置位移矢量控制为宜。

根据井眼轨迹自身的结构要求，偏置机构支撑翼肋的运动方式应按照三个阶段进行循环：待命模式、导向造斜模式、保持模式（保直或保斜）。针对不同的井眼轨迹要求应采用不同的井身结构参数，在导向造斜工具下井之前，将不同部位的井身结构参数对应的导向矢量预先导入井下闭环系统的控制单元。同时该矢量库应针对实际钻进参数留有一定的冗余量，当理论计算采用的数值无法满足实际要求时，可以调用调节。当前井身段调节完成后，相邻井身段对应的矢量参数通过地表监控设备传输至下部钻具控制系统，从而实现整个钻井系统的一个大闭环循环控制。偏置机构在接收上部控制指令后，通过井下控制程序调整钻具姿态，最终实现井下小闭环控制。若实际井眼轨迹与设计轨迹一致时，偏置机构进入休眠模式，导向模式结束。具体控制框图如图 4-13 所示。

控制框图设计思想如下所示。

（1）导向造斜模式。当实际钻进轨迹与设定的轨迹发生偏差时，偏置机构激活导向，此时导向外套筒随着旋转芯轴缓慢旋转，偏置机构控制系统需实时判定导向合位移矢量落入的区域，判定结束后执行相应分配计算。当导向外筒的旋转未使得导向合位移矢量落入另外一个控制区域，仍在当前控制区域时，仍然执行当前控制区的分配计算。一旦落入下一个控制区，则执行下一个控制区分配计算。

（2）保持模式。保持模式是通过调节地表和井下的大、小闭环系统来实现。保持模式要精确控制各支撑翼肋伸、缩分位移矢量。

（3）待命模式。导向工具不处于工作状态，3 个支撑翼肋均回缩至导向套筒内。待命模式在上述两类模式执行完毕后再实施。

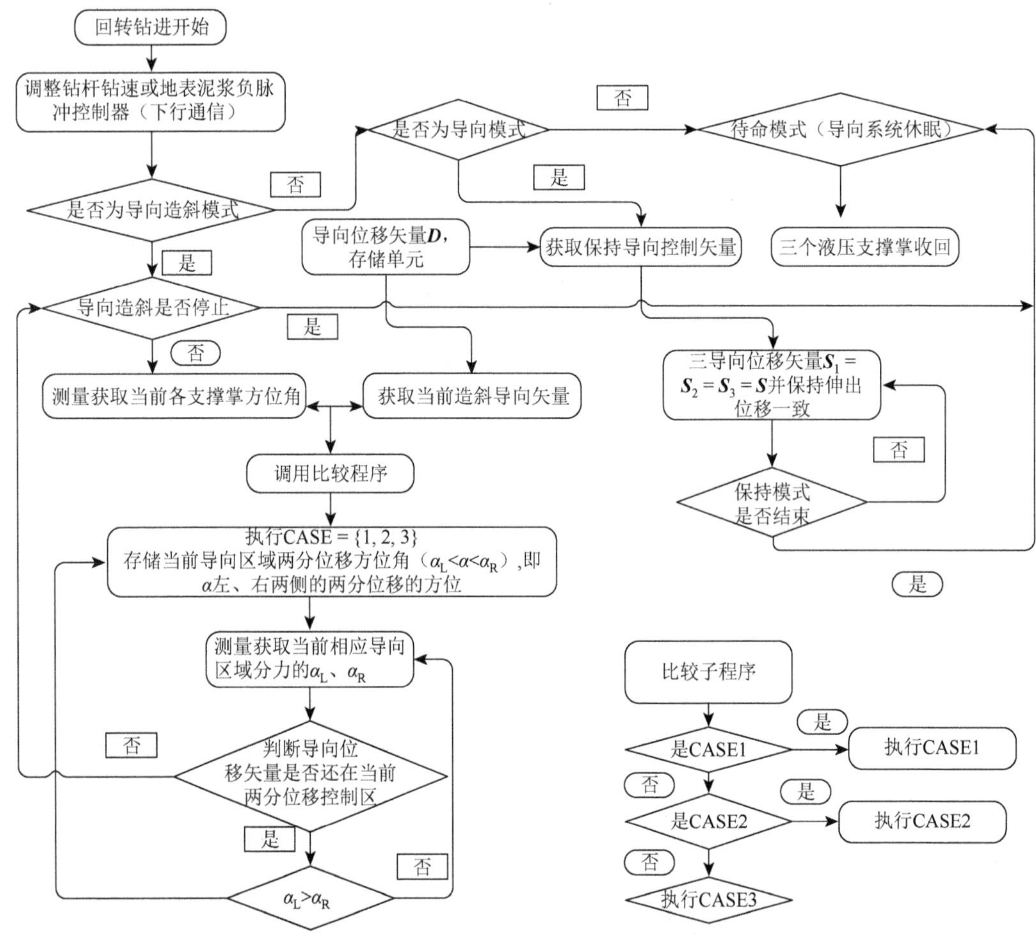

图 4-13　自动导向钻具井下闭环控制框图

4.4　自动导向钻具偏置机构三维参数化仿真设计

本节采用 Solid Works 3D 软件建立钻具各种元件及其之间装配关系的可视化模型，再完成元件的设计和装配后进行运动学仿真，进行相关部件的优化设计，使问题出现在设计阶段，减少错误的设计。与此同时通过三维仿真设计软件的参数化设计功能，能合理地检查模型的正确性和运动过程中是否发生干涉现象，规避结构设计可能产生的一些错误，有效提升设计效率和质量[4]。

4.4.1　三维参数化设计

三维参数化设计就是利用参数模型来实现几何形体的整体装配，修改和控制几何形体具体通过调整参数来实现，自动实现几何产品的精准装配，不再是用确定的数值，而是用对应的关系表示几何参数化模型的尺寸。一个参数值的改变，所有与之相关的尺寸参数将随之发生变化，几何关系和拓扑关系能通过几何参数化模型反映出来。在整体零件装配过程中，许多零件只是几何尺寸数值不同而内部结构关系相同，反映到几何参数化三维模型中，主要体现就是几何关系不同而拓扑关系相同的情况。

在生成其他新零件时，可以调整几何关系而他们之间的拓扑关系保持不变。在装配的环境里，可以方便地设计和修改零部件。对于装配关系比较复杂的装配体，Solid Works 的软件功能可使产品的设计性能得到极大的提高。在给出零件外形轮廓后，定义几何尺寸可通过简单的表达式给参数变量赋值来实现，同时表达式中可以出现用参数变量的形式来定义的几何尺寸，用来激活其他几何尺寸从而得到新的实体[5-7]。

4.4.2　自动旋转导向钻具三维参数化仿真设计

1. 设计方法

在三维虚拟化仿真设计中，可以采用“自顶向下”的设计方法来统筹考虑整个导向钻具组合的设计，先明确导向钻具组合各部件之间的拓扑关系，然后对各自的元部件进行几何形状建模；同样也可采用相反的设计方法“自底向上”，先生成各元部件，然后根据他们之间的拓扑关系将这些零件装配起来。这两类设计方法各具特色：第一类设计方法从整体出发，一方面强调零件之间的关联，能避免一些常识性的设计错误；另一方面，当参考元部件发生变化时，就会驱动相应的拓扑关系发生变化；第二类设计方法，侧重各元部件的细节设计，零部件之间相互独立互不干扰，元部件的特征和尺寸都是单独定义的，重建模型时计算更为简单。

在整体设计过程中，我们需按照实际尺寸进行总体规划，明确他们之间的拓扑关系，然后进行局部尺寸的细化和处理。

2. 钻井工具的三维零件设计

钻井工具中三维零件设计首先将零件分解为多个特征，采用布尔运算将各个特征组合起来得到完整的零件模型。一般情况下，先了解零件的主要结构特征，完成它的造型，然后逐步添加其他细节结构特征，按照堆砌叠加的方法，通过增加、删除、相交等布尔运算得到最终零件的三维参数化模型。基本步骤就是将下部钻具组合中的许多零件（如导向外筒、导向心轴、支撑翼肋、连接轴承等）通过草图描绘，生成零件的轮廓线，然后运用拉伸、剪切、旋转、高效抽壳、薄壁特征、打孔、特征阵列等操作来实现复杂零件的设计。如图 4-14 所示。

根据已有的导向钻具的二维设计模型，考虑其中的关键结构，通过三维设计软件 Solid Works[8]，建立各个元部件的三维模型及钻具的整体装配体模型。

3. 自动导向钻具的三维装配体设计

在自动导向钻具三维装配体的设计过程中，采用“自底向上”的设计方法。先生成各个装配零件，利用零件之间的旋转、垂直、平移、相切、重合、夹角、同心等装配的约束关系，将所有的元部件组装成一个完整的偏执机构。具体装配图如图 4-15、4-16 所示。

图 4-14　Solid Works 相关零件的建模示意图

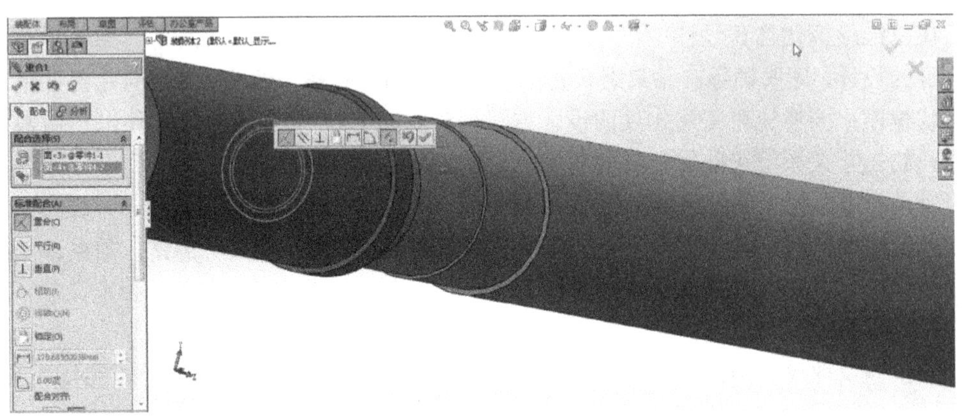

图 4-15　Solid Works 相关零件的装配示意图

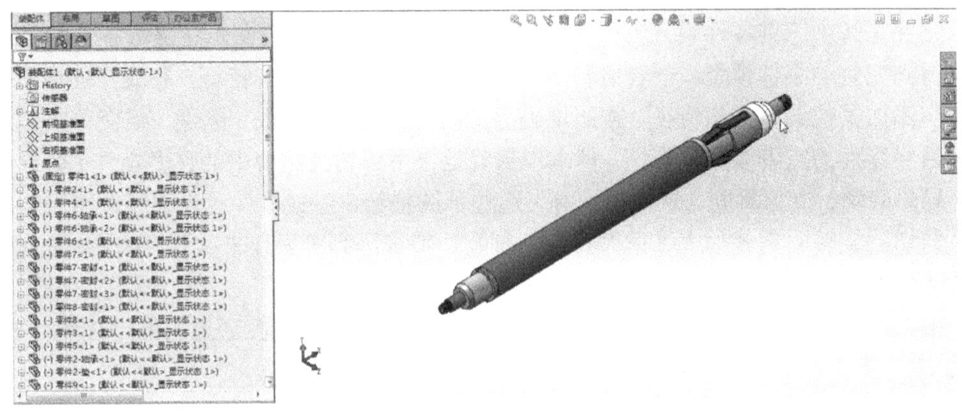

图 4-16　Solid Works 最终装配示意图

装配过程中主要注意事项如下所示。

（1）零件建模过程中注意单位是否合适。

（2）零件建模过程中注意选择合适的位置和坐标原点的位置。

（3）零件建模过程中注意尺寸是否完全定义。

（4）装配过程中注意选择合适的视角。

（5）装配过程中要注意避免几何关系过定义，并应注意合理的装配顺序。

（6）建模过程中要适时地保存。

在各个元部件组装完成后，Solid Works 还具备装配干涉检查功能，虚拟装配中的元部件组装时因产生相互干涉而无法组装的现象可以通过该功能避免。一旦组装出现干扰现象，可以通过调整特征树来优化，从而做到实时修正设计。该仿真设计是十分贴近实际产品装配过程的，通过装配干涉检查功能能够及时发现装配设计时各元件之间的干扰现象，指导实际生产装配，减少研发成本。同时 Solid Works 还具备运动仿真功能，不仅能反映出构件的运动状况，还能对构件的位移、速度及加速度等运动参数进行求解分析。分析的过程中，针对每一个运动构件都会得出我们所需的运动参数。这些运动参数可以有效地对设计的合理性和准确性作出检验。在某些特定测试场合下，有时会用到装配体的爆炸功能。在 Solid Works 仿真分析中，可以为所要分析的装配体实施多种类型的爆炸分析功能，这些爆炸分析结果分别存储在不同的装配部件中。通过“爆炸图”可以更清楚地了解各元部件之间的装配关系。在偏置机构装配体设计完成后，利用 Solid Works 的“着色与渲染”功能可以得到非常逼真的图像[9-10]。

参考文献

[1] 赵金海，唐代绪，朱全塔等. 国外典型的旋转导向钻井系统[J]. 国外油田工程，2002，18（11）：33-36.

[2] 张家希. 连续旋转定向钻井系统：AutoTrak RCLS[J]. 石油钻采工艺，2001，23（2）：4-8.

[3] 罗廷才，赵锦栋. AutoTrak 旋转闭环钻井系统在西江油田的应用[J]. 石油钻探技术，2002，30（5）：48-50.

[4] 谢红，施炜. 用 Solid Works 软件进行装配体三维设计[J]. 机械设计与制造，2002，30（1）：35-36.

[5] 张峰，李兆前，黄传真. 参数化设计的研究现状与发展趋势[J]. 机械工程师，2002，32（1）：13-15.

[6] 张光伟. 基于 3D 参数化技术的旋转导向钻具虚拟设计[J]. 石油机械，2004，32（9）：16-18.

[7] 张光伟. 井下闭环可变径稳定器的设计计算[J]. 石油机械，2004，32（2）：23-25，41.

[8] 李大磊，赵玉奇，张志林等. Solid Works 高级功能与工程应用[M]. 北京：北京邮电大学出版社，2009.

[9] 叶修梓，陈超祥. Solid Works Simulation 基础教程[M]. 北京：机械工业出版社，2009.

[10] 叶修梓，陈超祥. Solid Works 高级装配教程[M]. 北京：机械工业出版社，2010.

第 5 章　自动导向垂直钻井系统纠斜单元设计与优化

纠斜单元在自动导向垂直钻井系统中起着直接产生降斜力的重要作用，是构成整个垂直钻井系统的执行机构，也是决定垂直钻井系统性能的重要组成部分。由于所需纠斜力比较大，而安装空间有限，应采用单位功率重量比大的液压系统作为纠斜单元的驱动源。

5.1　纠斜单元液压系统控制方案分析

静态偏置式的自动导向垂直钻井系统的执行机构一般为三个在圆周方向上成 120°均匀分布的单杆柱塞液压缸，液压缸在液压力作用下外伸，推动导向块，导向块推靠井壁获得纠斜力。液压缸柱塞靠内部的弹簧力使其缩回复位。三个液压缸按控制要求可以分别单独伸出和缩回，也应能实现其中任意两个液压缸同步伸缩的动作要求。在自动导向垂直钻井系统设计中由于钻具尺寸的限制，合理设计液压控制系统显得十分关键，这取决于以下三个方面的内容：第一，在满足纠斜功能的前提下，尽可能减少液压系统元件的数量，特别是减少液压系统中占用空间较大的泵组的数量；第二，在满足液压系统流量、压力等参数条件的前提下，尽可能采用体积小的液压元件；第三，设计合理的保压方案，尽量不采用蓄能器等体积较大的液压元件。

根据自动导向垂直钻井系统的纠斜策略，可以组成不同类型的液压系统。按照泵组数量将实现垂直钻井系统纠斜功能的液压系统分为三泵组方案、二泵组方案及单泵组方案。三泵组方案采用三个独立的液压源和相应的液压阀组成液压系统，每个液压源单独给一个液压缸供压，换向阀可采用三通阀或二通阀[1]。比较常见的三泵组方案，如图 5-1 所示。该方案中驱动三个导向块的三个液压缸由单独的液压泵 P1、P2 及 P3 分别供油，系统压力分别由各自独立的溢流阀调节。通过顺序控制 3 个二位三通电磁阀，可以实现任意两个油缸的同步伸缩或任意一个油缸的单独伸缩，在纠斜过程中其中至少有一个液压源处于停机或卸荷状态。例如当液压缸 A、B 实现同步运动时，泵 P3 可处于停机状态或卸荷状态。纠斜单元液压系统一般采用柱塞缸，柱塞缸由缸筒、柱塞、导套、密封圈和压盖等零件组成，柱塞和缸筒内壁不接触，因此缸筒内孔不需精加工，工艺性好，结构简单，柱塞直径比活塞式液压缸要粗，受力好，适用于自动导向垂直钻井系统这种要求安装空间小而又需要较大推力的场合。柱塞式液压缸的回程需要借助弹簧复位。液压缸柱塞的伸缩由二位三通电磁阀控制，例如当阀 HF1 的电磁铁 1Y 通电时，液压缸柱塞在压力油作用下伸出，而当阀 HF1 的电磁铁 1Y 失电时，液压缸压力油回油箱，液压缸柱塞在弹簧力作用下收回。

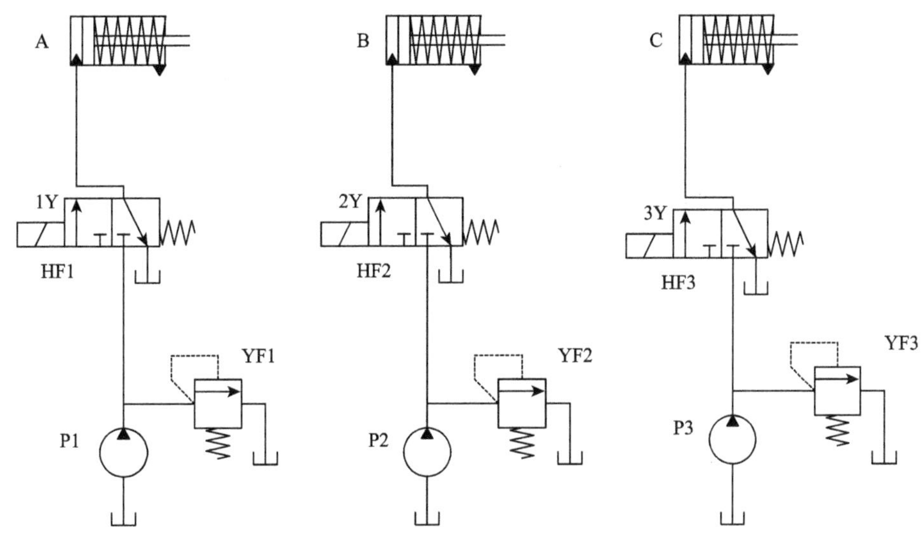

图 5-1　液压系统方案一

1. A、B、C 液压柱塞缸；2. HF1、HF2、HF3 二位三通电磁阀；3. P1、P2、P3 液压泵；4. YF1、YF2、YF3 调压阀（溢流阀）；5. 1Y、2Y、3Y 电磁铁

该方案特点是成熟可靠，每个液压缸的压力由各自的泵组控制，回路之间互不干扰，如采用比例溢流阀的话，可以实现系统压力的无级调节。该方案的缺点是所用元件数量最多，包含了三个泵组，占用安装空间尺寸最大，对于实现垂直钻井系统的小型化设计而言不是一个最优方案。

二泵组方案如图 5-2 所示，称为液压系统方案二，在这个方案中，减少了一个泵组，整个系统由两个液压泵供油，通过顺序控制 2 个 Y 型中位机能的三位四通电磁阀和一个二位二通电磁换向阀实现三个纠斜液压缸的动作顺序。在三种液压系统方案中其控制方式相对复杂一些，图 5-3 是方案二的继电器控制原理图。开关 SB1、SB2 和 SB3 分别控制 A、B、C 三个液压缸的伸缩，开关 SB4、SB5 和 SB6 分别控制 AB、BC 及 AC 组合的两个液压缸的同步伸缩。例如要实现 A、B 两缸的同步伸出，首先令 SB1 闭合，电磁铁 1Y、3Y 及 5Y 同时得电，HF1、HF2 处于左位、HF3 处于工作位。此时可实现 A、B 两缸的同步伸出。SB1 断开后，A、B 两缸在弹簧力作用下收回。

方案二与方案一一样，可以实现任意两个油缸的同步工作或任意一个油缸的独立工作。当两个油缸同步工作时，每个油缸工作压力可由两个独立的溢流阀单独调节，满足垂直钻井系统的工艺要求，适用于前述的第二种纠斜策略。该方案包括两个液压泵，三个方向控制阀及两个压力控制阀和一个单向阀。由于减少了一个泵组，液压系统所占安装空间尺寸理论上要小于方案一。

液压系统方案三为单泵组方案，如图 5-4 所示。液压系统由一个液压泵供油，系统压力由一个溢流阀调节。通过顺序控制 3 个二位二通电磁阀，可实现任意一个油缸的独立工作和任意两个油缸的同步工作以及任意两缸的异步工作。油缸的复位可通过卸荷阀（HF4）

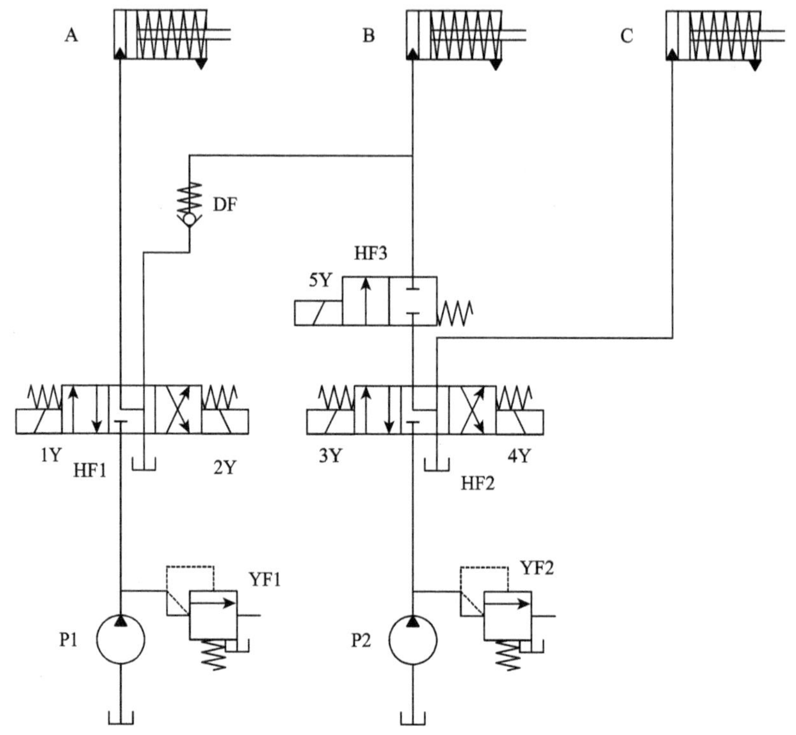

图 5-2　液压系统方案二

1. A、B、C 液压柱塞缸；2. HF1、HF2、三位四通电磁阀；3. P1、P2 液压泵；4. YF1、YF2、调压阀（溢流阀）；5. HF3 个二位二通电磁阀；6. DF 单向阀；4. 1Y、2Y、3Y、4Y、5Y 电磁铁

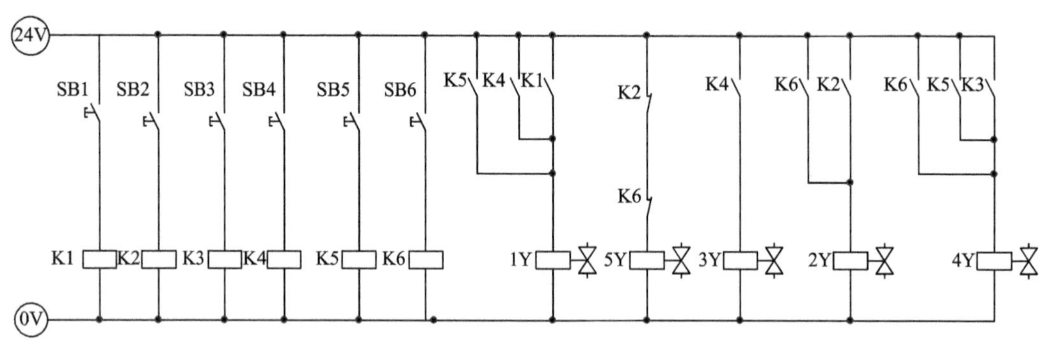

图 5-3　液压系统方案二继电器控制原理图

实现。该方案只用到了一个液压泵，而且与其他多位多通的换向阀相比，二位二通电磁阀的体积是最小的，比较容易集成，阀组占用的空间也最小，也更适应于垂钻系统的小型化的设计需要。液压系统方案适合前述的第三种纠斜策略。

综合上述三个方案，按照自动导向垂直钻井系统小型化设计的目标需求，液压系统方案三不失为最优选的方案。

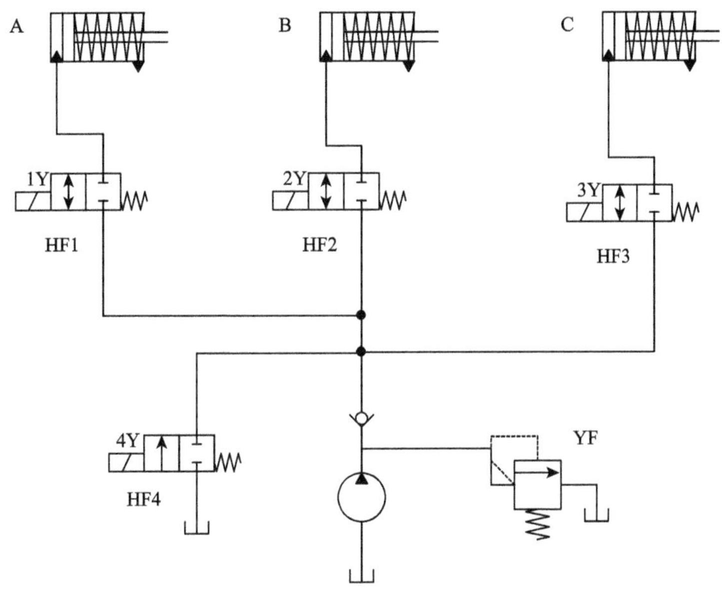

图 5-4　液压系统方案三

1. A、B、C 液压柱塞缸；2. HF1、HF2、HF3、HF4 二位二通电磁阀；3. YF 调压阀（溢流阀）

5.2　纠斜单元液压元件选型及设计

自动导向垂直钻井系统纠斜单元液压系统主要组成元件包括液压泵、液压控制阀和液压缸、液压介质（液压油）以及管路等附件，其中前三者分别称为液压系统的动力元件、控制元件和执行元件，它们是决定液压系统运行参数的主要元件，同时也是液压系统中体积较大的元件。对其进行合理的选型，不仅是满足系统功能的需要，同时也是减小纠斜单元占用空间尺寸必须考虑的。通常对液压元件选型的原则是在满足垂直钻井系统纠斜功能和液压系统控制方案的前提下，选择体积小和易于集成安装的元件。

5.2.1　液压泵选型

工业上常用的液压泵主要包括柱塞泵、叶片泵、齿轮泵等。叶片泵的结构较齿轮泵复杂，其工作压力较高，流量脉动较小，工作比较平稳，但其自吸能力不高，对油液的污染也比较敏感，市场上目前也缺乏小尺寸的叶片泵。以上三种类型的液压泵中柱塞泵具有耐高压、容积效率高、流量调节方便等优点，但其结构也最复杂。其中轴向柱塞泵相比径向柱塞泵，体积较小，更适合在径向尺寸受限的空间安装。轴向柱塞泵又分为斜轴式和斜盘式两种。斜盘式与斜轴泵相比较，其径向尺寸更紧凑一些，小尺寸的轴向柱塞泵一般采用斜盘式的结构。轴向柱塞泵的流量脉动与其柱塞数量有关，其流量脉动率 σ_q 如下[2]：

$$\sigma_q = \begin{cases} 2\sin^2\left(\dfrac{\pi}{4z}\right) & z\text{为奇数} \\ 2\sin^2\left(\dfrac{\pi}{2z}\right) & z\text{为偶数} \end{cases} \tag{5-1}$$

式中：z 为柱塞数。由式（5-1）可知轴向柱塞泵的流量脉动率与柱塞数有关，柱塞数为奇数比柱塞数为偶数时流量脉动小；柱塞数越多，脉动越小。而轴向柱塞泵的结构尺寸与其柱塞数量也有很大关系，轴向柱塞泵尺寸越小其柱塞数量越少，一些小尺寸的轴向柱塞泵往往只有一个或三个柱塞，这类柱塞泵的流量和压力稳定性都比较差，目前国内市场上也缺乏小尺寸的轴向柱塞泵。

相比较而言，齿轮泵由于采用了流体静压间隙补偿等新技术，其工作压力得到了很大提高，已经可以应用在中高压的场合，而且齿轮泵还具有结构可靠、工作稳定、对环境污染不敏感的特点，国内市场已有相应的小尺寸的外啮合齿轮泵供应，因此选用齿轮泵作为纠斜单元液压系统动力元件是可行的，图 5-5（a）为常用的外啮合高压微型齿轮泵，图 5-5（b）为为垂直钻井系统专门研制的内啮合高压微型齿轮泵，两者压力及排量等参数基本相同，尺寸也接近，液压泵排量均为 1 mL/r，最高压力为 18 MPa。前者横截面为近似矩形，尺寸为 55×50（mm），后者横截面为圆形，尺寸为直径 $\Phi = 60$ mm。内啮合齿轮泵与外啮合齿轮泵相比，流量脉动和噪声要小一些，结构上更复杂一些。

(a) 外啮合高压微型齿轮泵

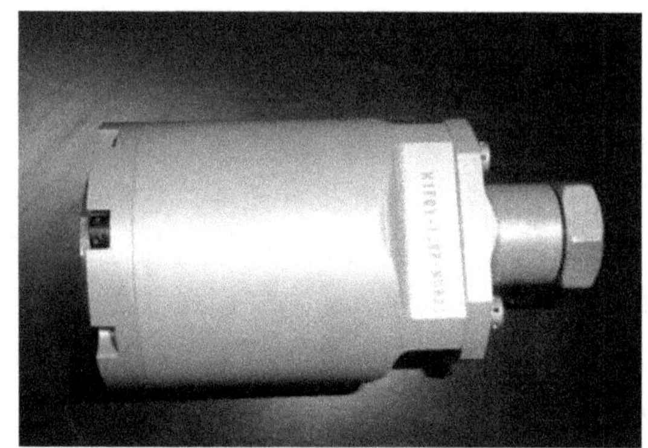

(b) 内啮合高压微型齿轮泵

图 5-5　高压微型齿轮泵

5.2.2 液压阀选型

传统滑阀结构形式的电磁换向阀和压力调节阀的体积比较大，用在自动导向垂直钻井系统有时难以安装布置。与传统滑阀相比插装阀是集成度较高的一种阀。从安装方式上来看插装阀（cartridge valve）可分为螺纹式（screw-in）和滑入式（slip-in）这两大类。后者就是通常所称的二通插装阀（也称为液压逻辑阀）。二通插装阀一般都需要附加先导控制阀才能工作，而前者采用螺旋式安装方式称为螺纹插装阀，螺纹插装阀装入安装孔后一般都能独立完成一个或若干个液压功能，如电磁换向阀、溢流阀、流量控制阀、平衡阀等。

二通插装阀尽管有一阀多能，通用化程度高，通流能力大，密封性能好等一系列优点，但由于需要先导控制阀才能工作，因此其体积也比较大，尽管其结构比传统滑阀结构的电磁阀紧凑，但用于对尺寸要求较苛刻的自动导向垂直钻井系统中仍显得不太适合。螺纹插装阀是继传统的管式阀、板式阀、叠加阀及二通插装阀之后的一种新型阀种元件，近些年才得到应用。它具有体积小、重量轻、不易泄漏、容易集成组合的特点。组装集成阀块前就可进行独立测试；由于必须安装的元件和连接的管路大大减少，节省了安装空间。此外由于螺纹插装阀的污染物和泄漏点减少，使系统的可靠性得到了显著提高。因此垂直钻井系统纠斜单元液压系统的液压阀通常选择螺纹插装阀。

螺纹插装阀中的二位二通电磁换向阀不仅尺寸和体积小，而且内部带锥阀形式的先导阀，主阀的开启受先导阀的控制，泄漏比普通的二位二通电磁阀要小[3]。特别是双向止回型的二位二通电磁螺纹插装换向阀的内部有钢珠作为单向阀，当阀工作位置处于关闭状态时，可以对执行元件起到保压作用。如图 5-6（a）为二位二通螺纹插装阀实物，图 5-6（b）为二位二通螺纹插装阀的内部结构图，图中 2 为起到微型单向阀作用的插装阀内部小钢球。如插装阀内部只有一个小钢球的称为单止回型，有两个小钢球的称双止回型。

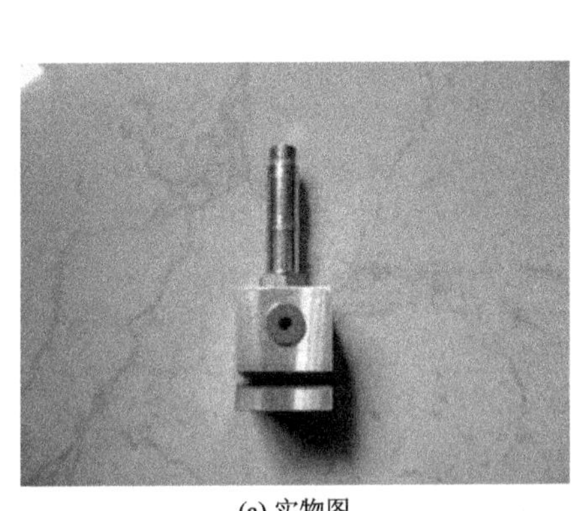

(a) 实物图

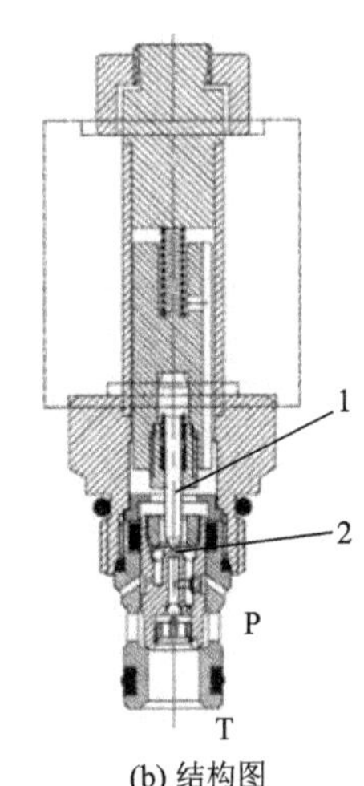

(b) 结构图

1. 先导阀；2. 单向阀（钢球）；3.T、P. 进出油口

图 5-6　螺纹插装二位二通电磁阀实物图和结构图

5.2.3　液压缸设计

自动导向垂直钻井系统必须选择小尺寸的液压缸，要求轴向尺寸短，工作可靠、泄漏小、卸荷后能自动复位。由于标准的液压缸多为长圆柱形状，轴向尺寸较长，不能直接驱动伸缩块，需通过机构进行转换，不适合在孔径小的自动导向垂直钻井系统中使用，通常须设计和定制专用液压缸。图 5-7 为为垂钻系统专门加工的液压缸，（a）为内部三维结构

图，（b）为实物图片，液压缸 O 形橡胶圈与活塞组合起密封作用，弹簧的作用是使得缸内压力消除后活塞可以迅速复位。

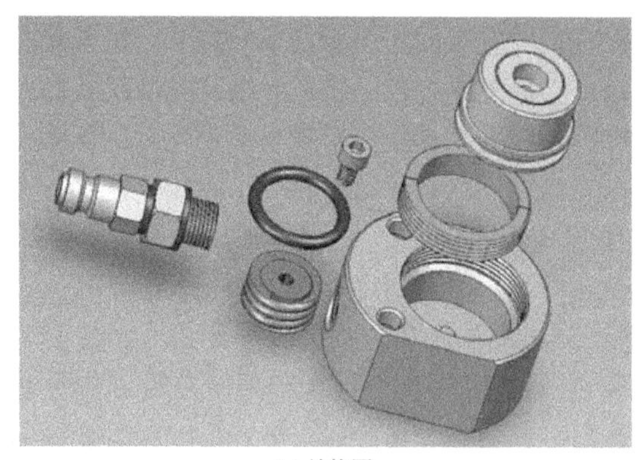
(a) 结构图

(b) 实物图

图 5-7　液压缸结构及实物图

为便于试验时快速进行油路的连接和更换，液压缸进油口采用自锁紧式快换接头。液压缸采用薄形化设计以适应垂钻系统纠斜单元的空间的限制，缸体上下两端面尺寸为 32 mm，缸内径为 35 mm，柱塞直径 d 等于缸内径，液压缸可产生的推力 F_L 为[4]

$$F_{\mathrm{L}}=\frac{\pi}{4}d^2 \tag{5-2}$$

液压缸耐压强度按 32 MPa 设计，理论上可产生的最大推力为 3×10^4 N。由于柱塞杆的运动行程较短，安装杆长度与柱塞直径之比 $L/d<10$，不必验算其稳定性，仅对柱塞杆强度进行校核。

柱塞杆选材：45 号钢，正火处理，$\sigma_b\geqslant 630$ MPa。通过计算得到

$$d\geqslant\sqrt{\frac{4F_{\mathrm{L}}}{\pi[\sigma]}}=\sqrt{\frac{4\times3.0\times10^4}{3.14\times630\times10^6/1.4}}=9.2(\mathrm{mm}) \tag{5-3}$$

式中：$[\sigma]$为材料许用应力，$[\sigma]=\sigma_b/n$，n 为安全系数，一般 $n=1.4$，所以柱塞杆直径强度满足要求。

5.3　纠斜单元液压系统动态仿真

5.3.1　液压仿真软件的选择

传统的设计方法往往是通过反复的样品试制和试验来分析该系统是否达到设计要求，结果造成大量的人力和物力的消耗。利用计算机仿真使得大量的产品设计缺陷在成型之前就得到处理，从而可以缩短产品的开发时间，降低开发成本[5]。

对液压系统的仿真有别于其他机械系统的仿真（如机械零件或装配体的 CAE 分析），由于液压元件内的压强和流量及油液温度不仅是时间的函数而且是三维空间的函数，液压

元件的准确模型需要用偏微分方程描述。但是就目前的数值计算的发展水平而言，只能用有限元法或有限体积法等数值计算方法才能求解描述液压元件内部油液的压力、温度和速度分布的偏微分方程。但是液压元件的几何形状复杂，内部结构特殊，油液与液压元件的壁面在温度及压力上有耦合效应，采用一般的有限元法或有限体积法，在前处理阶段进行网格划分时其数量巨大，计算量惊人，难以在现有的计算机上进行实施。因此采用有限元法或有限体积法一般限于对几何形状规则的简单液压元件进行仿真，或仅对液压元件中的某一局部进行研究。

目前对液压系统进行建模与仿真一般采用集中参数建模的方法来研究液压系统的动态特性。集中参数建模法中模型的参数是采用平均的技术得到的，采用平均的方法可以提高模型对空间参数变化的适应能力，从而极大地简化计算。对于系统中一些采用分布参数模型进行描述的液压元件，可借助空间离散化方法简化成复杂程度较低的集中参数模型[6]。

集中参数建模一般有基于信号流建模和基于功率流建模两种方法。其中基于信号流建模的方法比较成熟，比如用 Matlab 的 Simulink 模块对液压系统进行仿真时就采用此种建模方法。基于信号流建模方法首先认为建模对象以信号的传递为主，通过采用方框图的方法来建立对象模型。然而液压系统这类复杂的机电系统，液压元件模型之间传递的通常是功率数据，因此其传递具有双向性。采用信号流建立液压系统仿真原理图时，每个相连的液压元件模型模块之间至少需要两条连线，以实现数据的双向传递。这种方法建立的模型，不仅不直观，调试容易出错，而且容易产生代数环，导致仿真难以进行。基于功率流建模最有效的方法就是功率键合图。功率键合图是一组由有限符号组成的双信号流图，它用一系列简单符号和键来形象地描述系统能量网络中功率流的分配及流向，能量汇集以及转换等，可以比较清晰准确地表达系统结构特征和相应的各类影响因素，是一种描述动力系统动态结构的有效建模工具。但是直接应用功率键合图方法建模并不直观，尤其系统比较复杂时修改起来比较困难。

工程系统仿真高级建模环境（advanced modeling environment for performing simulations of engineering systems，AMESim）是法国 IMAGINE 公司推出的一种适合于进行液压系统仿真的软件。AMESim 采用模块化建模的思想，以液压元件模型为基本模块（子模块），将控制信号和功率信号两种类型的信号整合在一起，元件之间通过端口实现数据传递。该端口既可以传递功率信号，也可传递控制信号。结合了两种建模方式的长处。该软件是基于直接图形接口，在整个仿真过程中系统可以显示在环境中。AMESim 使用国际标准组织 ISO 的图标符号代表各种系统的元件，用方程组来描述工程系统的动态行为，用计算机码作为系统模型来执行。在系统内用方程和计算机码构建各元件的模型。AMESim 的智能求解器能够根据用户所建模型的数学特性自动选择最佳的积分算法，并根据在不同仿真时刻的系统特点，动态地切换积分算法和调整积分步长，以缩短仿真时间和提高仿真精度，软件的内嵌式自动数学不连续性处理工具解决了数字仿真中间断点这一难题[7]。从物理系统中提取出构成工程系统的最小要素，使得用户可以用尽可能少的要素来建立尽可能详细地反映工程系统和零部件功能的复杂模型，也是 AMESim 的一个显著特点。基于上述原因，这里选择 AMESim 软件作为垂直钻井系统纠斜单元液压系统的仿真工具。

5.3.2　液压仿真试验分析

按照前述的液压系统方案三（图 5-4）中的液压元件构建元件子模型。在 AMESim 中，需要给液压元件指定其流体特性，即在 AMESim 的方案模式（sketch mode）插入一个流体特性图标，按对流体（液压油）特性的有关参数：体积模量 B、密度 ρ、动力黏度（dynamic viscosity）μ 以及空气体积百分比含量（percentage of volume）进行参数选择。液压泵、液压缸等元件也按照特性参数给子模型赋值，经过编译调试后最后得到的仿真模型如图 5-8 所示。

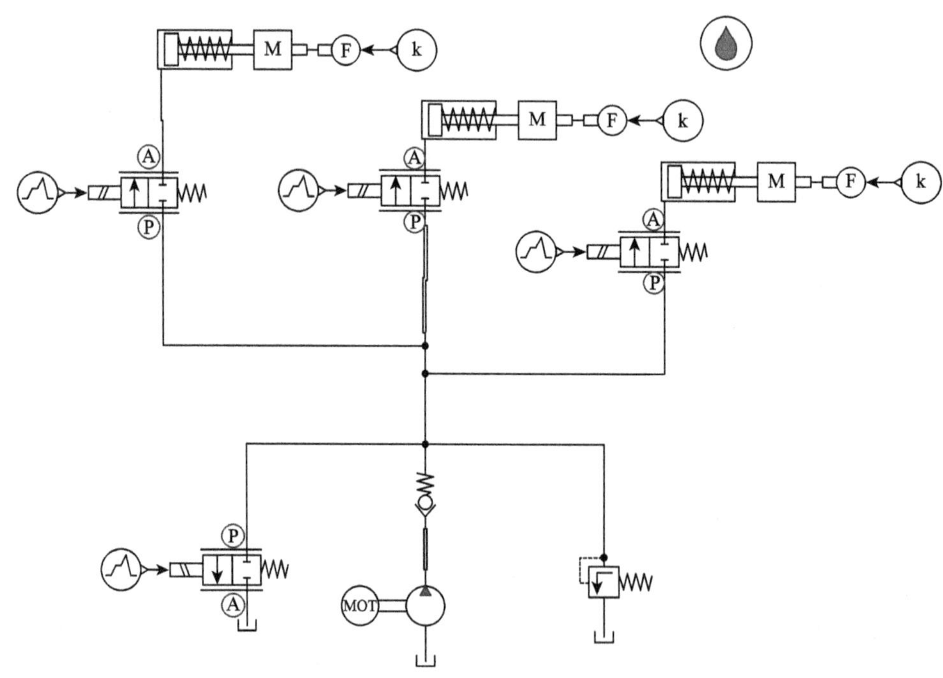

图 5-8　纠斜单元液压系统仿真模型

对于自动导向垂直钻井系统纠斜单元来说，液压系统作用于柱塞缸的压力确定了最终的纠斜力，各柱塞缸的压力调节与变化是主要的目标值，希望其具有响应快速、稳定性好的特点。从自动导向垂直钻井系统纠斜单元的实际工况出发，考虑到钻具尺寸、井下工作的环境影响，应力求液压系统结构简单、效率高、稳定性好。根据自动导向垂直钻井系统纠斜单元纠斜控制策略，分别在不同压力工况下，对液压缸单缸高压动作、双缸同步动作、双缸异步动作以及单缸停泵保压情况进行了仿真运算和分析。

1. 单缸高压运行仿真

液压缸柱塞在推动导向块推靠井壁的过程中，在导向块未接触到井壁之前，压力较小，主要是克服摩擦力及惯性力等阻力，当导向块碰触到井壁后，系统负载加大，压力迅速上升，纠斜力产生，钻柱开始位移，在纠斜过程中我们希望液压缸压力稳定，不要有太大的波动。这里按此工况对单液压缸动作进行仿真，液压缸从伸出到缩回时间设定为 8 s。图 5-9 是单缸高压动作时压力仿真曲线（$P = 15$ MPa）。动作仿真结果表明，单液压缸在从低压至高压的条件下，其压力稳定性均比较好。图中液压缸压力从零上升到最大压力的时间高于系统卸荷后从最大压力下降的时间，是因为液压缸柱塞伸出阶段克服的阻力较大，柱塞有一段时间的位移，压力上升到稳定值需一定时间，而卸荷后，管路压力下降迅速，液压缸复位弹簧的弹力可使柱塞迅速复位。

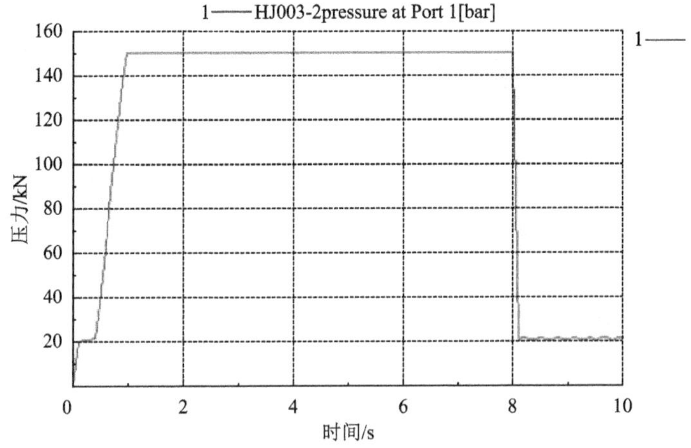

图 5-9　单缸高压动作压力仿真曲线（$P = 15$ MPa）

分析图 5-9 发现，卸荷后液压缸压力不为零，说明液压油通过卸荷阀回油箱时，卸荷阀阀口开口面积过小，压降较大，造成卸荷不畅。将二位二通卸荷阀流量由设定的 10 L/min，调整为 20 L/min。调整参数后进行仿真运算，得到新的压力仿真曲线如图 5-10 所示，卸荷后液压缸压力为零，说明此时卸荷比较通畅，液压缸压力下降迅速。实验结果表明，在不增加阀体外形尺寸的情况下，该液压系统中的二位二通电磁卸荷阀应选流量较大的型号。

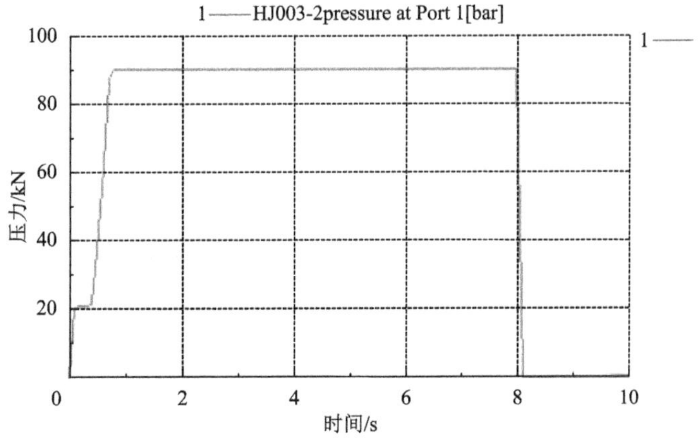

图 5-10　改进卸荷阀后单缸高压动作压力仿真曲线（$P = 15$ MPa）

2. 双缸同步运行仿真

根据纠斜策略，当偏离井眼位置与希望井眼位置与两个导向块合力矢量处于同一直线时，采用双缸同步动作，两个导向块产生的合力将推动钻柱回到对中位置。图 5-11 是其中 A、B 两缸同步动作的压力仿真曲线图。仿真过程设定时间为 10 s，步长 0.1 s，系统压力调定为 3.5 MPa。同时控制两个二位二通电磁阀得电，两缸同步伸出，8 s 后卸荷阀开启，系统卸荷。可以看出 A、B 两缸在 3.5 MPa 的低压下动作的同步性很好，两缸的压力变化几乎一样，压力上升和下降均比较迅速；在中压和高压下进行类似的两缸同步动作仿真运算，结果与低压下类似，仿真结果分别见图 5-12 及图 5-13。从仿真结果来看，双缸同步动作时，其同步性能良好，压力平稳。

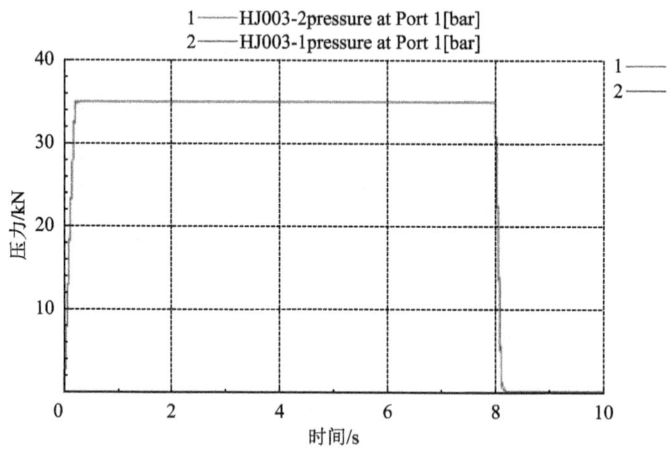

图 5-11　两缸同步动作压力仿真曲线（$P = 3.5$ MPa）

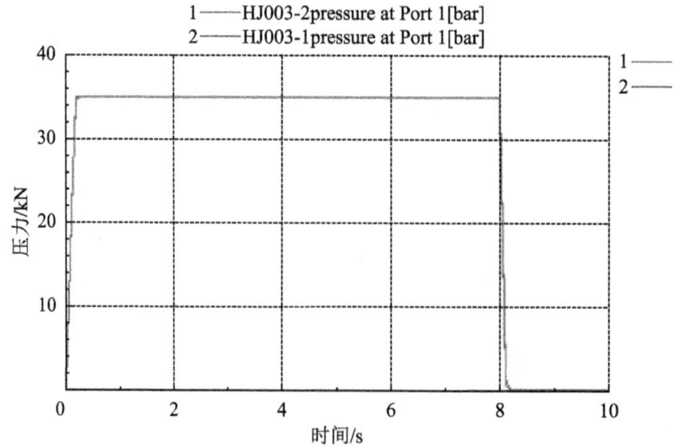

图 5-12　两缸同步动作压力仿真曲线（$P = 9$ MPa）

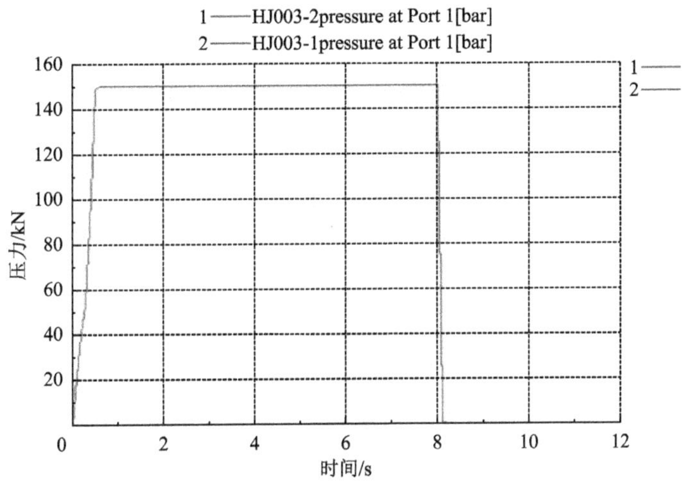

图 5-13 两缸同步动作压力仿真曲线（$P = 15$ MPa）

3. 双缸异步动作仿真

当钻柱轨迹偏离点不满足单缸纠偏或双缸同步纠偏条件时，根据本文采取的纠斜策略，应使一个液压缸先动，推动钻柱偏移，待钻柱与理想轴心的连线位于两液压缸合力矢量的方向时，再控制另一个液压缸动作，在两缸的联合作用下将偏心钻柱推移到中心位置。首先仿真两缸间隔 0.5 s 时的异步动作情况，图 5-14 是低压下两缸间隔 0.5 s 异步动作时的压力仿真曲线，令 A 缸先动，0.5 s 后 B 缸再动，8 s 后系统卸荷，两缸缩回，仿真结果如图 5-14 所示。另外仿真两缸间隔 1.5 s 时的异步动作情况，同样令 A 缸先动，1.5 s 后 B 缸再动，8 s 后系统卸荷，两缸收回，仿真结果如图 5-15 所示。

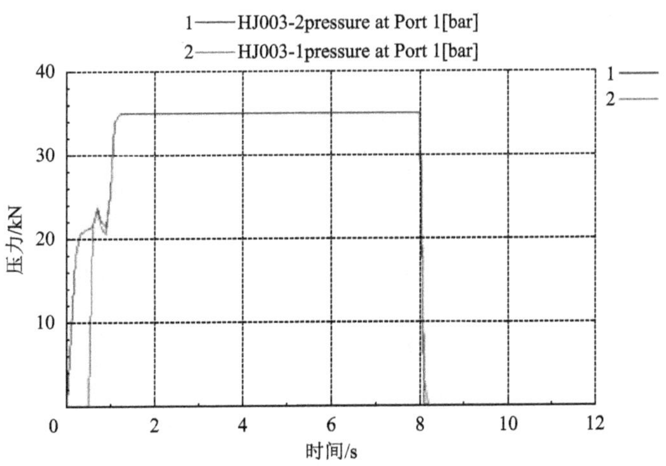

图 5-14 两缸间隔 0.5 s 异步动作压力仿真曲线（$P = 3.5$ MPa）

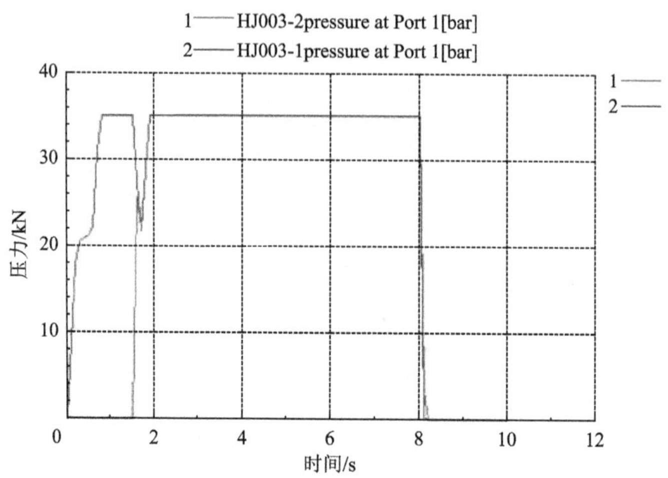

图 5-15　两缸间隔 1.5 s 异步动作压力仿真曲线（$P = 3.5$ MPa）

从仿真结果来看，当一个液压缸先动作。另一个液压缸延时动作后，会造成先动缸压力的短时下降，当时间间隔比较短时（0.5 s），两缸均处在压力上升沿时，先动缸压力的波动不明显，当时间间隔比较长时（1.5 s），先动缸压力的波动明显，压力瞬时会下降较多，可能会对纠斜动作产生一定影响。分别将系统压力设定为 $P = 9$ MPa 及 $P = 15$ MPa，两次异步动作的仿真曲线如图 5-16 及图 5-17 所示。可以看出在中压和高压下，先动缸压力的波动仍然明显，在 $P = 9$ MPa 时压力下降的百分比最大，但压力降的幅值与 $P = 15$ MPa 时接近，在 6 MPa 左右。

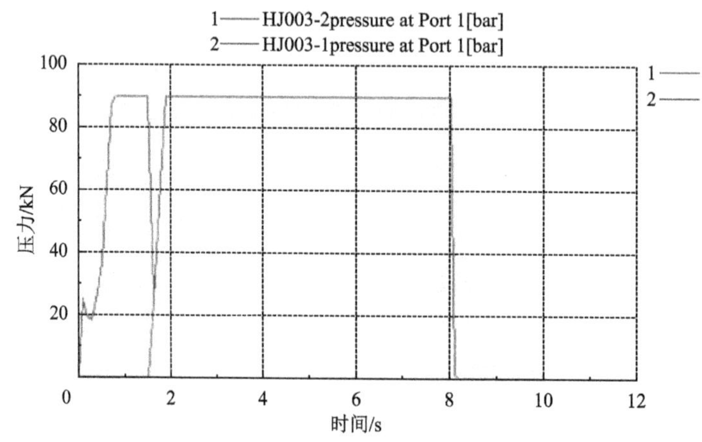

图 5-16　两缸间隔 1.5 s 异步动作压力仿真曲线（$P = 9$ MPa）

当两缸异步动作时出现上述现象对纠斜过程显然是不利的，通过仿真分析发现这种压力的波动现象在低压与高压情况下均会出现，初步判断是由于泵输出流量不足所致，进一步调整仿真参数，将电机转速由 1000 r/min 提升为 2000 r/min，使系统流量由 1 L/min 提高到 2 L/min，压力特性仿真曲线如图 5-18 所示。可以看出压力的波动现象明显降低了，

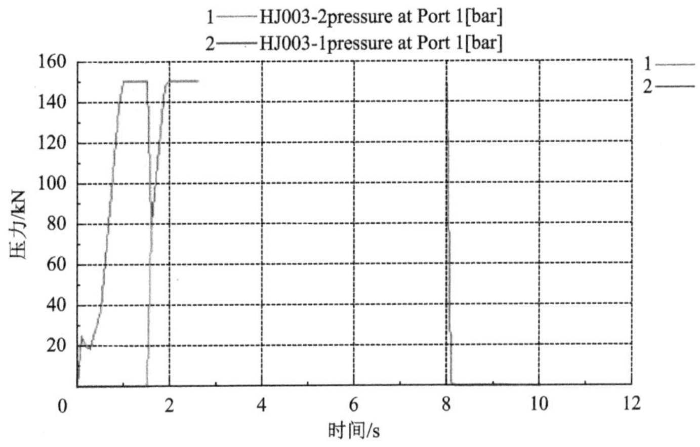

图 5-17　两缸间隔 1.5 s 异步动作压力仿真曲线（$P = 15$ MPa）

说明泵的输出流量是决定两缸异步动作时压力稳定性的关键因素，泵的输出流量越大，压力波动越小。因此在泵外形尺寸相同情况下，尽可能选排量较大的泵。

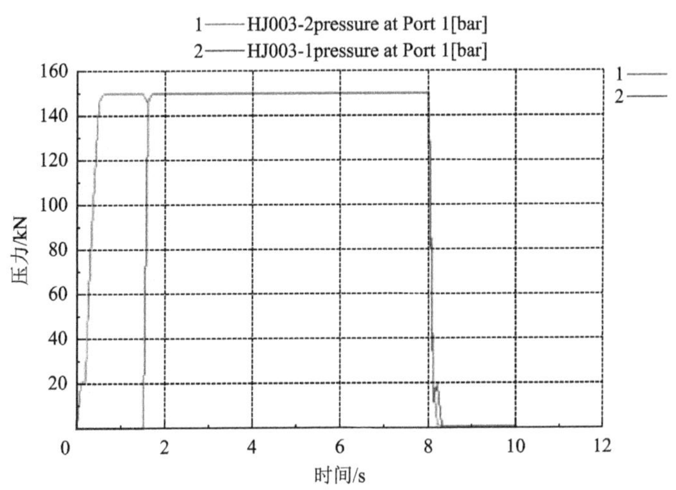

图 5-18　提高流量后两缸间隔 1.5 s 异步动作压力仿真曲线（$P = 15$ MPa）

4. 停泵保压工况仿真

自动导向垂直钻井系统纠斜单元工作在井下比较狭窄和恶劣的环境条件下，散热条件不好，泵长时间工作会使液压油发热严重。加之受到钻具尺寸和安装空间的限制，油箱体积必然较小，会使液压油冷却效果不佳，导致液压油黏度下降，影响系统的正常工作，还会使泄漏趋势增加。电机较长时间工作也会使系统负荷增加，加重井下供电单元的负担。因此，电机泵采用断续工作的方式较好，这就势必希望当电机及泵停机时（或系统卸荷时），液压缸的压力能维持一段时间，对于液压缸的保压一般采取加装蓄能器的方法，但这无疑大大增加了液压系统的尺寸，对纠斜单元的小型化设计显然是不利的。二位二通螺纹双向止回型螺纹插装阀由于内部流道有弹簧钢球起到了微型单向阀的作用，因此当泵停机时，理论上可以起到保压作用，图 5-19 是考虑到螺纹插装阀内部微型单向阀作用情况下，在设定压力 $P=9$ MPa 时，令单缸伸出，4 s 后卸荷停泵时液压缸的压力特性曲线。可看出卸荷停泵后，压力曲线非常平稳，压力值没有下降，说明双向止回型二位二通螺纹插装阀具有良好的保压性能。图 5-20 是采用不具备双向止回功能的普通滑阀型二位二通电磁阀进行仿真时的压力特性曲线。可以看出普通滑阀型二位二通电磁阀的保压性能不好，这主要是由于滑阀阀芯与阀体之间存在径向间隙等误差，造成零位有泄漏所致。

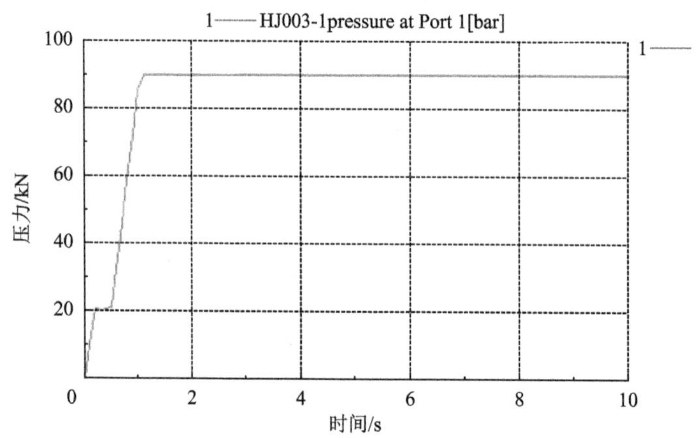

图 5-19　采用双向止回型二位二通螺纹插装阀单缸停机卸荷保压压力仿真曲线（$P=9$ MPa）

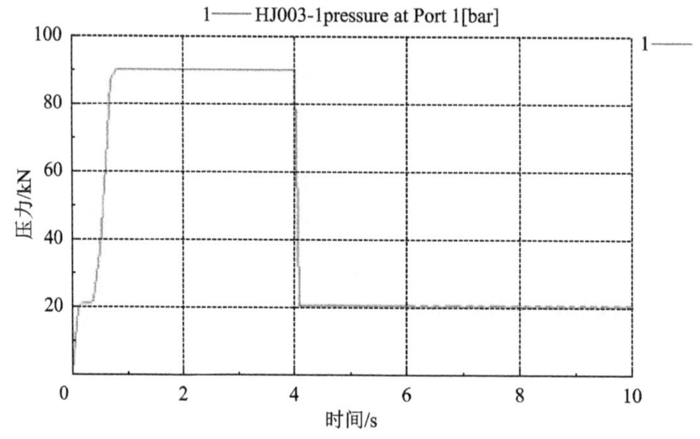

图 5-20　采用普通型二位二通阀单缸停机卸荷保压压力仿真曲线（$P=9$ MPa）

5.4　纠斜单元液压系统试验及分析

为了验证单泵组液压系统（第三种液压系统方案）的仿真结果，利用前述规格的液压元件组成尺寸紧凑型液压动力单元，加上压力传感器和数据采集卡及 PLC 控制器等构成试验测试平台，对以螺纹插装阀为主体的纠斜单元液压系统进行试验测试。

5.4.1　纠斜单元液压试验系统硬件方案

纠斜单元液压试验测试系统组成如图 5-21 所示，试验测试系统中由 PLC 控制器控制泵组、卸荷阀以及三个二位二通螺纹插装阀，并由螺纹插装阀控制三个液压缸的伸缩。三个液压缸的压力信号由 PMD-1208 数据采集卡采集后送计算机进行处理和显示。

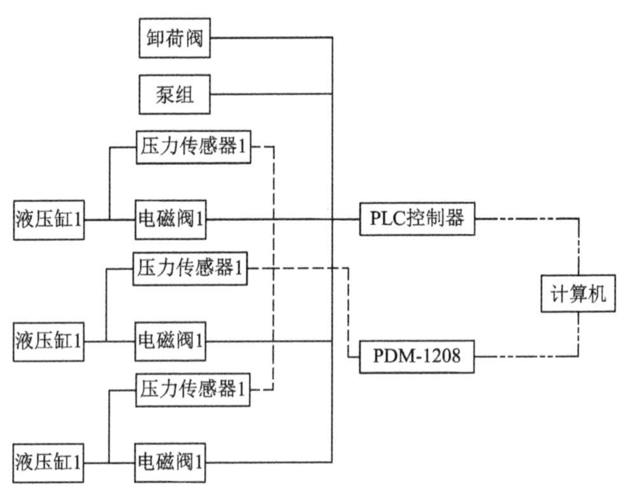

图 5-21　纠斜单元液压试验系统组成原理图

纠斜单元液压系统压力信号的采集是通过 PMD-1208 数据采集卡进行的。PMD-1208 是 Measurement Computing 公司出产的 PMD 系列的一种，PMD 系列数据采集卡为 USB 接口、多功能数据采集控制器。它采用单芯片技术，集成度高，价格是传统采集卡的一半，稳定性却提高了五倍，是目前性价比很高的多功能数据采集控制器。它的一个显著特点是体积小巧，直接可以和计算机的 USB 接口相连，而不必像其他一些数据采集卡那样必须安装在计算机机箱内的 PCI 插槽上。PMD-1208 的外形尺寸大约只有 80 mm×82 mm×25 mm，其具备的数据采集功能的主要的硬件技术指标有：

（1）十二位、八个单端和四个差分的模拟量的输入；

（2）±10 V 的模拟量的输入范围；

（3）具有可编程放大器，增益为 1，2，4，5，8，10，16 或 20 倍；

（4）采样速率：50 kHz（在连续读的模式下），300 S/s（用于软件调节方式）；

（5）支持硬件定时采样；

（6）支持触发采样；

（7）百分之百软件控制，没有任何跳线和开关；

（8）支持 LabView 驱动。

纠斜单元液压系统泵组控制及螺纹插装电磁阀的控制采用 OMRON 公司 CPM1A 型 PLC 可编程控制器，它的特点也是体积小巧，结构紧凑，节省安装空间。除此之外，CPM1A 可连接可编程终端，选用通信适配器以相应的上位 Link 或高速 NT Link 与 PC 之间进行高速通信。充足的程序容量，有2048字的用户程序存储器和1024字的数据存储器。CPM1A有10点至40点多种CPU单元，汇集了高速响应功能、高速计数功能、中断功能等各种先进的功能。其主要技术指标如下所示。

（1）指令长度：1步/1指令、1～5步/1指令。

（2）基本指令：共14种。

（3）特殊指令：79种共139个。

（4）执行时间：基本指令LD = 1.72 μs，特殊指令MOV = 16.3 μs。

（5）程序容量：2048字。

（6）输入继电器：00 000～00 915（0～9 CH）；输出继电器：01 000～01 915（10～19 CH）。

（7）内部辅助继电器：512点，20 000～23115（200～231 CH）；特殊辅助继电器：384点，23 200～25 515（232～255 CH）；

（8）输入时间常数：1 ms/2 ms/4 ms/8 ms/16 ms/32 ms/128 ms其中任何一个都可设定。

压力传感器采用ZQ-Y型压力传感器。该传感器经过精密的温度补偿和全不锈钢密封焊接具有精度高、抗干扰、过载和冲击能力强、体积小、防潮性和长期稳定性好等特点。其主要技术参数如下：

（1）量程：0～20 MPa。

（2）精度：0.25级。

（3）输出信号：1.0～1.5 mv/V。

（4）供桥电压：5～15 VDC。

（5）输出电压：0～5 VDC。

（6）绝缘电阻：≥2000 MΩ。

（7）工作温度：–20～+80 ℃。

（8）环境温度：–20～+80 ℃。

（9）稳定性：±0.1%FS/y～±0.2%FS/y。

（10）允许过荷：200%FS。

（11）温度漂移：≤±0.05%FS/10 ℃。

CPM1A与PMD-1208数据采集卡及相应的传感器和微机一起组成了纠斜单元液压系统试验装置的测量控制系统，试验装置实物如图5-22和图5-23所示。图5-22为试验装置总体图，图5-23为液压缸及压力传感器安装图。为了减小试验装置体积，泵组采用了集成化设计，液压泵直接装入油箱中，电机通过联轴器与泵相连。全部控制阀均采用螺纹插装阀，溢流阀卸荷阀及单向阀等均集成安装在电机与油箱中间特制的集成块上，泵组尺寸约为350×110 mm（长×宽）。参照自动导向垂直钻井系统纠斜单元的实际结构，三个液压缸环向成120°均匀分布在试验台架下部，压力传感器安装在液压缸的入口处。

5.4.2 纠斜单元液压系统试验软件方案

纠斜单元液压试验系统上位机数据采集分析软件采用美国国家仪器公司（NI）的LabVIEW作为开发平台。选择LabVIEW作为软件开发平台主要是因为其开发环境具有优点：

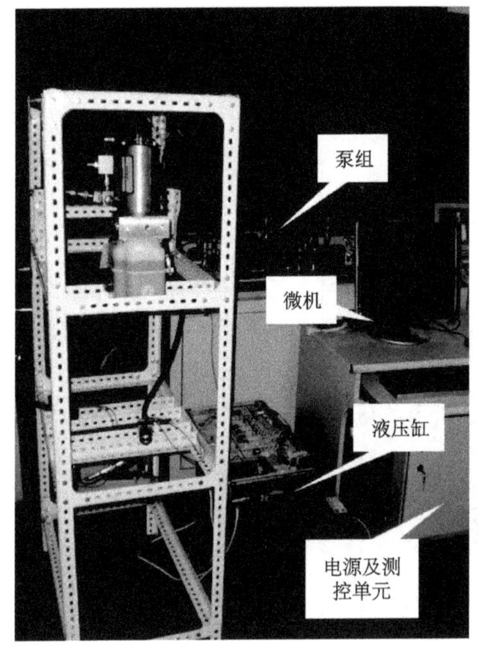

图 5-22　纠斜单元液压系统试验装置整体图

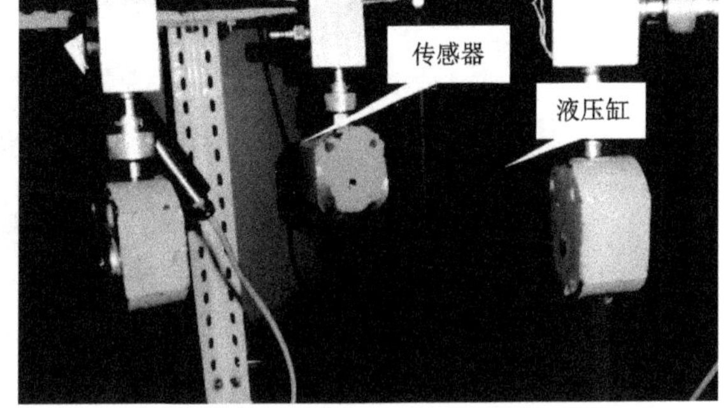

图 5-23　液压缸及压力传感器安装图

如采用编译型的图形化编程语言，编程直观简洁，无须预先编译就可进行语法检查，在调试过程可使用数据探针，拥有丰富的函数功能和数值分析功能[8]。另一个原因是 PMD-1208 支持 LabVIEW 驱动，PMD-1208 与 LabVIEW 可构成实用的虚拟仪器测试系统。

LabVIEW 使用的是数据流编程模式，它不同于基于文本语言的线性结构。在 LabVIEW 中执行程序的顺序是由模块之间的数据流决定的，而不是按命令行次序连续执行[9]。在 LabVIEW 中，有用于试验和测量的工具，用以建立名为虚拟仪器（virtual instrument，VI）的工具，可取代以文本为主的程序编制过程。LabVIEW 由前面板、控件以及框图构成。设计的液压试验测试系统运行时的操作界面如图 5-24 所示，该界面是用户与系统的交互平台，其设计的好坏直接影响整个系统的操作性。根据检测参量的数量和特点，本着简单明了、操作方便、界面美观的基本准则，将系统界面划分为数据显示部分及数据保存和调用部分。

LabVIEW 的软件编程是通过框图结构设计实现的。根据系统所要实现的功能，将软件编制划分为三个模块：数据采集模块、数据处理和显示模块以及数据保存和调用模块。数据采集模块可实现个 3 个通道压力模拟信号的输入。通过“VISA 配置串口”设置串口参数，然后通过“VISA 读取”读取串口传输上来的字符串。数据处理和显示模块实现压力数据的量程标定和动态实时曲线窗口显示。数据保存模块可以实现数据保存和调用历史数据的功能。图 5-25 为编制的 LabVIEW 程序结构框图。

纠斜单元液压系统电机及电磁阀的控制采用 OMRON 公司 CPM1A 小型 PLC 可编程控制器，编程采用 CX-Programmer 编程软件。CX-Programmer 编程软件是 OMRON 公司

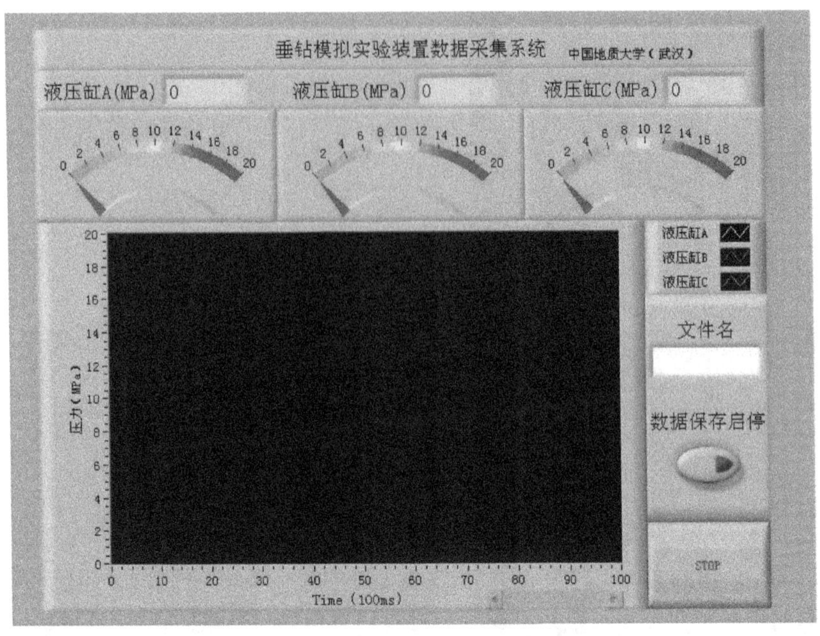

图 5-24　液压试验测试系统界面

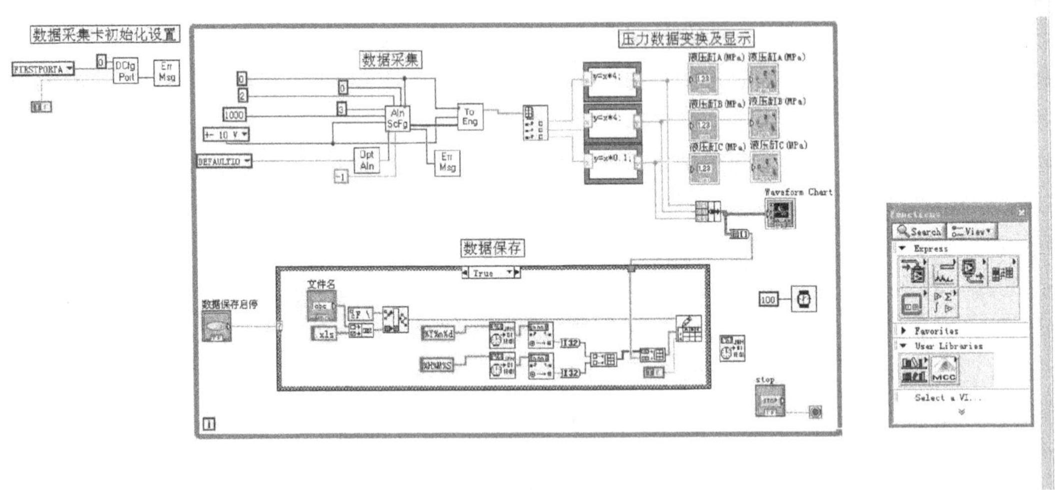

图 5-25　液压试验测试系统 LabVIEW 程序结构框图

于 20 世纪末推出的，基于视窗的 PLC 编程软件。它支持几乎所有新型 OMRON 的 PLC 编程，同时还可进行 PLC 网络配置。CX-Programmer 编程软件采用的是完全 Windows 风格的界面。有窗口、菜单、工具条、状态条，可用鼠标操作，也可用键盘操作，并可打开多个例程或工程，以供多窗口，多 PLC，多程序进行处理。CX-Programmer 的主界面如图 5-26 所示，它包括一个主窗口和三个辅助窗口，对应的窗口功能如图中标注。

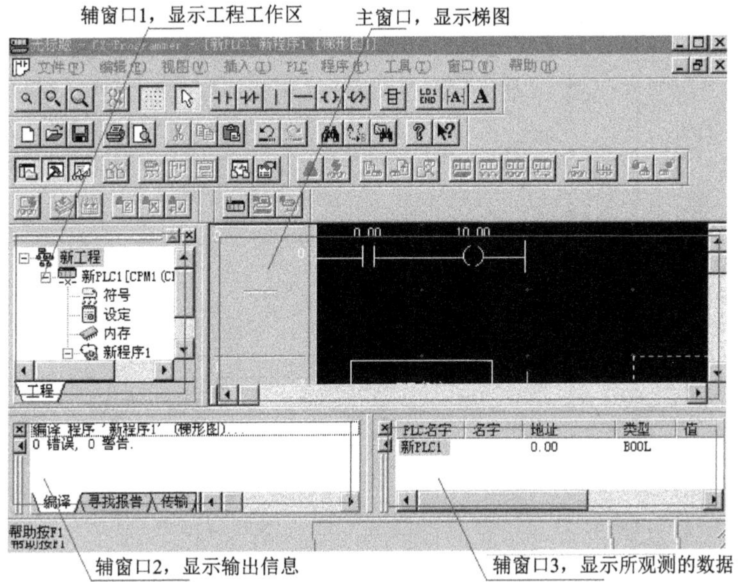

图 5-26　CX-Programmer 主界面

按不同工况的试验内容编制其对应的梯形图程序，图 5-27 是其中的一组。此工况可实现三个液压缸的单独伸缩控制以及任意两个缸的同步伸缩控制。梯形图中程序行 0 为控制电机启停，程序行 7、12、17 为控制 A、B、C 三个螺纹插装阀的电磁铁动作。程序行 49 为控制卸荷阀卸荷。其余一些工况（如两缸延时异步动作）的梯形图编程由于篇幅原因在此省略。

5.4.3　纠斜单元液压系统试验结果及分析

针对自动导向垂直钻井系统纠斜单元液压系统的仿真试验数据，调整卸荷阀等部分元件的参数，按前述液压元件选型方案构建液压试验系统。根据自动导向垂直钻井系统纠斜单元纠斜控制策略，下面分别在不同压力工况下，对液压缸单缸高压动作、双缸同步动作、双缸异步动作以及单缸停泵保压情况进行试验测试和分析，并与仿真结果进行对比。

1. 单缸高压运行试验

对单液压缸动作进行低压至高压下试验测试，试验结果表明，单液压缸在低压至高压下，其压力稳定性均比较好。图 5-28 是单缸高压动作时压力实施测试曲线（$P = 15$ MPa）。

图中液压缸压力从零上升到最大压力的时间为 1 s 左右，经过 5 s 后系统卸荷，压力下降迅速，这与图 5-10 的仿真数据一致，但压力平稳性比仿真结果略差，估计是液压缸存在一定的内部泄漏所致，不过总体上与仿真数据是很接近的。

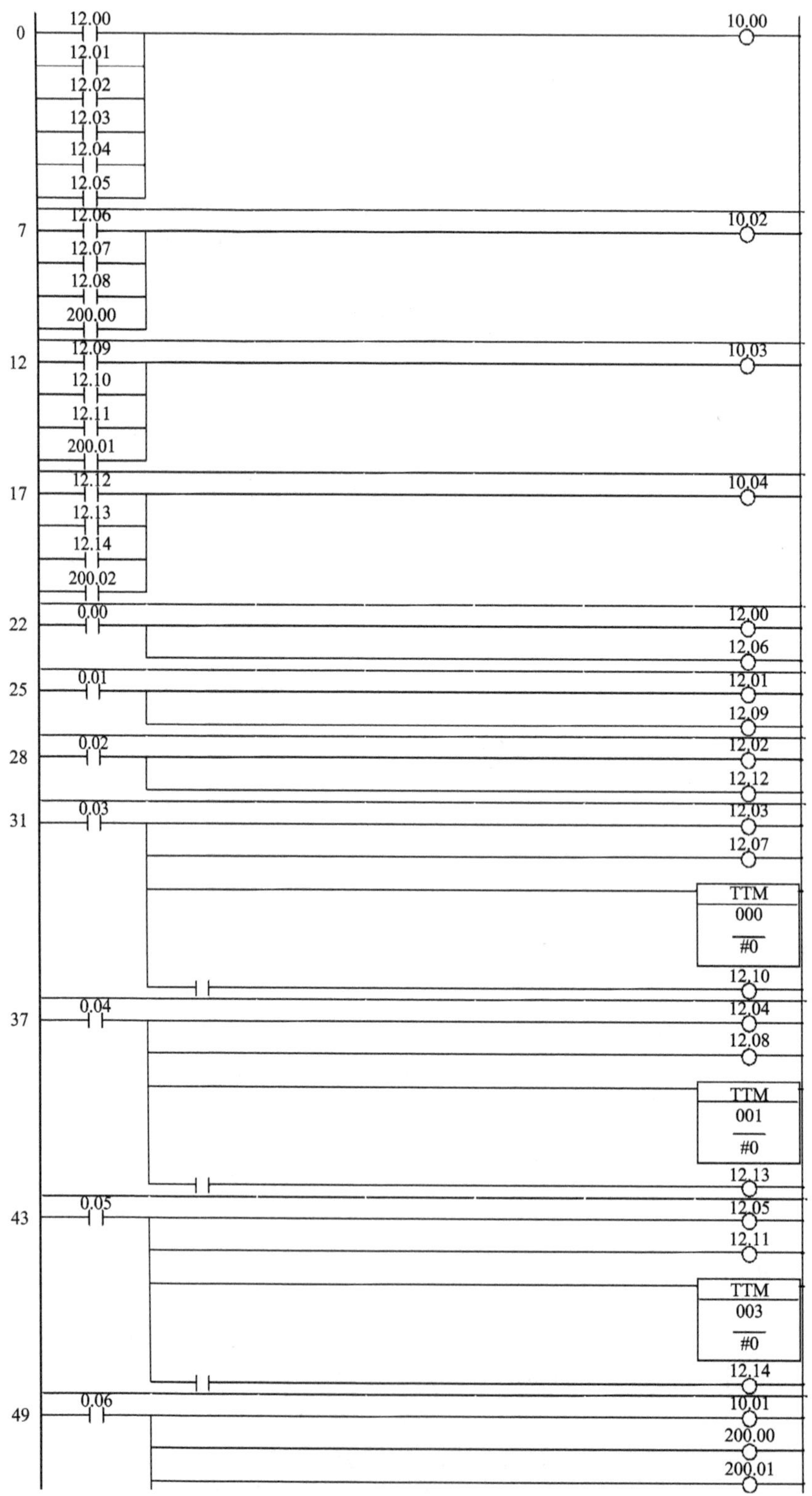

图 5-27　电机及电磁阀控制 PLC 梯形图

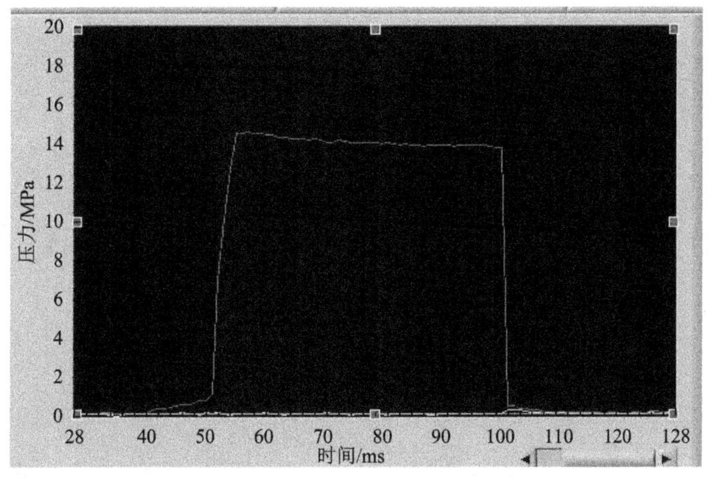

图 5-28　单缸高压动作压力实测曲线（$P = 15$ MPa）

2. 双缸同步运行试验

首先进行低压下两缸同步动作试验，系统压力为 3.5 MPa。在泵组启动后，同时控制两个二位二通螺纹插装阀打开，等液压缸柱塞完全伸出后停留一段时间，然后让卸荷阀打开，系统卸荷，停机。整个过程持续时间为 8 s。此时两缸的压力平稳，压力上升和下降曲线基本吻合，如图 5-29 所示。试验测试结果与图 5-11 两缸同步动作压力仿真曲线的仿真结果基本相似，两条压力曲线的少量重合误差可能是因为两缸的泄漏系数不同，以及两条液压管线的沿程损失等不完全相同。对高压 $P = 16$ MPa 所作的实测压力曲线如图 5-30 所示，从曲线上看，两缸同步动作压力稳定性很好，与图 5-13 的数据仿真结果也非常近似。因此可以认为由二位二通螺纹插装阀组成的液压系统在高、低压力下双缸动作的同步性良好。

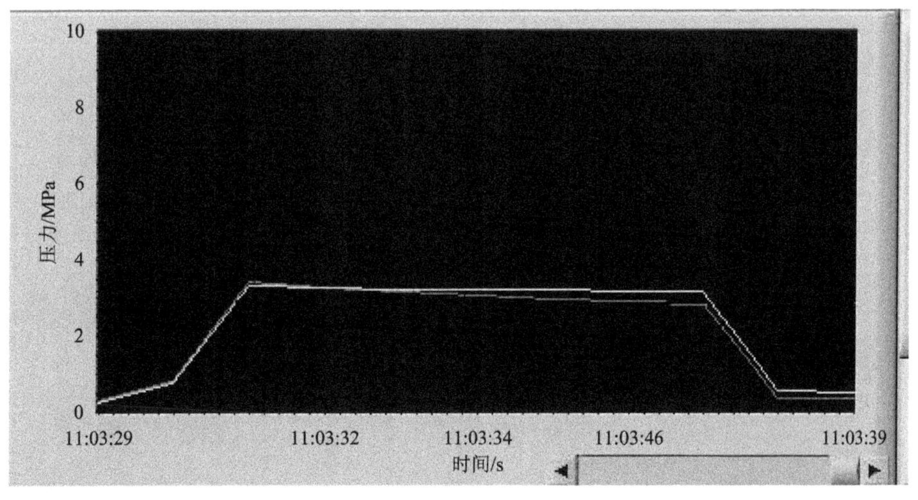

图 5-29　两缸同步动作压力试验曲线（$P = 3.5$ MPa）

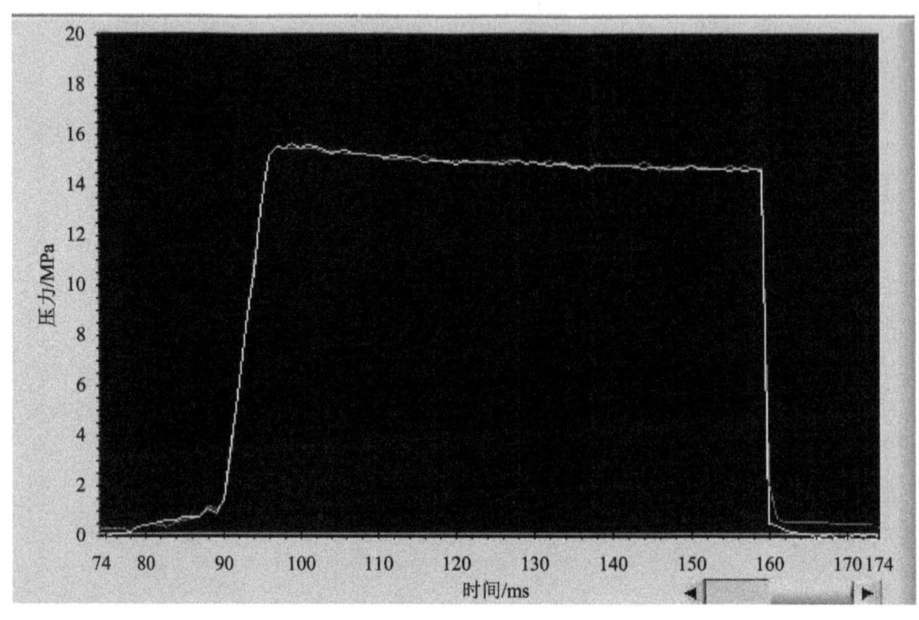

图 5-30　两缸同步动作压力试验曲线（$P = 16$ MPa）

3. 双缸异步动作试验

根据本书采取的纠斜策略，进行一液压缸先动，间隔 0.5 s 后另一缸再工作的双缸异步动作试验。图 5-31 是 $P = 3.5$ MPa 的低压下两缸间隔 0.5 s 异步动作时压力实测曲线，令 A 缸先动，0.5 s 后 B 缸动，工作一段时间后系统卸荷，两缸缩回。实测压力曲线与图 5-14 的仿真结果相比也比较吻合。在 $P = 9$ MPa 的压力下同样进行两缸间隔 0.5 s 时的异步动作试验，实测压力曲线如图 5-32 所示。从图可以发现，当压力升高时，两缸同处在压力上升段时，后动缸对先动缸的压力波动影响不大，不会对先动缸的工作造成大的影响。

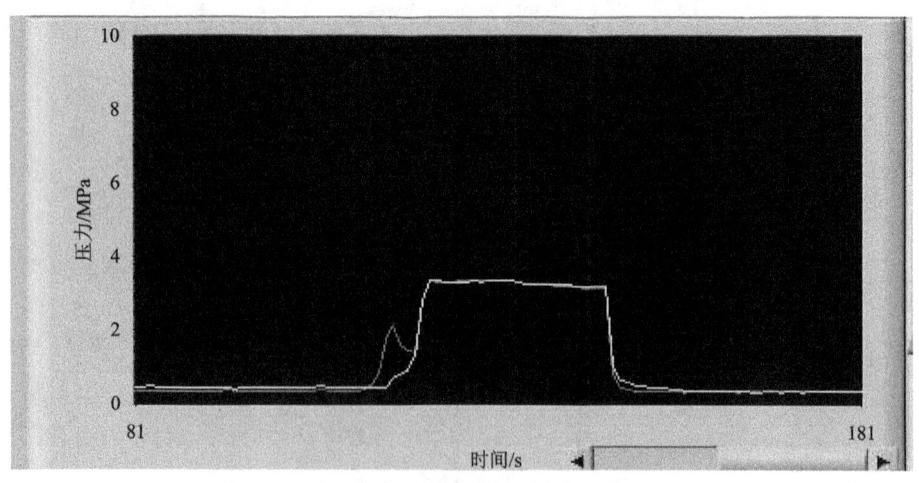

图 5-31　两缸间隔 0.5 s 异步动作压力试验曲线（$P = 3.5$ MPa）

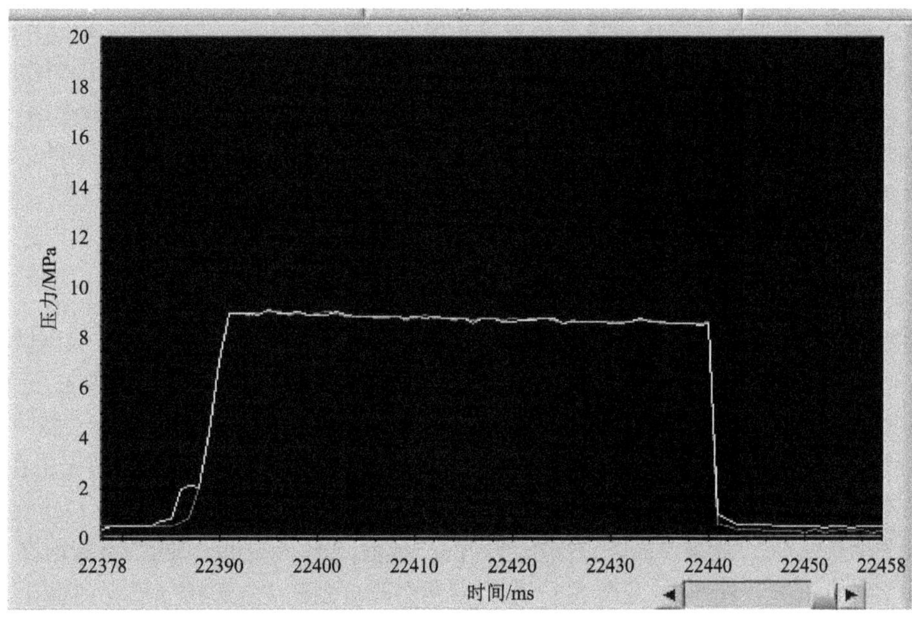

图 5-32 两缸间隔 0.5 s 异步动作压力试验曲线（$P = 9$ MPa）

与仿真试验类似，进行了两缸间隔 1.5 s 异步动作压力测试试验，图 5-33 是 $P = 16$ MPa 时高压下两缸间隔 1.5 s 异步动作时压力实测曲线，令 A 缸先动，1.5 s 后 B 缸动，工作一段时间后系统卸荷，两缸收回。实测压力曲线与图 5-18 的仿真结果相比先动缸的压力在上升沿有小的波动，分析原因可能是由于试验时油管较长及弯曲等原因造成流动阻

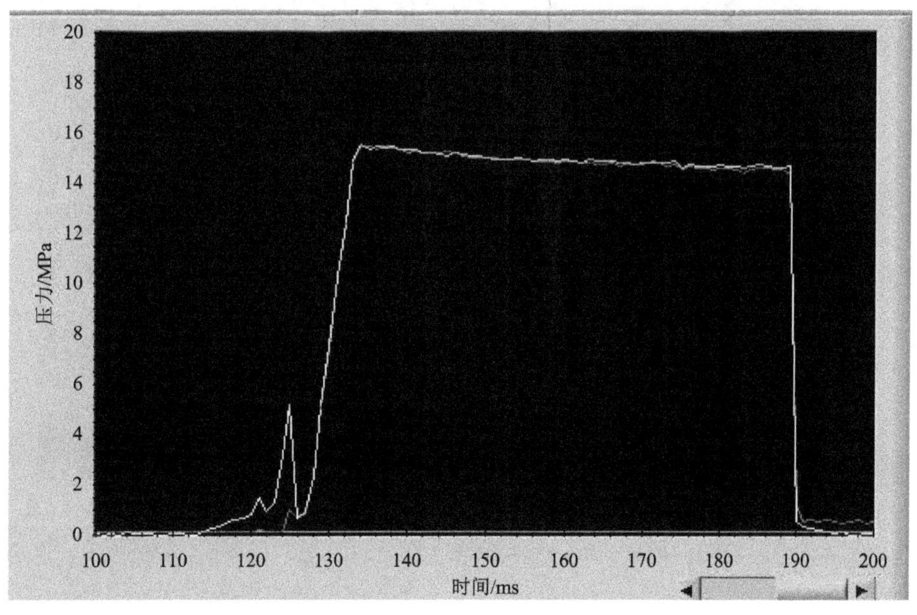

图 5-33 两缸间隔 1.5 s 异步动作压力试验曲线（$P = 16$ MPa）

力较大造成的。通过试验测试结果与仿真分析结果的对比，印证了当两缸异步动作时间间隔较短，两缸均处在压力上升阶段时，先动缸压力的波动不明显；当两缸异步动作时间间隔较长，两缸不同处在压力上升阶段时，先动缸压力的波动明显；受后动缸的影响其压力会出现瞬时下现象的规律。但如果提高泵的输出流量的话，这种波动是比较小的，不会对实际纠斜过程造成影响。

4. 停泵保压工况试验

参照仿真试验的情况，进行停泵卸荷后二位二通螺纹插装阀对液压缸的保压试验。首先对二位二通螺纹插装阀高、低下的保压性能进行试验测试，图 5-34 及图 5-35 分别是在系统压力 $P = 3.5$ MPa 及 $P = 15$ MPa 下的保压试验，在停泵卸荷时刻（对应于图中“H”处）压力有少量下降，但随后维持在稳定值，可以看出二位二通螺纹插装阀无论在低压，还是在高压下的保压性能都是很好的。

为了验证二位二通螺纹插装阀保压性能的一致性，我们对三个二位二通阀均在同一压力条件下进行试验。图 5-36 及图 5-37 是其中两个阀分别在 $P = 9$ MPa 测得的保压曲线，发现几个二位二通螺纹插装阀保压功能的一致性很好。与图 5-19 的仿真曲线比较，实际测试时出现的压力少量下降现象应该是由于停泵卸荷时，二通阀内微型单向阀关闭有一定的时间延迟，会使得阀后压力瞬时下降，一旦微型单向阀关闭，压力就保持在稳定值。试验证明液压系统无须蓄能器即可实现良好的保压和稳压功能，相比其他一些需采用蓄能器的纠斜单元液压系统更节省安装空间。

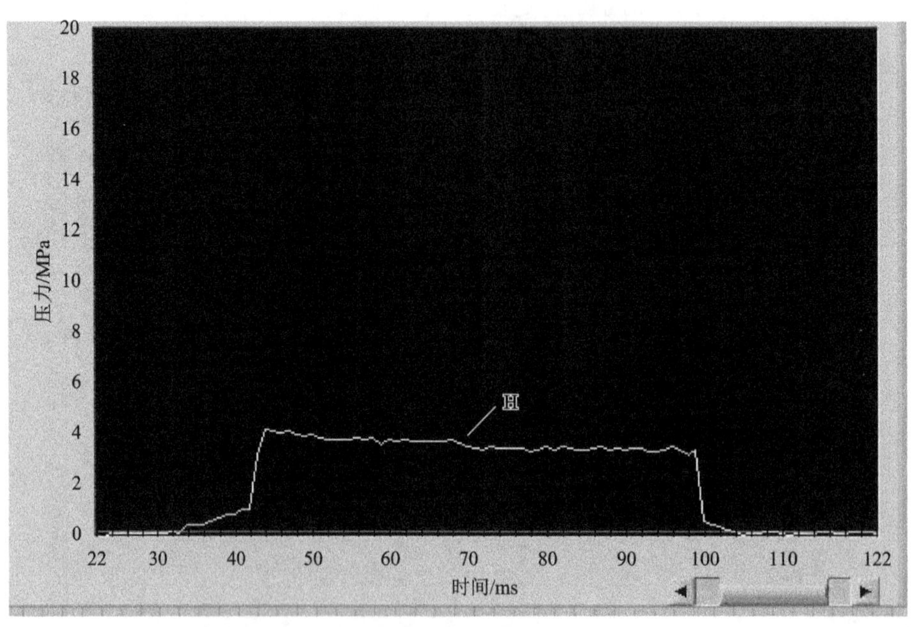

图 5-34　二位二通螺纹插装阀单缸停机卸荷保压压力仿真曲线（$P = 3.5$ MPa）

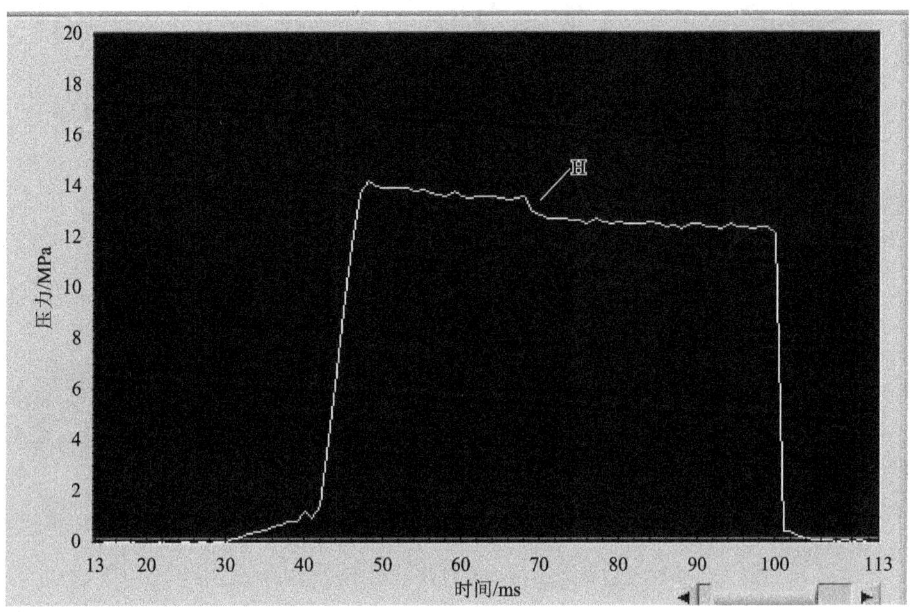

图 5-35　二位二通螺纹插装阀单缸停机卸荷保压压力仿真曲线（$P=15$ MPa）

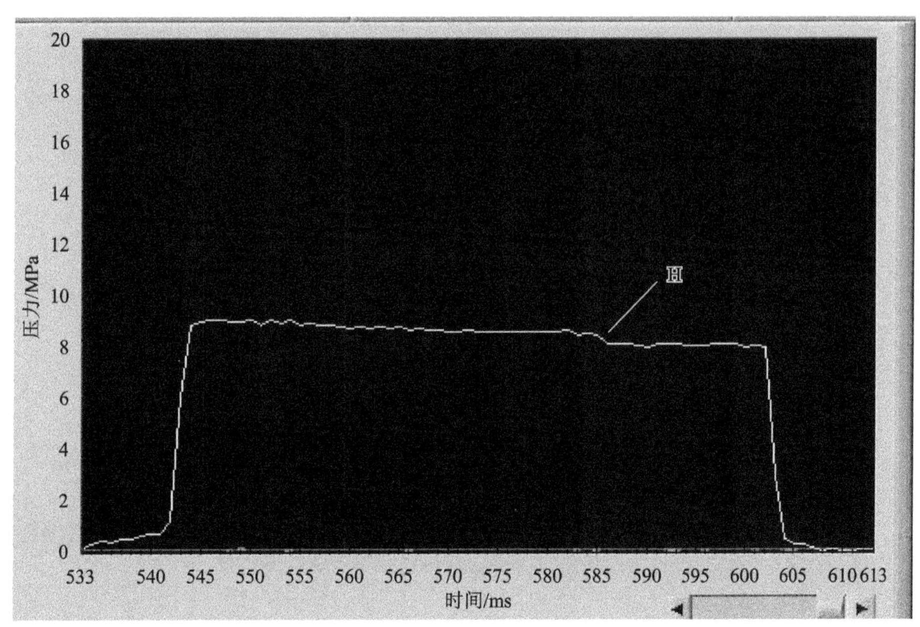

图 5-36　二位二通螺纹插装阀之一，单缸停机卸荷保压压力仿真曲线（$P=9$ MPa）

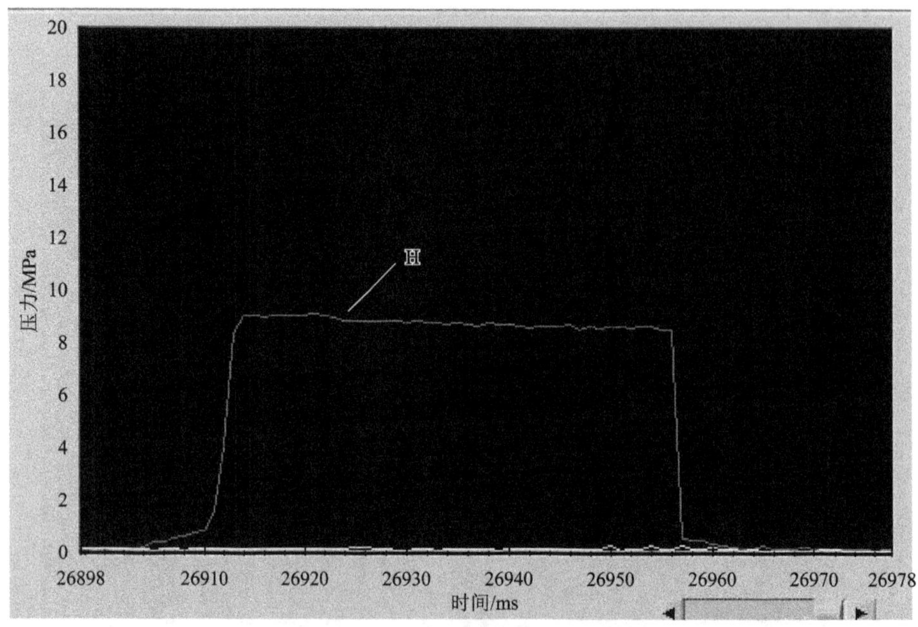

图 5-37　二位二通螺纹插装阀之二，单缸停机卸荷保压压力仿真曲线（$P = 9$ MPa）

参 考 文 献

[1] 张晋凯. 泥浆动力导向工具贴井壁力的双向控制系统研究[D]. 西安：西安石油大学，2010，10-15.

[2] 雷天觉. 液压工程手册[M]. 北京：机械工业出版社，1990.

[3] 张海平. 螺纹插装阀技术[J]. 流体传动与控制，2004（1）：16-21.

[4] 何存兴. 液压传动与气压传动（第二版）[M]. 武汉：华中科技大学出版社，2000：103-108.

[5] 王定标，等. CAD/CAE/CAM 技术与应用[M]. 北京：化学工业出版社，2005：2-9.

[6] 李成功，和彦森. 液压系统建模与仿真分析[M]. 北京：航空工业出版社，2008：2-12.

[7] 付永领. AMESIM 系统建模和仿真：从入门到精通[M]. 北京：北京航空航天出版社，2008：2-10.

[8] 杨乐平. LabVIEW 程序设计与应用[M]. 北京：电子工业出版社，2005.

[9] 丰萍. 基于虚拟仪器技术的示波器的设计[J]. 华东交通大学学报，2009（1）：49-51.

第 6 章 自动导向钻具 BHA 动力学分析及研究

在钻进过程中钻柱受损主要是由钻柱的强烈振动引起的。钻进过程中，钻杆的运动状态并不是单一的振动形式，它耦合了纵向、横向、扭转等多种振动形式。当钻柱自身的固有频率与钻柱的振动频率一致或成倍数关系时，钻柱系统会处于共振状态，钻柱会因受力超过负荷而导致钻井安全事故的发生。

6.1 钻井系统钻柱固有频率的计算

在钻进的过程中，钻柱系统的振动形态可以分为纵向、横向、扭转等多种形式的振动以及各振动形式之间相互耦合。

6.1.1 钻井系统纵向振动频率分析

纵向振动由于在钻柱振动中最为常见，产生的危害大，它最早就成为学者们重点研究的对象。旋转钻具的纵向振动指的是钻柱沿着轴心垂直上下地来回运动，与圆柱体沿轴向振动具有相似的地方。现场实际观测到，当钻柱转速低于正常钻进速度时，钻柱的纵向振动更为明显。钻头处的纵向振动弹性波通过钻柱介质传向地面，遇到地面后又会反传回钻头。钻井液对这种弹性波的传递有一定的吸收作用，振动波在传至地表的过程中不断衰减，振幅不断地缩小。当达到共振条件时钻头会在井底剧烈地跳动，导致钻头结构受到严重的破坏甚至失效。由于外界阻尼的存在，使得钻柱轻微的纵向振动得到衰减。

钻柱系统在钻进过程中，发生纵向共振除了与钻柱自身的几何、物理性质有关外，还与钻柱的转速有关。当转速达到某一固定值时，就会导致钻柱产生共振现象。

钻柱纵向振动的产生，特别是当发生纵向共振时，钻压无法均匀地将力施加到钻头上，钻具连接部位因受到钻头传递过来的冲击能量而发生内部结构的破坏，使得钻柱的转速和钻具的进尺减少。若钻柱的纵向振动十分剧烈，可能促使驱动钻井的设备和井架发生被迫振动，进而导致对地表监控仪器产生破坏作用。钻柱纵向振动模型如图 6-1 所示。

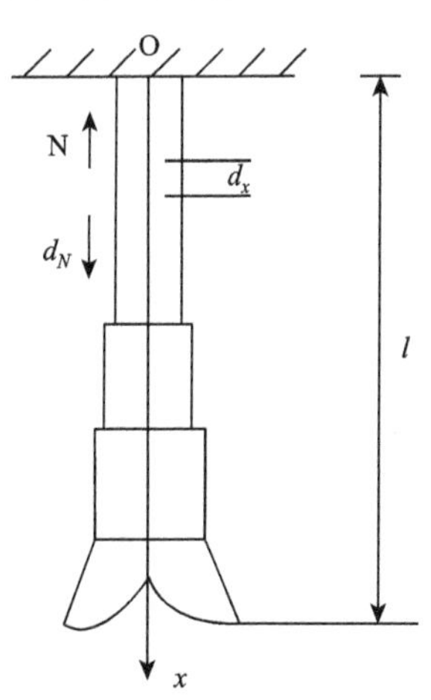

图 6-1 钻柱轴向振动模型

忽略钻井液及其他外部阻尼的影响，钻柱纵向振动的固有频率为[1]

$$\frac{1}{A_1}\frac{\varpi EA_1 + a(K_1 - m_1\varpi^2)\tan\dfrac{\varpi l_1}{a}}{-\varpi EA_1\tan\dfrac{\varpi l_1}{a} + a(k_1 - m\varpi^2)} = \frac{1}{A_1}\frac{(k_2 + m_2\varpi^2)\tan\dfrac{\varpi l_2}{a} + \dfrac{EA_2\varpi}{A}}{A_2 - (k_2 + m_2\varpi^2) + \dfrac{EA_2}{a}\tan\dfrac{\varpi l_2}{a}} \tag{6-1}$$

式中：ϖ 为纵向振动的固有频率；E 为钻柱自身的弹性模量；a 为纵波在钻杆介质中的传播速度，$a=\sqrt{E/\rho}$；k_1 为连接钻杆钢丝绳和井架的综合刚度系数；k_2 为考虑安装减震器时，它的弹性刚度系数；m_1 为方钻杆及以上部件的质量和；m_2 为安装减震器的质量；l_1 为实际钻杆的长度；l_2 为实际钻铤的长度；A_1 为钻柱的横截面积；A_2 为钻铤的横截面积。

研究钻柱工作时的纵向振动特性，应把钻柱及其相连管柱作为一个系统进行综合分析，钻柱的结构对于钻柱的纵向振动具有决定作用。

6.1.2 钻井系统横向振动规律分析

钻柱的横向振动与一般梁的横向振动相比，钻柱的横向振动缺乏自由空间，只是在很狭窄的井筒限定空间里运动，同时还会受到井径、井斜以及规则程度的影响和制约。在分析钻柱的横向振动的过程中，一般情况下，可将钻柱旋转简化成一个多支点的横振系统。不是所有的钻柱都会发生横向振动，该振动只是发生在钻杆的部分长度处，可将钻杆的接头作为两个铰点，由于振动的形态犹如琴弦一般，故又叫作弦振。有时会出现多根或是单根钻铤、钻杆共同横向振动的网状形式。钻柱横向振动的两个主要来源是钻头和地层间以及钻柱与井壁间的相互作用。钻柱的少数横向变形会逐渐演化到多次的横向弯曲，振幅逐渐增大，最终导致钻柱与井壁的碰撞，这时一个新的支撑点会产生。实践经验证明，横向振动段一般为钻柱两个接头之间的部分，也有可能出现在 1/2 处甚至更小[2]。

钻柱在钻进过程中的运动形式是十分复杂的，而其中的横向振动，是钻柱三种振动形态中振动规律最难研究的，它对实际生产所带来的危害和成因机理还远远达不到指导实际钻井的要求，成为制约钻井技术发展的一个重要因素。钻柱的弯曲程度是钻柱横向振动的重要影响因素，其弯曲共振程度是引起钻柱弓状旋转的动因之一。这种情况会造成钻杆接头的磨损，同时使得井身的质量也难以得到控制。剧烈的弯曲振动会引发钻具的疲劳损坏，甚至引起钻柱断裂造成突发事件。对钻柱横向振动规律的深入探究，对提高井身质量，延长钻具的使用寿命，节约钻进成本有十分深远的现实意义。

在钻柱的横向振动规律研究中，做如下的假设。

（1）钻杆受井筒约束部分为两接头处，其他不受井筒约束的影响。

（2）忽略外部阻尼的影响。

（3）在分析的过程中只考虑轴向力的影响，忽略转矩的因素。

（4）两端边界条件已知为固定值。

钻柱横向振动模型如图 6-2 所示，取其中的一段钻柱，相邻两段之间的接头为个支点，钻杆轴向为 x 轴，横向振动幅值方向取为 y 轴，向下为正，截取微元段进行力学分析。

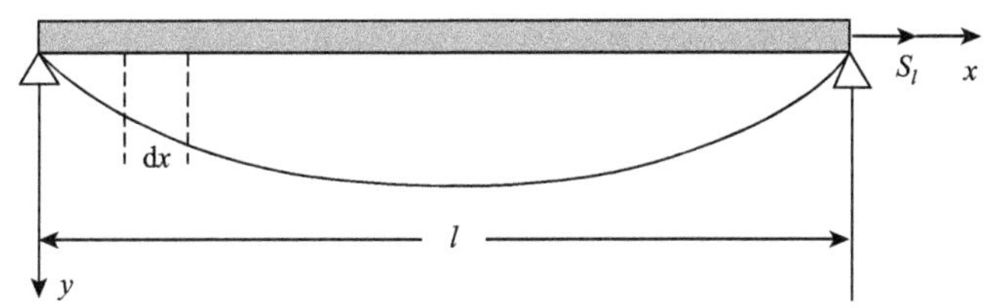

图 6-2　钻柱横向振动模型

钻柱横向振动的力学规律为[3]

$$\varpi=\left(\frac{n\pi}{l}\right)^2\sqrt{\frac{EI}{\rho A}}\sqrt{1+\frac{Fl^2}{n^2\pi^2EI}} \tag{6-2}$$

式中：ϖ 为 n 阶横向振动固有频率，单位为 rad/s；n 为振动阶数；ρ 为钻柱的密度；A 为钻柱的横截面积；l 为钻柱的长度；E 为弹性模量；I 为钻柱的横截面惯性矩；F 为钻柱所受轴向载荷。

上式说明了钻柱的横向振动与钻柱轴向力的分布有关。当钻柱所受的轴向荷载为两段受拉时，钻柱的横向振动固有频率增加；当两端轴向荷载为受压时，钻柱的横向振动固有频率减小。

6.1.3　钻井系统扭转振动规律分析

钻柱的扭转振动好似一根悬挂的弹簧来回地扭动，这种振动被形象地称为弹簧摆振。扭转振动也是钻柱振动的重要表现形式之一。当发生扭转振动时，钻柱的各个部分会受到由扭转振动所产生的剪切应力的影响，剧烈的扭转振动，会对钻柱的内部结构产生一个瞬态的损害。特别是扭转波动往往会造成钻柱的扭断和钻头牙齿崩裂，会严重影响整个钻井效率。扭转振动是造成钻头破坏的主要原因。在钻进的过程中，钻具与地层间的相互作用产生的摩擦阻力导致钻柱的扭转波动，这种扭转的波动十分常见。这种由钻具与地层的相互作用而产生的摩擦扭转使钻柱产生扭转运动形式，这种运动形式通常称为 “滑动—滞黏” 振动，它具有很低的频率，与扭转振动的基础频率十分接近。当这种振动形式十分激烈时，可以在地表用仪器检测到。“滑动—滞黏”振动又简称“黏滑”。“黏滑”振动形式十分普遍，该振动形式占到了平均扭转振动的 30%，它对钻头、钻井极限、钻柱的整体性、井底马达性能的影响特别明显。

钻柱发生扭转振动时，假设每一个横截面只是绕钻柱轴线发生转动，钻柱的横截面积不会发生改变。该截面上每一点的位移由所在截面上的扭转角度确定。钻柱扭转振动模型如图 6-3 所示。

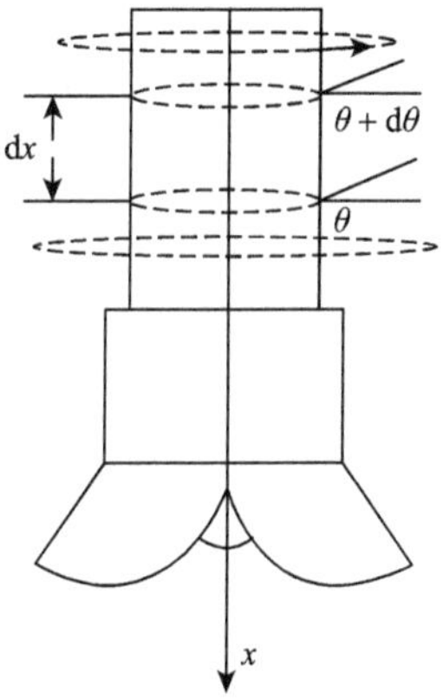

图 6-3　钻柱扭转振动模型

钻柱的扭转振动频率计算方程为[4]

$$\varpi=\frac{\rho J_p}{I\tan\left(\dfrac{\varpi\sqrt{\rho}}{\sqrt{G}}l\right)} \tag{6-3}$$

式中：G 为材料的剪切模量；I 为钻柱的横截面极惯性矩；J_P 为钻柱对中心轴线的转动惯量。

上式反映了钻柱自身的结构组成影响钻柱的扭转共振频率，外部阻尼对钻柱的扭转振动也具有一定的影响。实际的钻进过程中如果出现扭转振动，首先应相应地提高转盘转速和降低钻压，钻柱情况稳定后降低转速，从而达到降低钻具扭转振动的目的，进而减少钻具的损坏，提高钻进效率。

6.1.4　钻井系统钻柱耦合动力学模型

钻柱在工作状态下，会体现出相对复杂的振动状态，并且这几种振动状态会以耦合的形式表现出来，破坏井底的钻具组合。

井底的钻具组合主要包括钻杆、钻铤、减震装置以及钻头等。这里为使研究问题简化，只考虑由单一的钻铤和钻杆组成的简化钻柱。模型展示如图 6-4 所示，图中 1, 2, 3, …, n-1 段表示钻铤以上的钻杆部分，n 为钻铤部分。

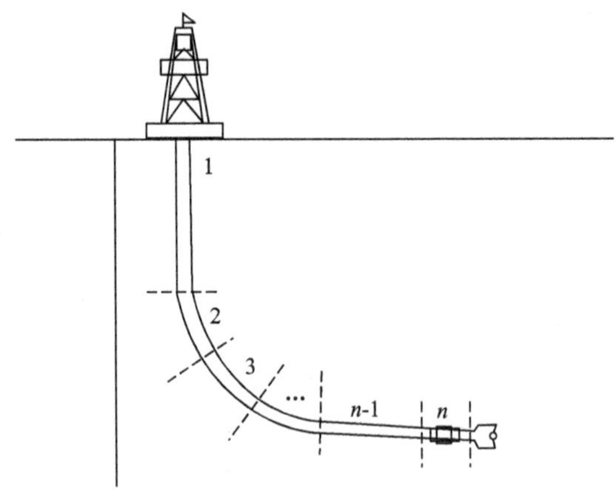

图 6-4　钻柱系统模型图

在图 6-4 钻柱系统模型中，为便于理论分析和数值计算，做出如下假设：

（1）系统具有刚性的钻柱和井眼，并且钻柱的横截面为圆环形；

（2）井眼轨迹具有三维曲线特征；

（3）钻柱可能会产生微小的变形。在施工的过程中，钻柱只是稍微的偏离井眼中轴线。

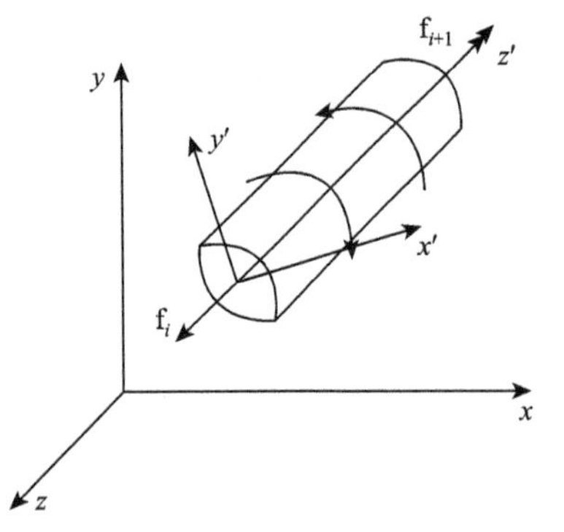

图 6-5　耦合振动钻柱单元有限元模型

我们要将钻柱分成许多小的单元，并且计算出每个单元的各个参数特征。在这里，使用的节点和单元数量与得出结果的精度成正比。每个单元的横截面的面积是相同的。除此之外，降斜/增斜段井具有较大的倾斜角，所以为了提高测量精度，对此处将会划分出相对较多的单元。

1. 建立单元刚度矩阵

依据上述假设条件，建立钻柱系统的有限元模型。在局部坐标系下，对于标号为 i 的钻柱单元进行受力、变形分析。如图 6-5 所示。

1）轴向变形分析

对钻柱单元进行轴向上受力分析，依据弹性力学理论，分析单元两端形变与所受载荷之间线性变换的关系，得到钻柱单元的刚度矩阵：

$$\boldsymbol{k}'_i = \frac{EA}{l}\begin{bmatrix} 1 & -1 \\ -1 & 1 \end{bmatrix} \tag{6-4}$$

式中：E 为弹性模量；A 为钻柱的横截面积。

2）横向变形分析

钻柱单元受到轴向力的作用发生弯曲变形，根据相应的受力关系构建横向弯曲刚度矩阵，并与轴向刚度矩阵叠加：

$$\boldsymbol{k}' = \begin{bmatrix} \frac{EA}{l} & 0 & 0 & -\frac{EA}{l} & 0 & 0 \\ 0 & \frac{12EI}{l^3} & \frac{6EI}{l^2} & 0 & -\frac{12EI}{l^3} & \frac{6EI}{l^2} \\ 0 & \frac{6EI}{l^2} & \frac{4EI}{l} & 0 & -\frac{6EI}{l^2} & \frac{2EI}{l} \\ -\frac{EI}{l} & 0 & 0 & \frac{EI}{l} & 0 & 0 \\ 0 & -\frac{12EI}{l^3} & -\frac{6EI}{l^2} & 0 & \frac{12EI}{l^3} & -\frac{6EI}{l^2} \\ 0 & \frac{6EI}{l^2} & \frac{2EI}{l} & 0 & -\frac{6EI}{l^2} & \frac{2EI}{l} \end{bmatrix} \tag{6-5}$$

3）扭转变形分析

钻柱杆件单元扭转的变形的分析中，将上述的获得的横向和纵向的变形刚度矩阵的维度增加 2，与扭转刚度矩阵叠加，得到如下表达式为

$$\boldsymbol{k}' = \begin{bmatrix} \frac{EA}{l} & 0 & 0 & 0 & -\frac{EA}{l} & 0 & 0 & 0 \\ 0 & \frac{12EI}{l^3} & \frac{6EI}{l^2} & 0 & 0 & -\frac{12EI}{l^3} & \frac{6EI}{l^2} & 0 \\ 0 & \frac{6EI}{l^2} & \frac{4EI}{l} & 0 & 0 & -\frac{6EI}{l^2} & \frac{2EI}{l} & 0 \\ 0 & 0 & 0 & \frac{GI_z}{l} & 0 & 0 & 0 & -\frac{GI_z}{l} \\ -\frac{EA}{l} & 0 & 0 & 0 & \frac{EA}{l} & 0 & 0 & 0 \\ 0 & -\frac{12EI}{l^3} & -\frac{6EI}{l^2} & 0 & 0 & \frac{12EI}{l^3} & -\frac{6EI}{l^2} & 0 \\ 0 & \frac{6EI}{l^2} & \frac{2EI}{l} & 0 & 0 & -\frac{6EI}{l^2} & \frac{4EI}{l} & 0 \\ 0 & 0 & 0 & -\frac{GI_z}{l} & 0 & 0 & 0 & \frac{GI_z}{l} \end{bmatrix} \tag{6-6}$$

式中：G 为材料的剪切模量，单位为 GPa；I 为杆件的截面惯性矩。

2. 建立单元质量矩阵

1）轴向变形分析

通过前面轴向振动的分析，我们可以构建钻柱划分后单元的质量矩阵

$$\boldsymbol{m}_i' = \frac{\rho_i A l}{6}\begin{pmatrix} 2 & 1 \\ 1 & 2 \end{pmatrix} \tag{6-7}$$

2）横向变形分析

同样根据上述刚度矩阵的算法，与轴向振动质量矩阵叠加可以获得如下杆件单元弯曲变形时的质量矩阵

$$\boldsymbol{m}_i' = \frac{\rho A l}{420}\begin{bmatrix} 140 & 0 & 0 & 70 & 0 & 0 \\ 0 & 156 & 22l & 0 & 54 & -13l \\ 0 & 22l & 4l^2 & 0 & 13l & -3l^2 \\ 70 & 0 & 0 & 140 & 0 & 0 \\ 0 & 54 & 13l & 0 & 156 & -22l \\ 0 & -13l & -3l^2 & 0 & -22l & 4l^2 \end{bmatrix} \tag{6-8}$$

3）扭转变形分析

由于钻柱在施工过程中会出现扭转变形，扭转的质量矩阵通过叠加轴向和横向变形的质量矩阵就可以得到

$$\boldsymbol{m}' = \begin{bmatrix} \frac{\rho A l}{3} & 0 & 0 & 0 & \frac{\rho A l}{3} & 0 & 0 & 0 \\ 0 & 156\frac{\rho A l}{420} & 22l\frac{\rho A l}{420} & 0 & 0 & 54\frac{\rho A l}{420} & -13l\frac{\rho A l}{420} & 0 \\ 0 & 22l\frac{\rho A l}{420} & 4l^2\frac{\rho A l}{420} & 0 & 0 & 13l\frac{\rho A l}{420} & -3l^2\frac{\rho A l}{420} & 0 \\ 0 & 0 & 0 & \frac{Jl}{3} & 0 & 0 & 0 & \frac{Jl}{6} \\ \frac{\rho A l}{6} & 0 & 0 & 0 & \frac{\rho A l}{3} & 0 & 0 & 0 \\ 0 & 54\frac{\rho A l}{420} & 13l\frac{\rho A l}{420} & 0 & 0 & 156\frac{\rho A l}{420} & -22\frac{\rho A l}{420} & 0 \\ 0 & -13l\frac{\rho A l}{420} & -3l^2\frac{\rho A l}{420} & 0 & 0 & -22l\frac{\rho A l}{420} & 4l^2\frac{\rho A l}{420} & 0 \\ 0 & 0 & 0 & \frac{Jl}{6} & 0 & 0 & 0 & \frac{Jl}{3} \end{bmatrix} \tag{6-9}$$

式中：ρ 为钻柱的密度；A 为钻柱的横截面积；l 为钻柱的长度；J 为钻柱对中心轴线的转动惯量

3. 整体坐标系下的刚度矩阵和质量矩阵

要得到整体坐标系下的刚度和质量矩阵，需要依据整体坐标系和局部坐标系之间的转化关系，在整体的坐标系下考虑这两个矩阵的转换形式，从而得到钻柱整体的动力学方程。

转换关系如下所示：

$$\begin{pmatrix} \xi \\ \eta \\ \zeta \end{pmatrix} = \begin{bmatrix} \cos\alpha\cos\varphi & \cos\alpha\cos\varphi & -\sin\alpha \\ -\sin\varphi & \cos\varphi & 0 \\ \sin\alpha\cos\varphi & \sin\alpha\sin\varphi & \cos\alpha \end{bmatrix} \begin{bmatrix} x-y_0 \\ y-y_0 \\ z-z_0 \end{bmatrix} \tag{6-10}$$

提取坐标变换矩阵：

$$\boldsymbol{T} = \begin{bmatrix} \cos\alpha\cos\varphi & \cos\alpha\cos\varphi & -\sin\alpha \\ -\sin\varphi & \cos\varphi & 0 \\ \sin\alpha\cos\varphi & \sin\alpha\sin\varphi & \cos\alpha \end{bmatrix} \tag{6-11}$$

增加扭转角度坐标，因为杆件扭转角度坐标与坐标系的选取无关，所以坐标变换矩阵可以增广为

$$\boldsymbol{T} = \begin{bmatrix} \cos\alpha\cos\varphi & \cos\alpha\sin\varphi & -\sin\alpha & 0 & & & & 0 \\ -\sin\varphi & \cos\varphi & 0 & & & 0 & & \\ \sin\alpha\cos\varphi & \sin\alpha\sin\varphi & \cos\alpha & & & & & \\ 0 & & & 1 & 0 & 0 & 0 & 0 \\ 0 & & & & \cos\alpha\cos\varphi & \cos\alpha\sin\varphi & -\sin\alpha & 0 \\ 0 & 0 & & & -\sin\varphi & \cos\varphi & 0 & 0 \\ 0 & & & & \sin\alpha\cos\varphi & \sin\alpha\sin\varphi & \cos\alpha & \\ 0 & & & & & & & 1 \end{bmatrix} \tag{6-12}$$

令 $\boldsymbol{TT}$ 为 $\boldsymbol{T}$ 的逆矩阵，则可得到整体转换矩阵：$\boldsymbol{TT}=\boldsymbol{T}^{-1}$。由此，就可得到整体坐标系下的钻柱单元刚度矩阵 $\boldsymbol{k}_i=\boldsymbol{TT}^{\mathrm{T}}\boldsymbol{k}_i'\boldsymbol{TT}$ 和钻柱单元质量矩阵 $\boldsymbol{m}_i=\boldsymbol{TT}^{\mathrm{T}}\boldsymbol{m}_i'\boldsymbol{TT}$ 。

钻井方式十分复杂而且多样，针对不同的井眼轨迹特征，他们的整体质量矩阵和刚度矩阵也不尽相同。以有限元思想为理论基础，将单元刚度矩阵和单元质量矩阵组合起来得到总体刚度矩阵和总体质量矩阵。

利用有限元方法对相关矩阵进行叠加运算，为提高计算效率可将转换后的矩阵进行分块处理计算，最终得到钻柱系统的整体刚度矩阵 $\boldsymbol{K}$ 和整体质量矩阵 $\boldsymbol{M}$。

$$\boldsymbol{K} = \begin{bmatrix} k_{11}^1 & k_{12}^1 & & & & \\ k_{21}^1 & k_{21}^1+k_{11}^2 & k_{12}^2 & & & \\ & k_{21}^1 & k_{22}^2+k_{11}^3 & & & \\ & & & \ddots & & \\ & & & & k_{22}^{n-1}+k_{11}^n & k_{12}^n \\ & & & & k_{21}^n & k_{22}^n \end{bmatrix} \tag{6-13}$$

$$\boldsymbol{M}=\begin{bmatrix} m_{11}^1 & m_{12}^1 & & & & \\ m_{21}^1 & m_{21}^1+m_{11}^2 & & m_{12}^2 & & \\ & m_{21}^1 & m_{22}^2+m_{11}^3 & & & \\ & & & \ddots & & \\ & & & & m_{22}^{n-1}+m_{11}^n & m_{12}^n \\ & & & & m_{21}^n & m_{22}^n \end{bmatrix} \tag{6-14}$$

依据钻柱系统的频谱方程$\boldsymbol{\varpi}^2=\boldsymbol{K}\mathbf{M}^{-1}$，将整体的刚度矩阵和质量矩阵代入进行矩阵求解运算，主对角线上的数据即为各阶钻柱系统的固有频率的平方，继而得到各阶振动固有频率。钻井过程中要避免钻头处受到外界干扰而产生的振动频率接近钻柱系统的耦合固有频率$\boldsymbol{\varpi}$。

$$\boldsymbol{\varpi}^2=\begin{bmatrix} \omega_1^2 & & & & \\ & \omega_2^2 & & & \\ & & \ddots & & \\ & & & \omega_{n-1}^2 & \\ & & & & \omega_n^2 \end{bmatrix} \tag{6-15}$$

对固有频率矩阵$\boldsymbol{\varpi}^2$求取特征值与特征向量，可得到钻柱在发生共振时，全井钻柱的振动强度分布情况[5-6]。

6.2　自动导向钻具 BHA 耦合振动的动力学分析

自动导向钻具在钻进过程中，是耦合了纵向、横向、扭转等多种形式的振动状态，同时钻具还受到偏置机构的作用，利用弹性动力学的研究方法对其进行动力学研究能比较准确、真实地反映钻具在旋转钻进过程中实际动力学状态。对于整个钻井系统，运用哈密顿（Hamilton）原理进行动力学建模，不用考虑单个系统的边界条件，而是把它作为一个整体只考虑整个系统的边界条件即可。

哈密顿原理可以表述为

$$\int_{\Delta t}\delta(T-V)+\int_{\Delta t}\delta W=0 \tag{6-16}$$

式中：T为系统总的动能；V为系统总的势能；W为作用于系统上非保守力所做的功；δ为对系统各部分能量的变分。

研究对象为带自动导向功能的下部钻具组合，包括下部钻杆、偏置机构和钻头，分析过程中做如下假设。

（1）将钻杆视为细长均质弹性梁，其横截面为圆环。

（2）在初始状态下钻杆截面中心与井眼中心重合，受外界条件的干扰钻杆可以发生小变形。

（3）钻杆的横向振动可分解成该截面上两个相互垂直的变量来分析。

6.2.1　钻杆系统的动能

将钻杆系统划分成若干个钻杆单元。钻杆单元的运动形式主要包括钻杆横截面上的平动和绕钻杆轴线的转动两个部分。钻杆单元的动能则由平动动能和转动动能这两部分组成，其中钻杆单元平移速度为

$$\boldsymbol{P}_{\mathrm{T}}=\boldsymbol{ui}+\boldsymbol{vi}+\boldsymbol{wk} \tag{6-17}$$

式中：$\boldsymbol{u}$ 为纵向拉伸或压缩位移；$\boldsymbol{v}$ 和 $\boldsymbol{w}$ 为横截面上两个相互垂直的弯曲位移；θ_x，θ_y。

由动能定理可知，钻杆单元的平移动能为

$$\boldsymbol{K}_{\mathrm{T}}=\frac{1}{2}m\boldsymbol{v}^2=\frac{m}{2}(\boldsymbol{u}^2+\boldsymbol{v}^2+\boldsymbol{w}^2) \tag{6-18}$$

对于整个钻杆单元，可将平移动能表示为

$$\boldsymbol{K}_{\mathrm{T}}=\frac{1}{2}\int(\boldsymbol{u}^2+\boldsymbol{v}^2+\boldsymbol{w}^2)\rho\mathrm{d}V=\int_0^L\frac{\rho A}{2}(\boldsymbol{u}^2+\boldsymbol{v}^2+\boldsymbol{w}^2)\mathrm{d}x \tag{6-19}$$

式中：ρ 为钻杆单元的质量密度，单位为 kg/m^3；A 为钻杆单元某一平面上横截面的面积，单位为 m^2。

钻杆单元的转动速度由欧拉角来表示，如图 6-6 所示，用两个坐标系统来表示：R_0（XYZ）表示惯性坐标系，R（xyz）表示单元的固定坐标系。首先绕 y_1 轴旋转角度 ψ，然后绕 z_1 转动角 θ，最后绕 x_2 轴旋转角度 ϕ。因此钻杆单元的旋转速度可表示为

$$\boldsymbol{P}_{\mathrm{R}}=\boldsymbol{\psi}y_1+\boldsymbol{\theta}z_1+\boldsymbol{\phi}x_2 \tag{6-20}$$

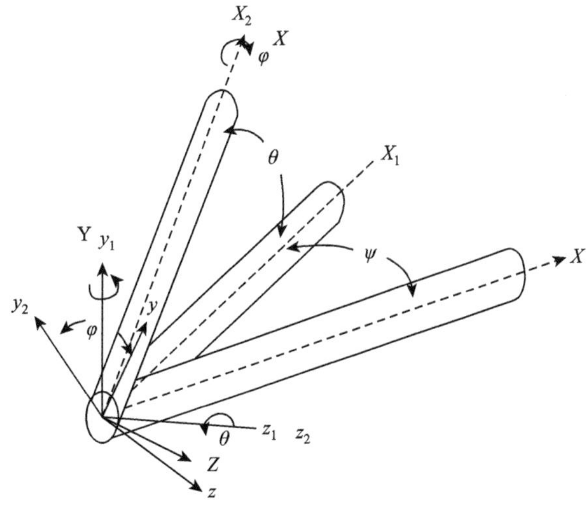

图 6-6　钻杆单元的坐标系转换关系

钻杆单元的质心为钻杆的几何中心，它的动能可在固定坐标系 R 里描述，那么旋转速度矢量可表示为

$$\boldsymbol{P}_{\mathrm{R}}=(\boldsymbol{\psi}\sin\theta+\phi)e_{\mathrm{x}}+(\boldsymbol{\psi}\cos\theta+\boldsymbol{\theta}\sin\phi)e_{\mathrm{y}}+(-\boldsymbol{\psi}\cos\theta\sin\phi+\boldsymbol{\theta}\cos\phi)e_{\mathrm{z}} \tag{6-21}$$

其中，惯性张量可表示为

$$\boldsymbol{J}=\begin{bmatrix}\boldsymbol{J}_{\mathrm{x}} & 0 & 0\\ 0 & \boldsymbol{J}_{\mathrm{y}} & 0\\ 0 & 0 & \boldsymbol{J}_{\mathrm{z}}\end{bmatrix} \tag{6-22}$$

式中：$\boldsymbol{J}_{\mathrm{x}}$ 为钻杆单元绕 x 轴转动的转动惯量；$\boldsymbol{J}_{\mathrm{y}}$ 为钻杆单元绕 y 轴转动惯量；$\boldsymbol{J}_{\mathrm{z}}$ 为钻杆绕 z 轴转动的转动惯量；其中 $\boldsymbol{J}_{\mathrm{y}}=\boldsymbol{J}_{\mathrm{z}}$。

依据理论力学相关理论，钻杆单元的旋转动能为

$$\boldsymbol{K}_{\mathrm{R}}=\frac{1}{2}[\boldsymbol{P}_{\boldsymbol{R}}\cdot\boldsymbol{J}\cdot\boldsymbol{P}_{\boldsymbol{R}}]=\frac{\boldsymbol{J}_{x}}{2}(\boldsymbol{\phi}^{2}+2\boldsymbol{\psi}\boldsymbol{\phi}\boldsymbol{\theta})+\frac{\boldsymbol{J}_{y}}{2}(\boldsymbol{\psi}^{2}+\boldsymbol{\theta}^{2}) \tag{6-23}$$

由于钻杆孔壁的存在限制了旋转角度的大小，采用小角度假设符合实际分析的要求，因此可表示为

$$\phi\approx\theta_{\mathrm{x}}\quad \psi\approx\theta_{\mathrm{y}}\quad \theta\approx\theta_{\mathrm{z}}$$

则旋转动能为

$$\boldsymbol{K}_{\mathrm{R}}=\int_{0}^{L}\left[\frac{\boldsymbol{J}_{\mathrm{x}}}{2}(\boldsymbol{\theta}_{\mathrm{x}}^{2}+2\boldsymbol{\theta}_{\mathrm{x}}\boldsymbol{\theta}_{\mathrm{y}}\boldsymbol{\theta}_{\mathrm{z}})+\frac{\boldsymbol{J}_{\mathrm{y}}}{2}(\boldsymbol{\theta}_{\mathrm{y}}^{2}+\boldsymbol{\theta}_{\mathrm{z}}^{2})\right]\mathrm{d}x \tag{6-24}$$

忽略小量得

$$\boldsymbol{K}_{\mathrm{R}}=\int_{0}^{L}\left[\frac{\boldsymbol{J}_{\mathrm{x}}}{2}\boldsymbol{\theta}_{\mathrm{x}}^{2}+\frac{\boldsymbol{J}_{\mathrm{y}}}{2}(\boldsymbol{\theta}_{\mathrm{y}}^{2}+\boldsymbol{\theta}_{\mathrm{z}}^{2})\right]\mathrm{d}x \tag{6-25}$$

因此钻杆单元的总动能为

$$\begin{aligned}\boldsymbol{T}=\boldsymbol{K}_{\mathbf{T}}+\boldsymbol{K}_{\mathbf{R}}&=\int_{0}^{L}\frac{\rho A}{2}(\boldsymbol{u}^{2}+\boldsymbol{v}^{2}+\boldsymbol{w}^{2})\mathrm{d}x+\int_{0}^{L}\left[\frac{\boldsymbol{J}_{\mathrm{x}}}{2}\boldsymbol{\theta}_{\mathrm{x}}^{2}+\frac{\boldsymbol{J}_{\mathrm{y}}}{2}(\boldsymbol{\theta}_{\mathrm{y}}^{2}+\boldsymbol{\theta}_{\mathrm{z}}^{2})\right]\mathrm{d}x\\&=\int_{0}^{L}\frac{\rho A}{2}\left[\left(\frac{\partial\boldsymbol{u}_{x}}{\partial t}\right)^{2}+\left(\frac{\partial\boldsymbol{u}_{y}}{\partial t}\right)^{2}+\left(\frac{\partial\boldsymbol{u}_{z}}{\partial t}\right)^{2}\right]\mathrm{d}x+\int_{0}^{L}\left[\frac{\boldsymbol{J}_{x}}{2}\left(\frac{\partial\boldsymbol{\theta}_{x}}{\partial t}\right)^{2}+\frac{\boldsymbol{J}_{y}}{2}\left(\frac{\partial\boldsymbol{\theta}_{y}}{\partial t}\right)^{2}+\frac{\boldsymbol{J}_{y}}{2}\left(\frac{\partial\boldsymbol{\theta}_{z}}{\partial t}\right)^{2}\right]\mathrm{d}x\end{aligned} \tag{6-26}$$

6.2.2 钻杆系统的势能

钻杆的应变势能是由应力分量 σ_{ij} 和应变分量 ε_{ij} 来表示（$i,j=1,2,3$）。依据弹性力学相关理论，应力和应变是对称的二次张量，通过简化关系这 9 个分量可以用相互独立的 6 个分量表示。把张量看作是仅有 6 个分量的矢量来处理，则应力可表示为

$$\boldsymbol{\sigma}_{ij}=\begin{bmatrix}\boldsymbol{\sigma}_{11} & \boldsymbol{\sigma}_{12} & \boldsymbol{\sigma}_{13}\\ \boldsymbol{\sigma}_{21} & \boldsymbol{\sigma}_{22} & \boldsymbol{\sigma}_{23}\\ \boldsymbol{\sigma}_{31} & \boldsymbol{\sigma}_{32} & \boldsymbol{\sigma}_{33}\end{bmatrix}\equiv[\boldsymbol{\sigma}_{1}\ \ \boldsymbol{\sigma}_{2}\ \ \boldsymbol{\sigma}_{3}\ \ \boldsymbol{\sigma}_{4}\ \ \boldsymbol{\sigma}_{5}\ \ \boldsymbol{\sigma}_{6}]=\boldsymbol{\sigma} \tag{6-27}$$

因此，应变分量可表示为

$$\boldsymbol{\varepsilon}_{ij}=\begin{bmatrix}\boldsymbol{\varepsilon}_{11} & \boldsymbol{\varepsilon}_{12} & \boldsymbol{\varepsilon}_{13}\\ \boldsymbol{\varepsilon}_{21} & \boldsymbol{\varepsilon}_{22} & \boldsymbol{\varepsilon}_{23}\\ \boldsymbol{\varepsilon}_{31} & \boldsymbol{\varepsilon}_{32} & \boldsymbol{\varepsilon}_{33}\end{bmatrix}\equiv[\boldsymbol{\varepsilon}_1\ \ \boldsymbol{\varepsilon}_2\ \ \boldsymbol{\varepsilon}_3\ \ \boldsymbol{\varepsilon}_4\ \ \boldsymbol{\varepsilon}_5\ \ \boldsymbol{\varepsilon}_6]=\boldsymbol{\varepsilon} \tag{6-28}$$

应力和应变的关系，满足 Hooke 定理$\boldsymbol{\sigma}=\boldsymbol{C}\cdot\boldsymbol{\varepsilon}$，其中弹性矩阵 $\boldsymbol{C}$ 为

$$\boldsymbol{C}=\begin{bmatrix}(1-\upsilon)\lambda\boldsymbol{E} & \upsilon\lambda\boldsymbol{E} & \upsilon\lambda\boldsymbol{E} & 0 & 0 & 0\\ \upsilon\lambda\boldsymbol{E} & (1-\upsilon)\lambda\boldsymbol{E} & \upsilon\lambda\boldsymbol{E} & 0 & 0 & 0\\ \upsilon\lambda\boldsymbol{E} & \upsilon\lambda\boldsymbol{E} & (1-\upsilon)\lambda\boldsymbol{E} & 0 & 0 & 0\\ 0 & 0 & 0 & 2\boldsymbol{G} & 0 & 0\\ 0 & 0 & 0 & 0 & 2\boldsymbol{G} & 0\\ 0 & 0 & 0 & 0 & 0 & 2\boldsymbol{G}\end{bmatrix} \tag{6-29}$$

式中：$\boldsymbol{E}$ 为钻杆材料的弹性模量；$\boldsymbol{G}$ 为钻杆材料的剪切模量；υ 为泊松比；则

$$\lambda=\frac{1}{(1+\upsilon)(1-2\upsilon)},\boldsymbol{G}=\frac{\boldsymbol{E}}{2(1+\upsilon)} \tag{6-30}$$

由上述公式，可以得到单元体积所表示的应变能：

$$\boldsymbol{V}=\int(\boldsymbol{\sigma}\cdot\mathrm{d}\varepsilon)=\frac{1}{2}(\varepsilon\cdot\boldsymbol{C}\cdot\varepsilon) \tag{6-31}$$

对于钻杆单元，由于其长度远远大于直径，因此可假设主要在钻杆横截面的法线方向作用有应力应变，故$\boldsymbol{\sigma}_2=\boldsymbol{\sigma}_3=\boldsymbol{\sigma}_5=0,\boldsymbol{\varepsilon}_5=0,\boldsymbol{\varepsilon}_2=\boldsymbol{\varepsilon}_3=-\upsilon\boldsymbol{\varepsilon}_1$，因此钻杆单元体积的势能可进一步表示为

$$\boldsymbol{V}=\frac{\boldsymbol{E}}{2}\varepsilon_1^2+\frac{\boldsymbol{G}}{2}(\varepsilon_4^2+\varepsilon_6^2) \tag{6-32}$$

应用 Green 应变原理，在位移场中，应变公式可表示为

$$\boldsymbol{\varepsilon}_{ij}=\frac{1}{2}\left(\frac{\partial\boldsymbol{u}_i}{\partial x_i}+\frac{\partial\boldsymbol{u}_j}{\partial x_{xi}}+\frac{\partial\boldsymbol{u}_k}{\partial x_i}\frac{\partial\boldsymbol{u}_k}{\partial x_j}\right)\quad(i,j=1,2,3) \tag{6-33}$$

应用 Einstein 求和法则，那么各应变公式可表示为

$$\begin{cases}\boldsymbol{\varepsilon}_1=\boldsymbol{\varepsilon}_{11}=\dfrac{\partial\boldsymbol{u}}{\partial x}+\dfrac{1}{2}\left(\dfrac{\partial\boldsymbol{u}}{\partial x}\right)^2+\dfrac{1}{2}\left(\dfrac{\partial\boldsymbol{v}}{\partial x}\right)^2+\dfrac{1}{2}\left(\dfrac{\partial\boldsymbol{w}}{\partial x}\right)^2\\ \boldsymbol{\varepsilon}_4=\boldsymbol{\varepsilon}_{12}=\dfrac{1}{2}\left(\dfrac{\partial\boldsymbol{u}}{\partial x}+\dfrac{\partial\boldsymbol{v}}{\partial x}+\dfrac{\partial\boldsymbol{u}}{\partial x}\dfrac{\partial\boldsymbol{u}}{\partial y}+\dfrac{\partial\boldsymbol{v}}{\partial x}\dfrac{\partial\boldsymbol{v}}{\partial y}+\dfrac{\partial\boldsymbol{w}}{\partial x}+\dfrac{\partial\boldsymbol{w}}{\partial y}\right)\\ \boldsymbol{\varepsilon}_6=\boldsymbol{\varepsilon}_{31}=\dfrac{1}{2}\left(\dfrac{\partial\boldsymbol{u}}{\partial z}+\dfrac{\partial\boldsymbol{w}}{\partial x}+\dfrac{\partial\boldsymbol{u}}{\partial x}\dfrac{\partial\boldsymbol{u}}{\partial z}+\dfrac{\partial\boldsymbol{v}}{\partial x}\dfrac{\partial\boldsymbol{v}}{\partial z}+\dfrac{\partial\boldsymbol{w}}{\partial x}+\dfrac{\partial\boldsymbol{w}}{\partial z}\right)\end{cases} \tag{6-34}$$

这里所研究的钻杆的形变，主要是由轴向力、横向力和扭矩作用引起的。假设每一个位移作用都是相互独立的，因此：

$$\begin{cases}\boldsymbol{u}=\boldsymbol{u}_0-y\theta_z+z\theta_y\\ \boldsymbol{v}=\boldsymbol{v}_0+z\theta_x\\ \boldsymbol{w}=\boldsymbol{w}_0+y\theta_x\end{cases} \tag{6-35}$$

上面三个公式中带下标“0”代表的是中性轴的位移。θ_x 由于扭矩引发的角度位移很小，相比弯曲变形，剪切变形可忽略，因此有

$$\theta_y = -\frac{\partial w}{\partial x}, \theta_z = \frac{\partial v}{\partial x} \tag{6-36}$$

将式（6-35）～（6-36）应用到式（6-34），再将结果代入（6-31），基于钻杆单元的应变分量，对整个钻杆单元进行积分，得到钻杆单元的应变势能为

$$\begin{aligned}
\boldsymbol{V} = & \frac{\boldsymbol{EA}}{2}\int_0^L \left(\frac{\partial \boldsymbol{u}}{\partial x}\right)^2 \mathrm{d}x + \frac{\boldsymbol{EI}_y}{2}\int_0^L \left(\frac{\partial \theta_y}{\partial x}\right)^2 \mathrm{d}x + \frac{\boldsymbol{EI}_z}{2}\int_0^L \left(\frac{\partial \theta_z}{\partial x}\right)^2 \mathrm{d}x + \frac{\boldsymbol{GI}_x}{2}\int_0^L \left(\frac{\partial \theta_x}{\partial x}\right)^2 \mathrm{d}x \\
& + \frac{\boldsymbol{EA}}{2}\int_0^L \left(\frac{\partial \boldsymbol{u}}{\partial x}\right)(\theta_{\mathrm{y}})^2 \mathrm{d}x + \frac{\boldsymbol{EA}}{2}\int_0^L \left(\frac{\partial \boldsymbol{u}}{\partial x}\right)(\theta_z)^2 \mathrm{d}x + \frac{(\boldsymbol{E}-\boldsymbol{G})\boldsymbol{I}_x}{2}\int_0^L \left(\frac{\partial \theta_x}{\partial x}\right)(\theta_{\mathrm{y}})\left(\frac{\partial \theta_z}{\partial x}\right)\mathrm{d}x \\
& - \frac{(\boldsymbol{E}-\boldsymbol{G})\boldsymbol{I}_x}{2}\int_0^L \left(\frac{\partial \theta_x}{\partial x}\right)(\theta_z)\left(\frac{\partial \theta_y}{\partial x}\right)\mathrm{d}x + \frac{3\boldsymbol{EI}_z}{2}\int_0^L \left(\frac{\partial \boldsymbol{u}}{\partial x}\right)\left(\frac{\partial \theta_z}{\partial x}\right)^2 \mathrm{d}x + \frac{3\boldsymbol{EI}_y}{2}\int_0^L \left(\frac{\partial \boldsymbol{u}}{\partial x}\right)\left(\frac{\partial \theta_y}{\partial x}\right)^2 \mathrm{d}x \\
& + \frac{\boldsymbol{EI}_x}{2}\int_0^L \left(\frac{\partial \boldsymbol{u}}{\partial x}\right)\left(\frac{\partial \theta x}{\partial x}\right)^2 \mathrm{d}x + \frac{\boldsymbol{EA}}{2}\int_0^L \left(\frac{\partial \boldsymbol{u}}{\partial x}\right)^3 \mathrm{d}x
\end{aligned} \tag{6-37}$$

式中：$\boldsymbol{I}_x$，$\boldsymbol{I}_y$ 和 $\boldsymbol{I}_z$ 分别对钻杆截面对 x，y 和 z 轴的惯性矩。

式（6-37）中，第 1～4 项为线性势能项分别由轴向、横向、扭矩作用所产生，第 5～8 项表示由于轴向与横向的耦合作用产生的非线性势能，第 9 项和第 10 项为横向与扭转的耦合作用产生的非线性势能，第 11 项为扭转与轴向的耦合作用产生的非线性势能，第 12 项非线性势能项由轴向作用产生。

6.2.3　非保守所做的功

在钻进过程中，自动导向钻具所受非保守外力功 $\boldsymbol{W}$ 主要包括轴力功、横向集中导向力功及扭矩功三部分，其表达式分别为

轴向力所做的虚功：

$$\delta \boldsymbol{W}_x = -\int_0^L \boldsymbol{F}\delta u_x(x)\mathrm{d}x \tag{6-38}$$

横向力所做的功：

$$\delta \boldsymbol{W}_{\boldsymbol{H}} = \int_0^L [\boldsymbol{P}_y \delta u_y(x) + \boldsymbol{P}_z \delta u_z(x)]\mathrm{d}x \tag{6-39}$$

扭矩所做的功：

$$\delta \boldsymbol{W}_{\boldsymbol{T}} = \int_0^L \boldsymbol{T}\delta\theta(x)\mathrm{d}x \tag{6-40}$$

式中：$\boldsymbol{F}$ 为 BHA 端部所受轴力；$\boldsymbol{P}_y$、$\boldsymbol{P}_z$ 为 BHA 端部所受横向力的分量；$\boldsymbol{T}$ 为 BHA 端部所受扭矩。

依据哈密顿方程，即可建立自动导向钻具 BHA 的动力学模型：

$$\int_{t_1}^{t_2}\delta(\boldsymbol{T}-\boldsymbol{H})\mathrm{d}t+\int_{t_1}^{t_2}\delta\boldsymbol{W}\mathrm{d}t=0 \tag{6-41}$$

将式（6-38）、式（6-39）、式（6-40）、式（6-37）、式（6-26）代入式（6-41）可得自动导向钻具 BHA 的动力学方程为

$$\begin{aligned}
&\int_{t_1}^{t_2}\delta\left[\int_0^L\frac{\rho\boldsymbol{A}}{2}\left[\left(\frac{\partial\boldsymbol{u}_x}{\partial t}\right)^2+\left(\frac{\partial\boldsymbol{u}_y}{\partial t}\right)^2+\left(\frac{\partial\boldsymbol{u}_z}{\partial t}\right)^2\right]\mathrm{d}x+\int_0^L\left[\frac{J_x}{2}\left(\frac{\partial\boldsymbol{u}_x}{\partial t}\right)^2+\frac{J_y}{2}\left(\frac{\partial\theta_y}{\partial t}\right)^2+\frac{J_z}{2}\left(\frac{\partial\theta_z}{\partial t}\right)^2\right]\mathrm{d}x\right]\mathrm{d}t\\
&-\int_{t_1}^{t_2}\delta\frac{\boldsymbol{EA}}{2}\int_0^L\left(\frac{\partial u}{\partial x}\right)^2\mathrm{d}x+\frac{\boldsymbol{GI}_x}{2}\int_0^L\left(\frac{\partial\theta_x}{\partial x}\right)^2\mathrm{d}x+\frac{\boldsymbol{EI}_y}{2}\int_0^L\left(\frac{\partial\theta_y}{\partial x}\right)^2\mathrm{d}x+\frac{\boldsymbol{EI}_z}{2}\int_0^L\left(\frac{\partial\theta_z}{\partial x}\right)^2\mathrm{d}x\\
&+\frac{\boldsymbol{EA}}{2}\int_0^L\left(\frac{\partial\boldsymbol{u}}{\partial x}\right)^3\mathrm{d}x+\frac{\boldsymbol{EA}}{2}\left(\frac{\partial\boldsymbol{u}}{\partial x}\right)(\theta_y)^2\mathrm{d}x+\frac{\boldsymbol{EA}}{2}\int_0^L\left(\frac{\partial\boldsymbol{u}}{\partial x}\right)(\theta_z)^2\mathrm{d}x\\
&+\frac{3\boldsymbol{EI}_z}{2}\int_0^L\left(\frac{\partial\boldsymbol{u}}{\partial x}\right)\left(\frac{\partial\theta_z}{\partial x}\right)^2\mathrm{d}x+\frac{3\boldsymbol{EI}_y}{2}\int_0^L\left(\frac{\partial\boldsymbol{u}}{\partial x}\right)\left(\frac{\partial\theta_y}{\partial x}\right)^2\mathrm{d}x+\frac{\boldsymbol{EI}_x}{2}\int_0^L\left(\frac{\partial\boldsymbol{u}}{\partial x}\right)\left(\frac{\partial\theta_x}{\partial x}\right)^2\mathrm{d}x\\
&+\frac{(\boldsymbol{E}-\boldsymbol{G})\boldsymbol{I}_x}{2}\int_0^L\left(\frac{\partial\theta_x}{\partial x}\right)(\theta_y)\left(\frac{\partial\theta_z}{\partial x}\right)\mathrm{d}x-\frac{(\boldsymbol{E}-\boldsymbol{G})\boldsymbol{I}_x}{2}\int_0^L\left(\frac{\partial\theta_x}{\partial x}\right)(\theta_z)\left(\frac{\partial\theta_y}{\partial x}\right)\mathrm{d}x\Bigg]\mathrm{d}t\\
&-\int_{t_1}^{t_2}\left[\int_0^L\boldsymbol{F}\delta\boldsymbol{u}_x(x)\mathrm{d}x\right]\mathrm{d}t+\int_{t_1}^{t_2}\left[\int_0^L[P_y\delta\boldsymbol{u}_x(x)+\boldsymbol{P}_z\delta\boldsymbol{u}_z(x)]\mathrm{d}x\right]\mathrm{d}t+\int_{t_1}^{t_2}\left[\int_0^L\boldsymbol{T}\delta\theta(x)\mathrm{d}x\right]\mathrm{d}t=0
\end{aligned} \tag{6-42}$$

由于哈密顿原理假定初始时刻和最终时刻位置已知，故对初、末时刻位移的变分为零，式应满足下列关系

$$\begin{cases}\delta\boldsymbol{u}_x(x,t_1)=\delta\boldsymbol{u}_x(x,t_2)=0\\ \delta\boldsymbol{u}_y(x,t_1)=\delta\boldsymbol{u}_y(x,t_2)=0\\ \delta\boldsymbol{u}_z(x,t_1)=\delta\boldsymbol{u}_z(x,t_2)=0\\ \delta\theta_x(x,t_1)=\delta\boldsymbol{u}_x(x,t_2)=0\end{cases} \tag{6-43}$$

同时对于所有给定几何边界条件的点，其变分亦为零。

固定边界条件有

$$\begin{cases}\boldsymbol{u}_y(0,t)=\boldsymbol{u}_y(l,t)=0\\ \boldsymbol{u}_z(0,t)=\boldsymbol{u}_z(l,t)=0\\ \theta(0,t)=\dfrac{\partial\theta(0,t)}{\partial x}=0\end{cases} \tag{6-44}$$

因此有以下关系

$$\begin{cases}\delta\boldsymbol{u}_y(0,t)=\delta\boldsymbol{u}_y(l,t)=0\\ \delta\boldsymbol{u}_z(0,t)=\delta\boldsymbol{u}_z(l,t)=0\\ \delta\theta(0,t)=\delta\dfrac{\partial\theta(0,t)}{\partial x}=0\end{cases} \tag{6-45}$$

将式（6-37）、（6-38）和（6-39）的边界条件应用于式（6-36）中，分别对 $\boldsymbol{W},\boldsymbol{T},\boldsymbol{V}$ 取变分并在 $[t_1,t_2]$ 积分，忽略高次小量及偏置位移与扭转角变化效应引起的附加应变能，只

考虑钻具的稳态行为，再适当简化，忽略偏置位移与扭转角变化效应的影响后，可导出通常偏置状态下钻具稳态工作时的动力学模型。

参 考 文 献

[1] KYLLINGSTAD，HALSEY A G，et al. Study of Slip-Stick Motion of the Bit[R]. SPE 16659，1987

[2] 祝效华，童华，刘广川. 气体钻井钻具断裂机理分析[J]. 石油矿场机械，2008，37（1）：5-8

[3] 韩春杰，阎铁. 对钻柱在反转情况下横向振动规律的研究[J]. 石油钻采工艺，2007，30（1）：80-83.

[4] HEISIG G，SANCHO J，MACPHERSON J，et al. Downhole Diagnosis of Drilling Dynamics Data Provides New Level Drilling Process Control to Driller[R]. SPE 49206，1998.

[5] 刘维凯. 深井钻柱纵向振动疲劳强度评估与预测[D]. 大庆：大庆石油学院，2003.

[6] 韩春杰. 深水钻探钻柱及平台耦合振动及模拟分析[D]. 大庆：大庆石油学院，2009.

第 7 章　自动导向钻具 BHA 动力学有限元分析

仿真分析的最终目的是要反映工程系统实际特征，分析过程必须是结合工程需要建立的准确的物理学模型。有限元分析（finite element analysis，FEA）的基本概念是建立较简单的数学模型代替复杂物理学问题后再求解。它将求解系统分解成许多具备一定物理特征的小单元，对每一单元假定一个合适的（较简单的）近似解，然后推导求解这个系统的满足条件（如结构的平衡条件），从而得到问题的解。受到单元属性以及系统的累积误差等因素影响，这个解不是准确解，这是由于实际问题被较简单的问题所代替导致的。由于大多数实际问题难以得到准确解，而有限元分析具备了计算精度高、能适应各种复杂形状等优点，因而成为行之有效的工程分析手段。

7.1　有限元软件 ANSYS

ANSYS 软件是美国 ANSYS 公司研发的大型通用有限元分析（FEA）软件，是世界范围内增长最快的计算机辅助工程（computer aided engineering，CAE）软件，能与多数计算机辅助设计（computer aided design，CAD）软件接口，实现数据的共享和交换，如 Creo，NASTRAN，Algor，I-DEAS 和 AutoCAD 等，是融结构、流体、电场、磁场、声场分析于一体的大型通用有限元分析软件。经过 40 余年的发展，ANSYS 得到了持续性的改进与强化，功能也在不断地加强，由原先所提供的结构线性研究与热研究，发展到目前的 18.0 版本，能够解释电力、构造、碰撞、电磁场以及流体等多种复杂性的问题[1]。

ANSYS 的核心功能有如下的几点：结构研究（模态研究、谐响应研究、静力研究、谱研究以及瞬态动力学研究等）；热力学研究（热辐射研究、热传导研究与热对流研究以及瞬态热研究、温度布局研究与稳态热研究等）；流体研究（研究的对象关键是容器中的流体与动力学耦合）；ANSYS 电磁场研究（关键分析的对象是磁场密度、磁力矩、磁通量密度、磁力以及涡流等）；耦合场研究（即指的是至少 2 个物理场所产生了相互影响时，ANSYS 可以研究场组合为一起时的相应结果）[2]。

整体而言，ANSYS 软件的研究流程主要涵盖了三个部分：第一部分是前处理，应用之前的处理器（preprocessor）；第二部分是加载和求解应用求解器（solution）；第三部分是后处理，应用通用之后的处理器（general postprocessor）以及时间流程后处理器（timehist postprocessor）。其中，第一部分涵盖了界定参量，构建模型与区分单元等；第二部分涵盖了加载载荷与设计求解参量；第三部分涵盖了如何研究并处置实验的结果。

7.2　钻柱的有限元分析法

有限元法属于近似的计算法，比较善于规模较大的多自由度的演算，在划分区域与挑选节点时较为自由与灵活，因而能够顺利而又有效地化解相关的问题。有限元法的特征确定了它主要应用在部分较难化解的问题中。例如，结合计算机的相关技术，能够让它有效地处置演算数量较多的问题，或是形状材料或是载荷比较复杂的难以通过理论来加以研究的问题。

对于钻柱问题，因为它的受力复杂，所涉及的运动状态亦很复杂，难以精确地加以预测，它的弯曲亦有明显的随机性，同时因为地底环境的缘故，理论研究无法满足现实工程中所涉及的钻柱精度性的计算需求。有限元法与相关的软件能够针对多元化的材料以及钻柱外形展开研究。然而有限元法的不足也是较为显著的，也就是在涉及钻柱接触问题时，矩阵变得日益多样化，从而降低运算的速度。当然，相关的演算技术推动相关课题的前进发展，同时也推进有限元法的实际运用，从而让有限元法的运用变为研究钻柱问题的一种使用最为频繁的方法。如今，有限元法也能够较好地化解钻柱接触的问题。其中，最为有效的一种方法便是“多向接触摩擦间隙元”法。此法充分地关注钻柱和井之间的间隙问题，借助间隙元工具构建井内壁和钻柱外壁的内在关联性，从而让应用软件展开有限元的演算变得实际且具有可操作性，进而提高了钻柱问题计算的精确性[3]。

由此可见，有限元法能够有效地探讨钻具体系中其他比较复杂化的钻井工程问题及其内在规律，同时此法也比较便捷。其大体的分析流程如下。

第一，把钻柱离散化处理。有限元法的实质即体现在基于离散化的处理方式来研究相关的问题，钻具能够被离散为一些短杆单元的纵向式连接，或是多面体的单元组合，即将钻具视为有限个单元的组合，而单元之间则借助持续性的条件相连。单元的数目取决于要求的准确性，同时还需顾及现实问题所涉及的边界条件，演算的难易程度等。单元区分的愈多，也就愈靠近现实状况，然而演算的量也愈大。

第二，单元特性的研究。在使用位移法之际，需先挑选出相匹配的位移函数，然后研究单元所具有的力学性质（研究过程较为重要的是基于单元的特征计算出单元的刚度矩阵参量），再计算出等效的节点力（其中，单元的边界处的外表力、体积力或是集中力并未参加其后的计算，需将其等效地转至相应的节点处，即通过计算出的等效节点力取代原先问题中全部作用于单元处的力）。

第三，单元组集。借助既定的边界条件以及力平衡条件等一同计算出不同单元以及总体刚度的矩阵数值。

第四，对节点位移进行解答。对有限元的方程进行求解之后，即能够求解出节点的位移数值；通过基于节点位移即能够计算出其他的未知量数值。

有限单元法的基本理念是将单一、连续的组件划分为有限个仅仅通过节点处联系的离散体，而这些离散体也仅仅通过节点处来传递力。有关单元的类似于力、形变的内在关系可以根据问题本身的性质加以挑选，大多数都采用比较简易的函数关联性。在共同的边界处，相邻的单元需满足形变的协调关系，也就是在对不同的单元展开如上的研究之后，把不同的单元构建成原组件展开整体性的研究。

整体而言，有限单元法的主要思想包括以下两点。

（1）将单个无限多点构成的连续体改变成有限个的单元所构成的离散体；

（2）将单个满足微分联系的微分方程组改换成简易代数关联性的代数方程组。

就挑选未知量的层面而言，有限元法能够大致上区分成如下的三类。
（1）位移法。用位移当作基础的未知量。
（2）力法。将应力当作主要的未知量。
（3）混合法。将若干未知量分别当作应力与位移。
推导有限元的模式大体上分成：加权残数法、直接法与变分法等。

7.3　自动导向钻具 BHA 振动模型分析

这里选取自动导向钻井系统下部钻具为研究对象，分析自动导向钻具在执行导向过程中，偏置力对底部钻具组合 BHA 的振动影响[4-7]。所挑选模型的参数如表 7-1 所示。

表 7-1　模型的参量设置

部件	材料	弹性模量/GPa	泊松比	密度/(kg/m^3)
钻柱	结构钢	210	0.3	7850

在创建有限元模型的过程中采用直接建模法。采用此种方法，可以大大减少计算机对模型数据的处理时间，同时又能合理控制几何形状的划分和每个节点和单元的编号，根据模型分析的需要设定网格尺寸大小，提高计算精度和准确性。

在有限元软件分析中，采用直接建模法，其主要步骤如下。
（1）设定所采用的单位制，分析文件名称，保存参数路径.
（2）对钻柱的几何参数进行初始化设定。
（3）对材料属性进行定义，创建节点单元。
（4）定义适合钻柱动力学分析的单元类型。
（5）创建与单元类型相关的特性定义。
（6）创建材料基本物理参数的定义。
（7）创建单元的节点编号。
（8）针对钻杆不同部位创建不同的单元节点，保存数据模型，并退出前置处理器。

建模采用 8 节点六面体 solid 185 单元和 beam188 单元混合建模，网格划分后共生成 101434 个单元。如图 7-1、图 7-2 所示。

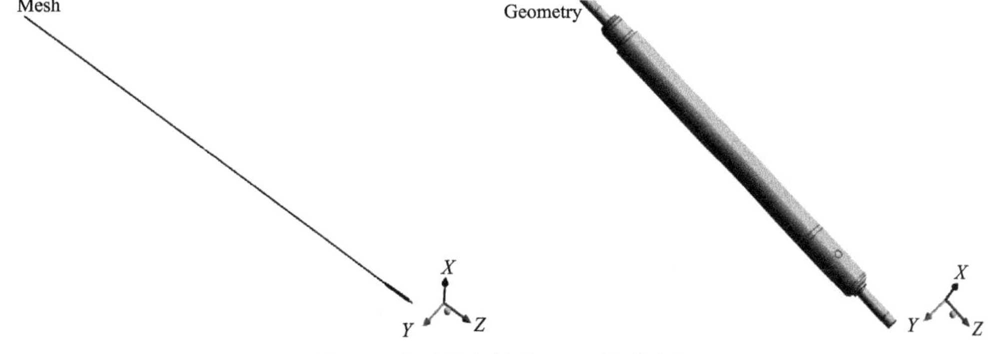

图 7-1　自动导向钻具 BHA 模型建立

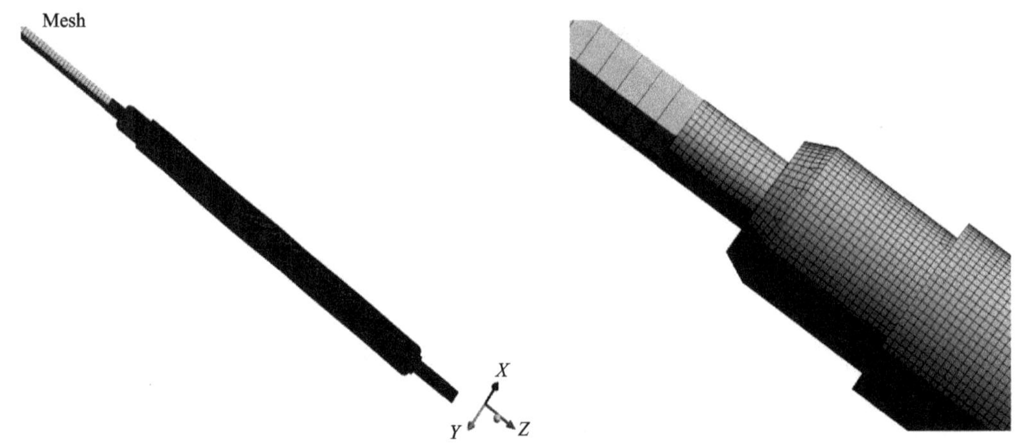

图 7-2　自动导向钻具 BHA 模型网格划分

在上述建模过程中，采用直接建模法创建的仿真模型，具有以下特点。

（1）选用的合适单元。8 节点六面体 solid 185 单元和 beam188 单元混合建模，该模型可以承受拉伸、压缩、扭转和弯曲等多种形变。单元上的每一个节点上有六个自由度，每个单元有能沿着坐标轴三个方向的平移自由度和分别绕着三轴的旋转自由度。在仿真分析的过程中，当单元的相关参数设置合适时，模拟的结果就能与钻柱的实际工作情况和受力变形情况相符，从而指导实际生产。

（2）仿真程度高。采用该模型进行仿真分析时，综合各方面的影响因素，钻柱的结构特征能真实地反映出来。与常规的有限元模型相比，该模型的仿真程度有较大的提高。

（3）具有较强通用性。结合实际钻进情况或是理论分析的需要，可以通过对单元参数的修改来实现。采用参数化建模，具有较强的通用性。针对不同的工况，通过修改相关参数可以方便地进行对比分析，同时还能根据实际要求，为某些参量的优化设计提供一条有效的途径。

7.3.1　自动导向钻具 BHA 轴向振动分析

我们对轴向振动模型条件进行如下假设：只分析轴向振动影响，忽略其他振动的影响；忽略钻井液的影响，不考虑固液耦合作用；略去温度的影响；考虑钻柱的匀速运动等静力、轴向力、恒定扭矩等因素的影响。所以可以假设钻柱上端为固定端约束，下端只能沿轴向方向运动的约束。另外，此处的研究是对钻柱模型进行模态分析，扩展阶模态，根据以往分析 10 阶模态就足以表明钻柱的运动状态。

偏置力对自动导向钻具 BHA 轴向振动影响：

（1）钻柱轴向约束模态分析按照无预应力（静止状态）和有预应力（附加固定转速、钻压、井斜角等）分别进行分析对比，以考察有、无偏置力下钻柱结构的固有频率以及预应力对钻柱轴向振动模态的影响程度。如表 7-2 所示。

（2）约束条件。钻柱上端弹性约束，等效刚度为 9.85×10^{6} N/m，约束钻柱下端除轴向外的其他自由度。

表 7-2　有、无偏置力时钻柱轴向振动各阶固有频率

钻柱	阶数	无预应力	有预应力	
			无偏置力	偏置力为 23.56 kN
固有频率/ Hz	1 阶	0.26981	0.69253	0.74991
	2 阶	0.73777	1.9977	2.1043
	3 阶	1.4326	3.0133	3.4664
	4 阶	2.3395	3.7129	4.9257
	5 阶	3.4388	4.9913	6.5278
	6 阶	4.7048	6.5515	8.3519
	7 阶	6.1252	8.3653	10.447
	8 阶	7.7325	10.458	11.884
	9 阶	9.5797	11.884	12.815
	10 阶	11.693	12.815	12.826

为了能更清楚地表示偏置力对钻具固有模态的影响，将表 7-2 中数据用曲线图如 7-3 表示所示。

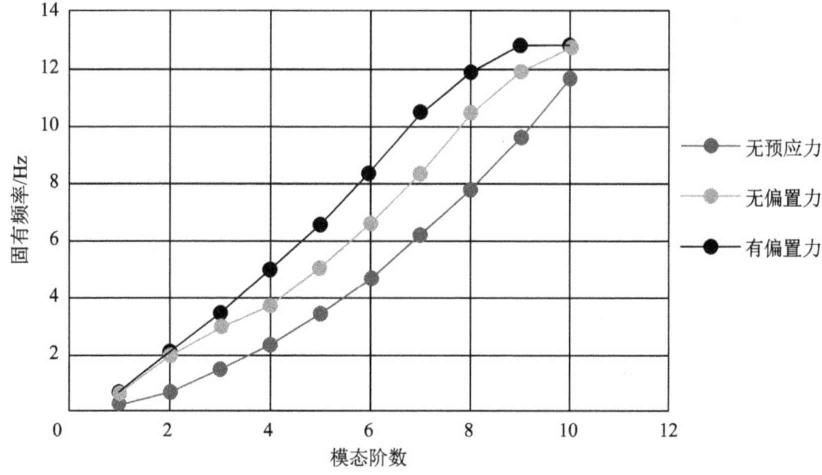

图 7-3　偏置力对自动导向钻具 BHA 轴向振动影响曲线图

从图 7-3 中可以看出，在预应力（转速、钻压、横向偏置力）作用下，钻柱结构的轴向振动模态频率数值变化较大，这是因为钻柱的结构刚度在预应力的作用下发生了改变，进而影响了模态频率，其影响作用较大，在工程上不可以忽略不计。另外，在钻压、转速、井斜角相同时，偏置力在低阶模态对钻柱结构的轴向振动模态频率数值影响较大，但在十阶模态以后基本不存在影响。

下面对 BHA 轴向振动谐振进行分析。

谐振分析时，约束条件同模态分析；激振力施加在钻柱底端，方向沿着钻柱轴向，频率从 0～20 Hz 进行扫频分析，以得到钻柱各部位的响应位移及低阶共振点，如图 7-4、图 7-5 所示。并与模态分析得到的共振频率进行对比。

谐振分析算法采用 FULL 法。

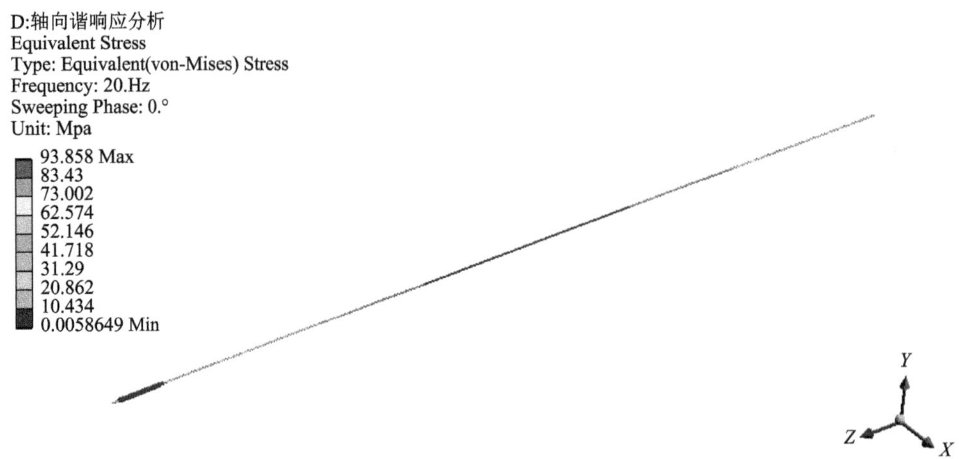

图 7-4　钻柱轴向应力响应云图

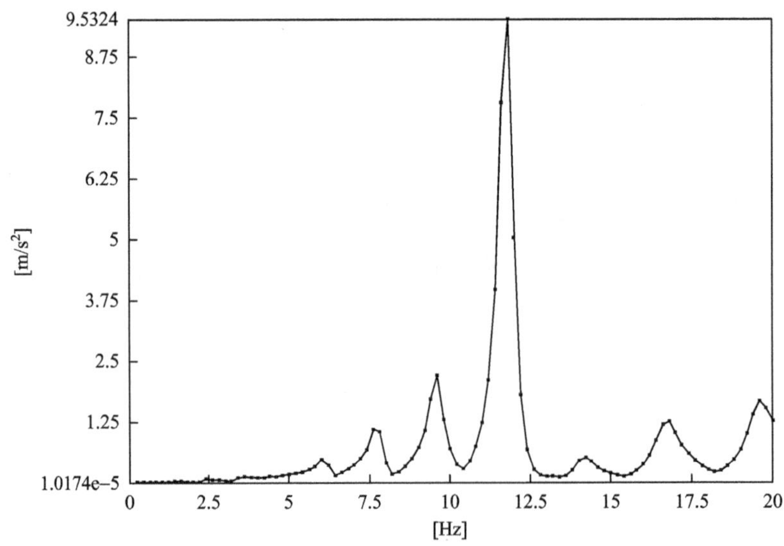

图 7-5　激振力频率为 0～20 Hz 时，钻柱中部的加速度幅值响应曲线

由图 7-5 可以看出，当激振力频率从 0～20 Hz 变化时，钻柱中部的振幅（位移）响应曲线呈现出多处峰值位置，其最高峰值约为 11 Hz，该最高峰值位置即对应钻柱的第十阶共振频率。

7.3.2　自动导向钻具 BHA 横向振动分析

与轴向振动类似，我们对横向振动模型条件进行如下假设：除两接头受井筒限制外，杆体部分不受井筒约束；忽略钻井液阻尼影响；考虑轴向力，忽略扭矩，由前述分析可知，钻柱的静态轴向载荷对钻柱固有频率影响很大，不能忽略。假设钻柱上端为固定端约束，下端只能沿横向方向运动的约束。另外，此处的研究是对钻柱模型进行模态分析，扩展阶模态，根据以往分析十阶模态就足以表明钻柱的运动状态。

偏置力对自动导向钻具 BHA 横向振动影响如下所示。

（1）钻柱横向约束模态分析按照无预应力和有预应力分别进行分析对比，以考察有无偏置力下钻柱结构的固有频率以及预应力对钻柱轴向振动模态的影响程度。如表 7-3 所示。

（2）约束条件。钻柱上端弹性约束，等效刚度为 9.85×10^{6} N/m，约束钻柱下端除横向外的其他自由度。

表 7-3　有无偏置力时钻柱横向振动各阶固有频率

钻柱	阶数	无预应力	有预应力	
			无偏置力	偏置力为 23.56 kN
固有频率/ Hz	1 阶	0.32174	0.37262	0.3853
	2 阶	0.81148	1.2006	0.93242
	3 阶	1.5314	2.1744	1.686
	4 阶	2.4792	3.3571	2.9084
	5 阶	3.6499	4.7433	4.3545
	6 阶	5.034	6.3204	5.9971
	7 阶	6.6154	6.5017	6.7982
	8 阶	8.37	8.2549	8.5515
	9 阶	10.276	10.16	10.458
	10 阶	12.341	12.226	12.53

同理，为了能更清楚地表示偏置力对钻具固有模态的影响，将表 7-3 中数据用曲线图 7-6 表示。

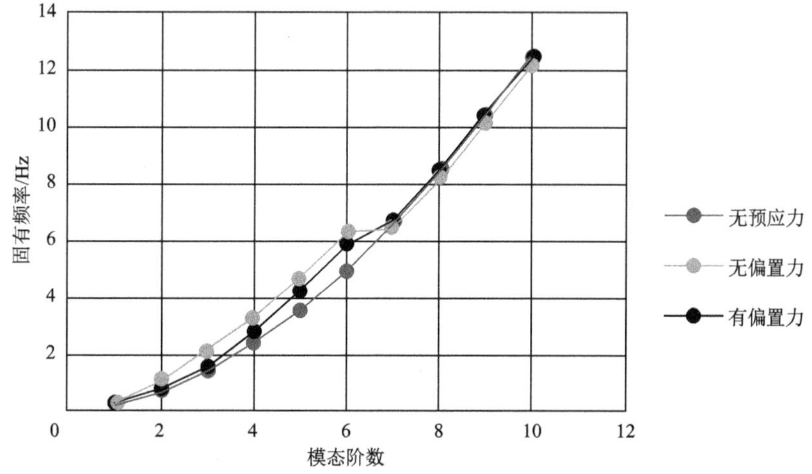

图 7-6　偏置力对自动导向钻具 BHA 横向振动影响曲线图

从图 7-6 可以看出：钻柱结构在有预应力和无预应力下，钻柱横向振动的各阶频率变化不大，在工程上可以忽略不计；在相同的偏置力条件下，钻柱横向一阶振动的固有频率相对于纵向振动固有频率低，说明钻柱在横向激振动力作用下，结构更易发生低频共振；在相同的钻压、转速、井斜角条件下，有无偏置力对钻柱横向振动的各阶模态频率影响并不是非常明显。

下面对横向振动谐振进行分析：

（1）谐振分析时，约束条件同模态分析；激振力施加在钻柱底端，方向沿着钻柱横向，频率从 0～20 Hz 进行扫频分析，以得到钻柱各部位的响应位移及低阶共振点，如图 7-7、图 7-8 所示。并与模态分析得到的共振频率进行对比。

（2）谐振分析算法采用 FULL 法。

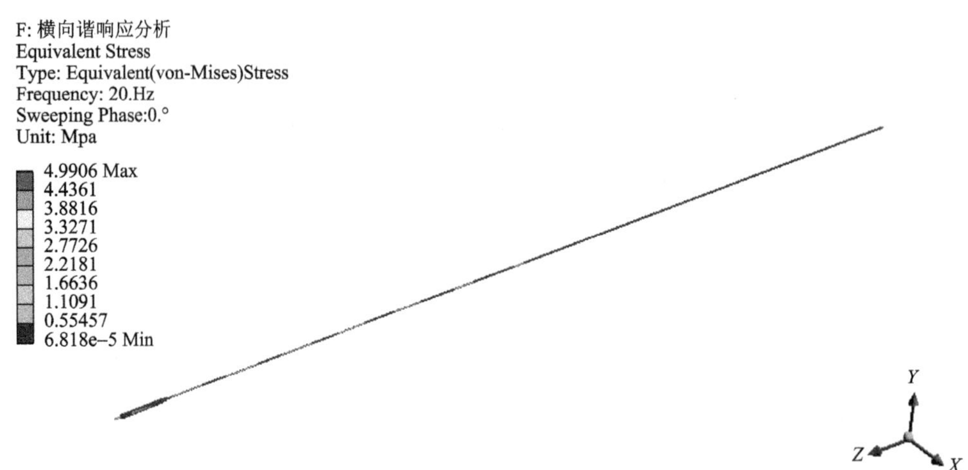

图 7-7　钻柱横向应力响应云图

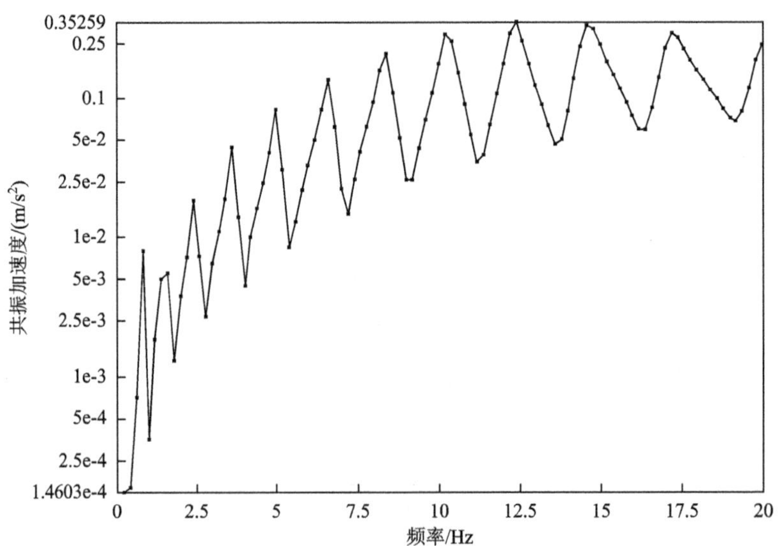

图 7-8　激振力频率为 0～20 Hz 时，钻柱中部的加速度幅值响应曲线

由图 7-8 可以看出，当激振力频率从 0～20 Hz 变化时，钻柱中部的振幅（位移）响应曲线呈现出多处峰值位置，最高峰值位置对应的频率为一阶共振频率（0.8 Hz 附近，与模态分析结果一致）；当发生共振时，一阶共振加速度峰值为 7.9886 m/s^2。

7.3.3　自动导向钻具 BHA 扭转振动分析

同样地，我们对扭转振动模型条件进行如下假设：忽略钻柱的横向和纵向振动；忽略钻井液阻尼、温度的影响；仅研究钻柱的扭转振动特性；由于只考查钻柱的模态，可以不考虑钻柱重力、平均钻压、钻井液浮力、钻柱的匀速运动等静力的影响。假设钻柱上端为固定端约束，下端只允许绕轴转动的约束；另外，此处的研究是对钻柱模型进行模态分析，扩展阶模态，根据以往分析 10 阶模态就足以能表明钻柱的运动状态。

偏置力对自动导向钻具 BHA 扭转振动影响：

（1）钻柱扭转约束模态分析按照无预应力和有预应力分别进行分析对比，以考察有无偏置力下钻柱结构的固有频率以及预应力对钻柱轴向振动模态的影响程度。如表 7-4 所示。

（2）约束条件。钻柱上端弹性约束，等效刚度为 9.85 e + 006 N/m，约束钻柱下端除扭转方向外的其他自由度。

表 7-4　有无偏置力时钻柱扭转振动各阶固有频率

钻柱	阶数	无预应力	有预应力	
			无偏置力	偏置力为 23.56 kN
固有频率/Hz	1 阶	0.26927	0.2624	0.26252
	2 阶	0.73661	0.72734	0.72719
	3 阶	1.431	1.4367	1.4196
	4 阶	2.338	2.3403	2.3241
	5 阶	3.4382	3.4199	3.4108
	6 阶	4.7046	4.7017	4.6837
	7 阶	6.1235	6.1134	6.0982
	8 阶	7.7252	7.708	7.6999
	9 阶	9.5658	9.5444	9.5417
	10 阶	11.674	11.652	11.651

同理，为了能更清楚地表示偏置力对钻具固有模态的影响，将表 7-4 中数据用曲线图 7-9 表示。

从图 7-9 可以看出：钻柱结构在有预应力和无预应力下，钻柱扭转振动的各阶频率变化不大，在工程上可以忽略不计；有无偏置力对钻柱的扭转振动的各阶频率影响不明显。

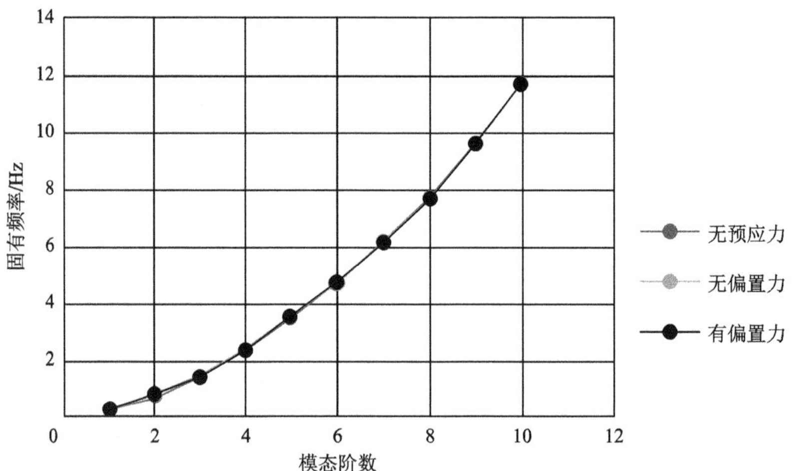

图 7-9　偏置力对自动导向钻具 BHA 扭转振动影响曲线图

扭转振动谐振分析如下。

（1）谐振分析时，约束条件同模态分析；激振力施加在钻柱底端，方向沿着钻柱扭转方向，频率从 0～20 Hz 进行扫频分析，以得到钻柱各部位的响应位移及低阶共振点，如图 7-10，7-11 所示。并与模态分析得到的共振频率进行对比。

（2）谐振分析算法采用 FULL 法。

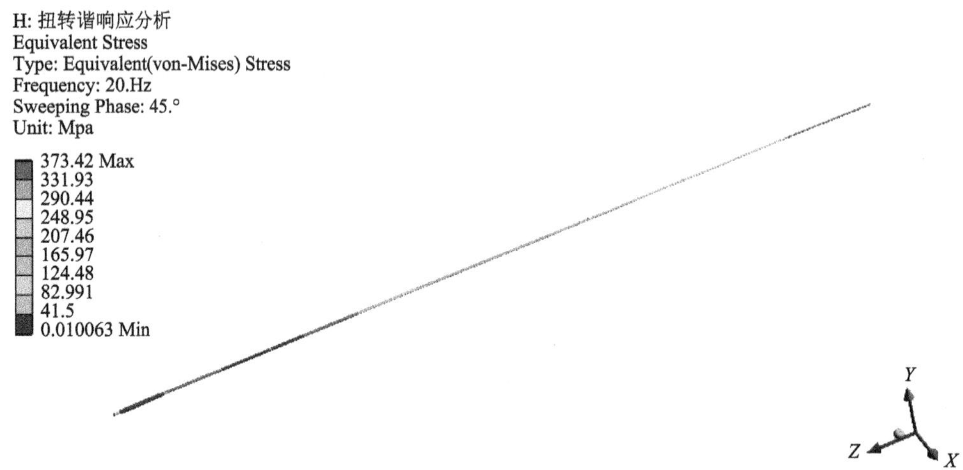

图 7-10　钻柱扭转应力响应云图

由图 7-11 可以看出，当激振力频率从 0～20 Hz 变化时，钻柱中部的振幅（位移）响应曲线呈现出多处峰值位置，最大峰值位置对应的频率为十四阶共振频率（19.6 Hz，与模态分析结果一致）。当发生共振时，十四阶共振加速度峰值为 51.215 m/s^2。

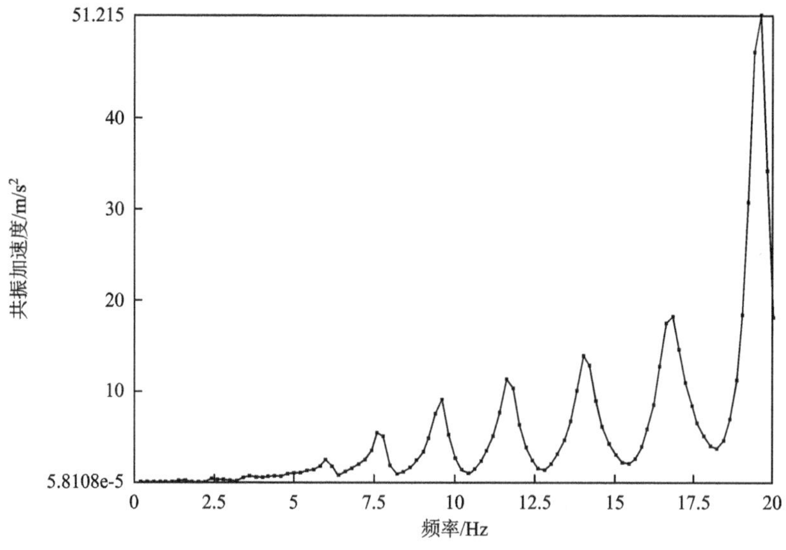

图 7-11　激振力频率为 0～20 Hz 时，钻柱中部的振幅响应曲线

7.4　自动导向钻具偏置机构有限元分析

为了能够反映自动导向钻具偏置机构受力状态，通过设置不同的工况条件，对自动导向钻具偏置机构进行有限元仿真分析，寻找出该机构振动的薄弱环节，为自动导向钻具的优化设计提供真实、可靠的理论依据[8-11]。

在确保模型的真实、准确的情况下，对原来的装配模型作如图 7-12 所示的简化，由于外套筒只起到保护相关核心部件的作用，并不随钻具一起运动，故在模型计算中未考虑；同时，中间放置电子元器件和液压油缸的空间也一并简化处理。

图 7-12　偏置机构有限元模型

建模采用 8 节点六面体 solid 185 单元和 beam 188 单元混合建模，网格划分后共生成 101434 个单元。如图 7-13 所示。

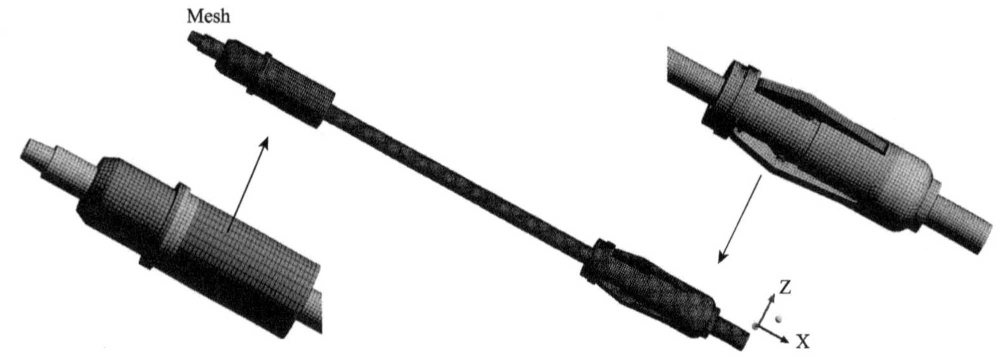

图 7-13　偏置机构网格划分

为了进一步了解转速对钻具动力学特性的影响，将底部钻具组合均分为 20 个测点进行计算分析，研究不同转速、钻压情况下每个测点轴向或横向振动应力变化值，进而分析整个钻具组合的稳定性。

7.4.1　不同工况对偏置机构轴向振动的影响

1. 钻压对偏置机构轴向振动的影响

20 个测点的钻压值见表 7-5。钻压对偏置机构轴向振动的影响如图 7-14 所示。

表 7-5　钻压对偏置机构轴向振动的影响

应力测点	压力值/kN			
	30	60	90	120
1	3.534	7.0682	7.949	14.083
2	5.7031	11.378	12.778	22.626
3	6.8237	13.626	15.294	27.125
4	6.8235	13.63	15.304	27.152
5	6.832	13.651	15.334	27.216
6	6.8542	13.701	15.397	27.337
7	6.8684	13.734	15.442	27.425
8	6.8519	13.706	15.417	27.391
9	6.8035	13.612	15.318	27.226
10	6.7253	13.459	15.153	26.937
11	6.2539	12.52	14.101	25.08
12	6.2203	12.458	14.036	24.975
13	6.188	12.397	13.973	24.874
14	6.126	12.278	13.846	24.655
15	6.0144	12.056	13.601	24.224
16	5.9103	11.819	13.305	23.647

续表

应力测点	压力值/kN			
	30	60	90	120
17	5.7646	11.53	12.972	23.062
18	5.6235	11.25	12.694	22.496
19	5.5118	11.026	12.394	22.051
20	5.7544	11.803	13.127	24.037

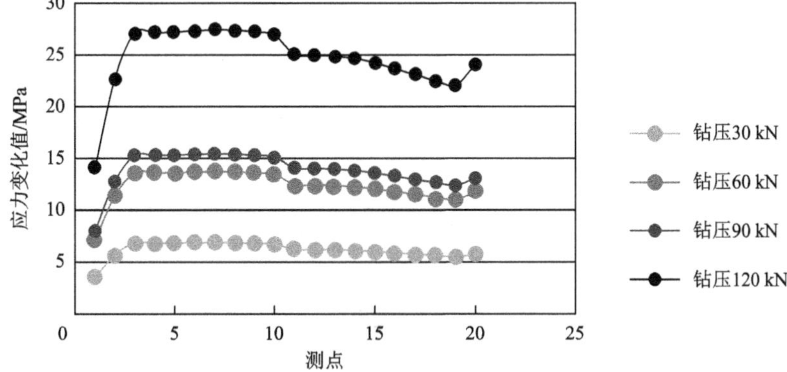

图 7-14　钻压对偏置机构轴向振动的影响曲线图

2. 转速对偏置机构轴向振动的影响

20 个测点的转速值见表 7-6。转速对偏置机构轴向振动的影响如图 7-15 所示。

表 7-6　转速对偏置机构轴向振动的影响

应力值测点	转速/(rad/min)				
	80	100	120	140	160
1	7.923	7.9799	7.9793	8.0895	7.9486
2	12.851	12.839	12.779	13.194	12.973
3	15.379	15.365	15.301	15.723	15.499
4	15.372	15.361	15.31	15.654	15.473
5	15.385	15.377	15.338	15.606	15.466
6	15.43	15.425	15.399	15.589	15.491
7	15.456	15.454	15.44	15.554	15.498
8	15.414	15.415	15.414	15.45	15.436
9	15.298	15.303	15.314	15.276	15.3
10	15.115	15.123	15.145	15.032	15.099
11	14.051	14.062	14.093	13.92	14.019
12	13.97	13.984	14.027	13.783	13.921
13	13.894	13.91	13.963	13.656	13.828

续表

应力值测点	转速/(rad/min)				
	80	100	120	140	160
14	13.749	13.768	13.833	13.451	13.664
15	13.493	13.514	13.587	13.16	13.396
16	13.291	13.294	13.302	13.274	13.295
17	12.962	12.965	12.971	12.954	12.968
18	12.643	12.647	12.651	12.643	12.652
19	12.394	12.396	12.397	12.395	12.402
20	13.513	13.107	13.091	12.991	13.055

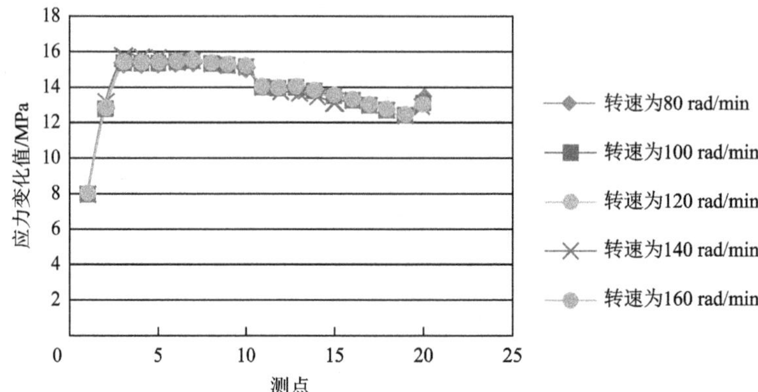

图 7-15　转速对偏置机构轴向振动的影响曲线图

由图 7-14、图 7-15 可以看出：转速对偏置机构的轴向振动影响不大，可以忽略。随着钻压增加，偏置机构轴向应力变化值逐渐增大。最大值为钻压为 120 kN 时，偏置机构离钻头 1.95 m 处应力值最大，为 27.425 Pa，具体位置如图 7-16，图 7-17 应力响应云图

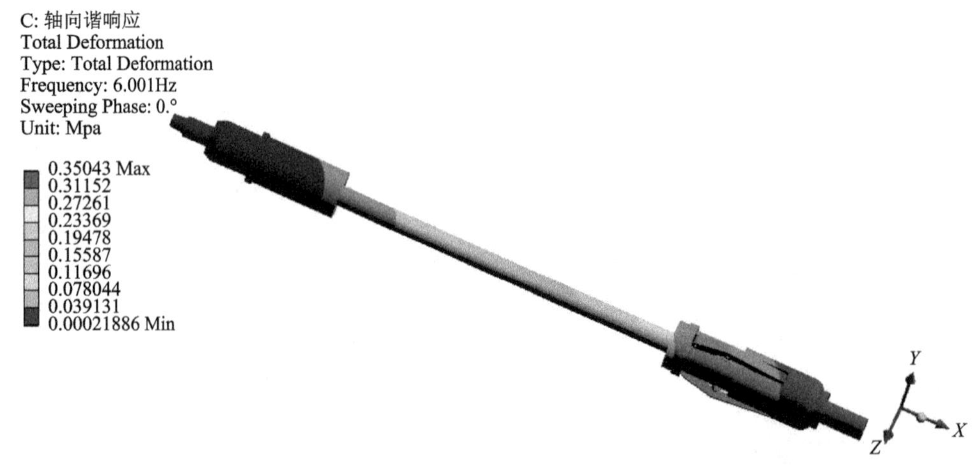

图 7-16　钻柱轴向位移响应云图

图 7-17　钻柱轴向应力响应云图

所示。其中测点位置点 3、点 8、点 19 处为应力值突变位置，分别对应偏置机构的离钻头 2.55 m、1.8 m 和 0.15 m 的位置。此三处结构最不稳定，在电子元器件、液压油缸、执行机构的布设时要避开这些地方。

7.4.2　不同工况对偏置机构横向振动的影响

1. 钻压对偏置机构横向振动的影响

20 个测点的钻压值见表 7-7。钻压对偏置机构横向振动的影响如图 7-18 所示。

表 7-7　钻压对偏置机构横向振动的影响

横向应力值测点	压力值/kN			
	30	60	90	120
1	1.4534	1.7598	2.1224	2.9388
2	3.9575	4.2292	4.6037	5.4119
3	5.3944	5.6967	6.0566	6.8683
4	5.3901	5.6924	6.0519	6.8633
5	5.3939	5.6968	6.0564	6.867
6	5.3966	5.6979	6.0576	6.8689
7	5.3974	5.6999	6.0596	6.8685
8	5.3794	5.6814	6.0416	6.8521
9	5.3644	5.6604	6.0063	6.8168
10	5.3462	5.6495	5.9957	6.819
11	4.8668	5.1695	5.54	6.3495
12	4.8442	5.1462	5.508	6.3185
13	4.7993	5.1022	5.4877	6.2994
14	4.7328	5.0353	5.3978	6.2079

续表

横向应力值测点	压力值/kN			
	30	60	90	120
15	4.6075	4.9116	5.2945	6.1079
16	4.4926	4.7979	5.1725	5.9692
17	4.3399	4.6433	4.7358	5.8163
18	4.1674	4.4742	4.8286	5.6332
19	3.9859	4.2896	4.65	5.4614
20	3.7659	4.0744	4.4406	5.291

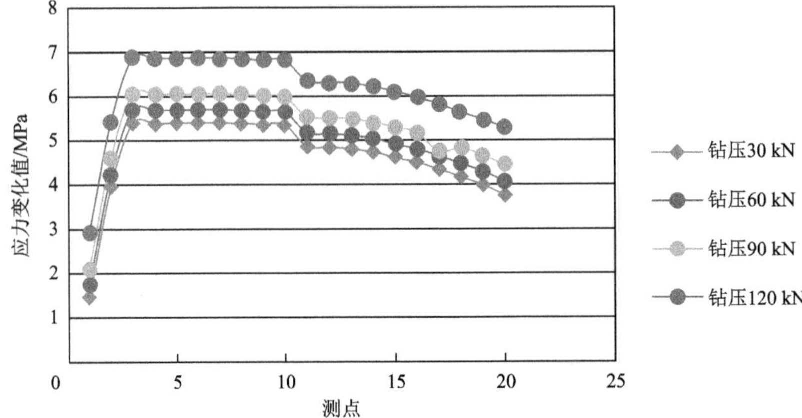

图 7-18 钻压对偏置机构横向振动的影响曲线图

2. 转速对偏置机构横向振动的影响

20 个测点的转速值见表 7-8。转速对偏置机构横向振动的影响如图 7-19 所示。

表 7-8 转速对偏置机构横向振动的影响

横向应力值测点	转速/(rad/min)				
	80	100	120	140	160
1	1.4451	1.7409	2.0327	2.3357	2.6628
2	3.9446	4.205	4.5394	4.858	5.1353
3	5.4288	5.663	6.0009	6.3619	6.6237
4	5.4248	5.6589	5.9965	6.3551	6.6207
5	5.428	5.6633	5.9998	6.3565	6.6241
6	5.4313	5.6656	6.0017	6.3548	6.6257
7	5.4321	5.6667	6.002	6.3558	6.6249
8	5.414	5.6494	5.9845	6.3367	6.6091
9	5.3975	5.6292	5.966	6.0478	6.5842

续表

横向应力值测点	转速/(rad/min)				
	80	100	120	140	160
10	5.3697	5.6084	5.9355	6.2914	6.5692
11	4.8997	5.1382	5.484	5.8302	6.0952
12	4.8764	5.1158	5.4487	5.8036	6.07
13	4.8323	5.0717	5.3995	5.7562	6.0227
14	4.7703	5.0024	5.3391	5.6963	5.9595
15	4.6411	4.8789	5.2152	5.5738	5.8351
16	4.5286	4.7797	5.1152	5.4454	5.732
17	4.3723	4.612	4.9472	5.2901	5.565
18	4.1979	4.4484	4.7736	5.1109	5.3839
19	4.0187	4.2577	4.5942	4.9349	5.2098
20	3.8558	4.0507	4.3808	4.7119	4.997

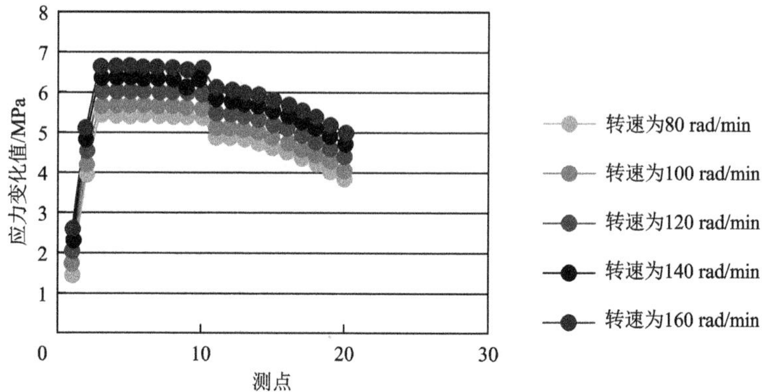

图 7-19　转速对偏置机构横向振动的影响曲线图

由图 7-18、7-19 可以得出以下结论。

随着钻压增加，偏置机构横向振动应力及应变值逐渐增大，应力变化最大点为离钻头 2.55 m 处，该处的最大应力值为 6.87 MPa，如图 7-20、图 7-21 响应云图所示。偏置机构横向振动应变值，当钻压超过 90 kN 后幅度增加变快，说明下部钻具屈曲变形增大，横向振动加剧。

随着转速增加，偏置机构横向应力变化值逐渐增大，最大值为 6.62 MPa，对应偏置机构离钻头 2.55 m 处，转速为 160 rad/min。如 7-20、图 7-21 所示。其中测点位置点 3、点 10、点 11 处为应力值突变位置，分别对应偏置机构的离钻头 2.55 m、1.8 m 和 1.5 m 的位置。此三处结构最不稳定，在电子元器件、液压油缸、执行机构的布设时要避开这些地方。

图 7-20　钻柱横向位移响应云图

图 7-21　钻柱横向应力响应云图

参 考 文 献

[1] 张洪伟，高相胜，张庆余. ANSYS 非线性有限元分析方法及范例应用[M]. 北京：水利水电出版社，2013，4.

[2] 尚晓江，邱峰. ANSYS 结构有限元高级分析方法与范例应用[M]. 北京：水利水电出版社，2015，1.

[3] 罗宏保，宋军，赵建勤等. 新型偏心跟管钻具的设计与有限元分析[J]. 探矿工程（岩土钻掘工程），2009，36（12）：33-36.

[4] 吴亚杰. 直井中底部钻具组合稳定性分析[D]. 北京：中国石油大学，2014，40-66.

[5] 谢强. 模拟底部钻具组合不同运动状态的特征研究[D]. 北京：中国石油大学，2016，63-74.

[6] 高光海. 深海大尺寸取样钻柱力学行为数值研究[D]. 北京：中国石油大学，2015，21-34.

[7] 庞世强，朱向哲，陈立. 竖直井底部钻具动力学特性的有限元分析[J]. 石油化工高等学校学报，2011，24（4）：55-59.

[8] 罗宏保，宋军，赵建勤等. 偏心跟管钻具钻进的仿真分析[J]. 探矿工程（岩土钻掘工程），2010，37（11）：6-8.

[9] 魏臣兴，练章华，林铁军等. 气体钻井双稳定器钟摆钻具的模拟仿真分析[J]. 机械设备，2012，30（5）：75-78.

[10] 陈世春，练章华，王树超等. 螺杆钻具打捞器接头有限元力学分析[J]. 石油矿场机械，2011，40（6）：4-7.

[11] 王晓鹏，谢涛，张强. 弯外壳螺杆钻具窗口通过能力有限元分析[J]. 石油机械，2017，45（7）：34-38.

第 8 章　随钻测量电磁波传输理论

8.1　随钻测量电磁波双向传输

8.1.1　随钻测量的电磁波传输

钻进过程中进行信号实时传输的方法分为有线传输和无线传输。有线传输利用电缆传输信号，钻杆转动会对电缆造成不良影响，电缆的存在也给钻进工作带来不便。常用的无线传输包括泥浆脉冲与电磁波随钻测量系统。泥浆脉冲下传信号多利用泥浆泵的开与关产生不同的压力或流量来传递信息，往往需要停钻进行，数据传输速率较低，而且当泥浆中气体含量超过 20%，就无法有效传递信号。电磁波信号传输速率高，可以用于空气或泡沫钻进，在硬岩中信号传输距离相对较远，并且电磁波信号传输装置无活动部件，可靠性相对较高。另外，电磁波信号传输装置容易制成小口径，制造成本也较低。

电磁波随钻信号传输始于 1980 年代初期，到 20 世纪 90 年代初电磁波随钻测量技术已经成熟，开始广泛应用于石油与煤田钻井，但大多是单向信号传输即从井下发射数据，在地面接收译码。1994 年 11 月至 1996 年 4 月期间，美国休斯顿专业技术国际公司（the U. S. Pro Technics Interhation Inc. Houston）．为美国能源部气体研究所（the U. S. Department of Enegy，Gas Reseanch Institate）进行了从地面向井下发射电磁波信号的野外试验，电磁波双向传输进入实质性的研究阶段。到 2006 年美国能源部化石能源办公室国家能源技术实验室（the U.S Depantonent of Energy，Office of Energy，National Enongy Technoloqy Laboratory）与德克萨斯州电子光谱技术公司（Toxas-based E-Spectrum Technologies Inc.）合作研制出具有数据融合性能的电磁波双向信号传输系统，该系统能够较好地接收处理微弱信号，提高了系统的接收能力与精度，这标志着电磁双向信号传输技术走向成熟。

我国电磁波随钻信号传输方面的理论研究开展得较早，上世纪 80 年代末国内有不少学者对此有较深入的研究。但直到近几年电磁波随钻测量工具的研制才有实质性的进展。中石油、中石化等公司都曾研制出自己的电磁波随钻测量系统，但这些产品多为单向信号传输。近年来，中国地质大学在国家科技部高技术研究发展计划 863 项目“电磁波随钻遥测式自动垂钻系统关键技术研究”等项目的支持下，积极开展随钻测量仪电磁波双向传输系统的研究，取得可喜成绩并通过鉴定，现已用在自行研制的电磁波随钻测量仪上。

8.1.2　随钻测量电磁波双向信号传输原理

随钻电磁波传输原理如图 8-1 所示，图中 1～5 分别为钻塔、钻孔、钻杆柱、井下机、钻头。其中井下机内包括供电装置、接收装置、测量装置、发射装置、散热装置以及数据处理装置等；6 是收发两用的天线，传输数据到地面时其用作发射天线，接收地面传下来的指令时其用作接收天线，7 同样为收发两用的天线；井上机 8 将对接收的信号进行相应处理，其同样具有接收和发射两种功能；当向地面传输数据时，其将接收到的井下传输的数据信号进行相应的处理后利用接口模块送入计算机 9 中，在计算机上实时显示井下信息，以便管理人员及时掌握钻井动态并做对应处理，而从地面发送到井下处理器的指令信号与此相反，因此实现了井下和地面的双向通信。

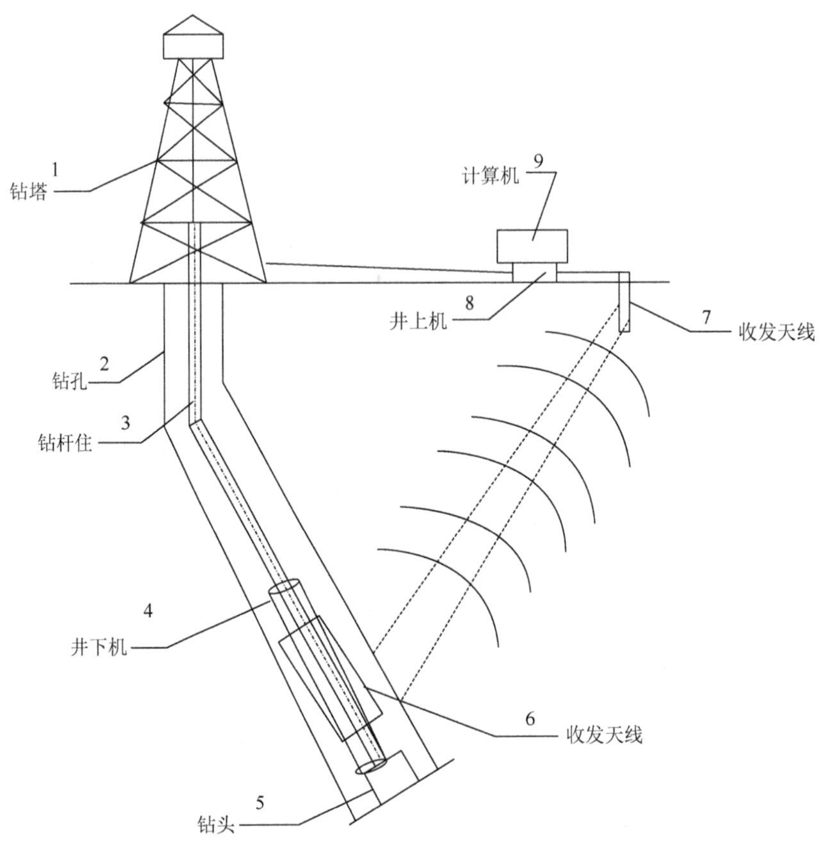

图 8-1　随钻测量电磁传输原理示意图

导向钻具采用两种控制模式来控制执行机构纠斜：一种是遥控模式；另一种是自动控制模式。遥控模式是指地面根据分析结果，向下直接发出纠斜指令，控制纠斜。自动纠斜模式是由井下机自动判断孔斜情况，自动进行纠斜。当井上机超过规定的时间未发送信号时，井下机自动转为自动控制模式。

传输通道上传的信号主要包括井斜角、方位角、工具面角、三个加速度分量、三个磁通门分量、以及温度、磁场强度与泥浆压力等数据。

传输通道下传的信号主要包括信号发送模式转换指令、支撑掌控制指令与井深测量增量等。

8.2　随钻测量电磁波传输理论

8.2.1　电磁波传播的基本理论

根据麦克斯韦方程，变化的磁场能够产生电场；变化的电场也能产生磁场。时变电磁场为不可分开的统一体。时变电磁场的场源可以是真实源，即变化的电流和电荷，也可以是变化的电场和变化的磁场[1-2]。相关公式如下：

$$\nabla \times \overline{H} = \overline{J} + \frac{\partial \overline{D}}{\partial t} \tag{8-1}$$

$$\nabla \times \overline{E} = -\frac{\partial \overline{B}}{\partial t} \tag{8-2}$$

$$\nabla \cdot \overline{B} = 0 \tag{8-3}$$

$$\nabla \cdot \overline{D} = \rho \tag{8-4}$$

式中：$\overline{H}$ 为磁场强度，单位为 A/m；$\overline{J}$ 为传导电流密度，即激励函数，单位为 A/m^2；$\overline{D}$ 为电通量密度，单位为 C/m^2。

电磁波的传播与天线有很大的关系，根据天线产生电磁场的性质，一般分为磁天线与电天线。在向空中传播电磁波的场合，很多情况下采用磁天线。但在向地下传播电磁波时，磁天线却很不理想。

电磁波在地下传播的特性与向空中有很大的差异，因此，尽管电磁波向空中传播的技术已经非常成熟，却很难直接应用于地下电磁波的传播。向空中传播电磁波，频率越高传播距离会越远；但向地下传播却有很大的不同。

8.2.2　电磁波信号传输深度及影响因素

趋肤深度指的是电磁波能够穿透地层的距离，按照趋肤深度理论，可以估计出不同频率下信号传输深度[3-4]，计算公式为

$$\delta = \frac{1}{\sqrt{\pi f \mu / \rho_e}} \tag{8-5}$$

式中：μ 为磁导率，其值为 $4\pi \cdot 10^{-7}$ Ω·s/m；f 为频率，单位为 Hz；ρ_e 为地层电阻率，单位为 Ω·m。

分析式（8-5）可知，电磁波的发射频率和地层电阻率共同决定了电磁波沿地层的传输距离。对式（8-5）进行仿真，结果如图 8-2 所示。从该图中可以方便地看出：首先，在极低频条件下，介电常数对趋肤深度的影响可以忽略不计；其次，当地层电阻率一定时，传输深度随着电磁波频率的增大而减小，5 Hz 之后逐渐趋于平稳；最后，当频率一定时，传输深度随着地层电阻率的增大而增大。当频率低至 2 Hz 时，地层电阻率为 5 Ω·m，1500 m 的传输距离也达不到；然而地层电阻率增加到 30 Ω·m 时，电磁波的趋肤深度却能够达到

3000 m 左右。由此可以推断出，相对于电磁波频率而言，电磁波传输深度受地层电阻率影响要大。

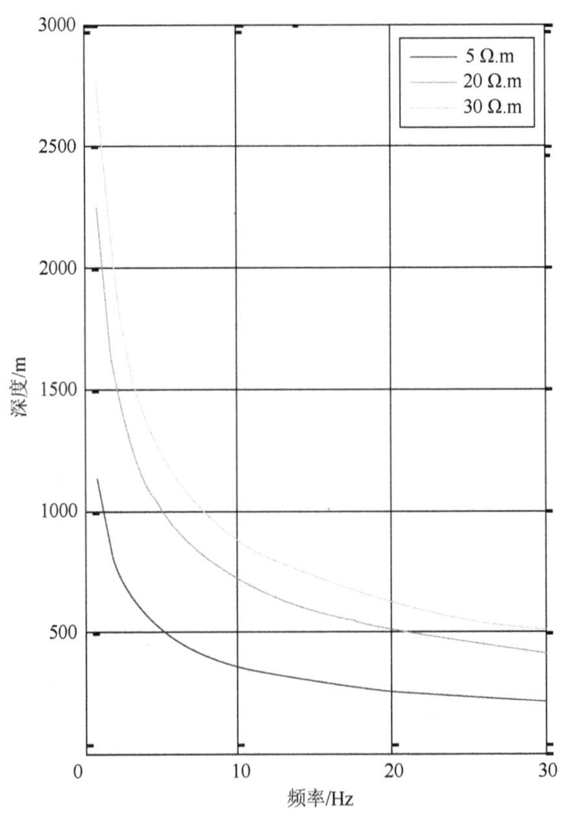

图 8-2　趋肤深度影响因素曲线图

此外，从式（8-5）中也能看出，地层电阻率接近无穷大时，传输深度同样趋近于无穷大。当然，这和实际情况相违背，因为地层电阻率大到一定程度后，电磁波信号就不能在地层中传播了。这个公式未能考虑到电磁波发射功率对传输深度的影响。实际上，电磁波的发射功率也得合适，发射功率太小导致辐射的电磁波弱；而太大的发射功率需要系统占用的体积大，不适合钻井工程的窄小空间。综上所述，电磁波传输深度有限，所以当电磁波传输距离将要达到极限时，可以在钻杆内安装一个特制的大小合适的中继器。该设备将接收到的微弱信号经过放大、降噪等处理后再发射出去，以此来提高电磁波的传输距离。

8.3　随钻测量电磁波发射模式

8.3.1　随钻测量电磁波激励方式

垂直电、水平电和磁激励是三种常用的电磁波激励方式。由于钻井工程以钻杆为钻进工具，所以只能选择垂直电激励和垂直磁激励。当天线的各个辐射方向中辐射最大的那个方向和地面方向相互垂直时，垂直电激励的效率高出垂直磁激励效率很多，因此垂直电激励使井下天线在地面的方向上辐射最强，即提高了数据传输深度[5]。鉴于以上分析，考虑到井下条件和效率两个主要因素，垂直电激励最适合作为电磁随钻技术的激励方式，即产生沿钻杆引导的轴向电流[6]。

三种常见激励轴向电流方法如图 8-3 所示。其中，图 8-3（a）为不对称激励装置，该装置用一段绝缘接头将两段特制的钻杆连接起来，钻杆内的激发装置产生的电压经过该接头加在两段钻杆上。这种方法有实现简单、分析方便的优点；然而，绝缘段强度经受不住考验，理论分析和实际情况相差甚远等缺点限制了其应用。图 8-3（b）为水平磁流激励装置，将水平磁流环制作在钻杆上，这种方法就是先变化电流从而产生磁场，再将产生的磁场变化来产生电场，以此来产生轴向电流。该方法不需要将钻杆分成两段，故不需要制作高强度的绝缘接头；当然，因为电磁波在地层传输所用的频率为超低频段，所以为了产生需要强度的磁流必须制作匝数巨大的线圈，显然这样做大大增加了磁流环的体积，以至于在狭小的钻井空间使用困难；另外很重要的一点就是大量的线圈将产生大量的电阻损耗，从而限制了源电流的大小，减小了传输深度；此外，两次的电磁场转化减低了系统效率。图 8-3（c）为钻孔外接金属环套激励装置，该系统是由图 8-3（a）不对称激励装置改进过来的，它是将钻杆内激励器产生的激励电压的一端加在钻杆内壁，另外一端穿过钻杆外壁上绝缘小孔加在钻杆外的金属环上，该金属环环绕包裹在钻杆上。该方法相对于图 8-3（a）所示的方法多了回路，同时没有不对称激励方法的缺点，是目前应用最多的轴向电流激励方法。

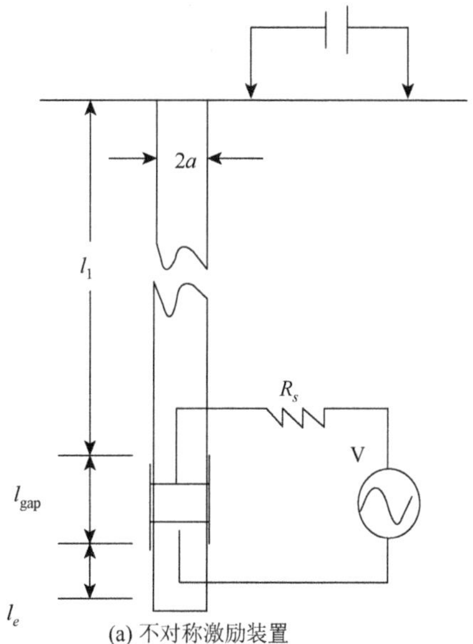

(a) 不对称激励装置

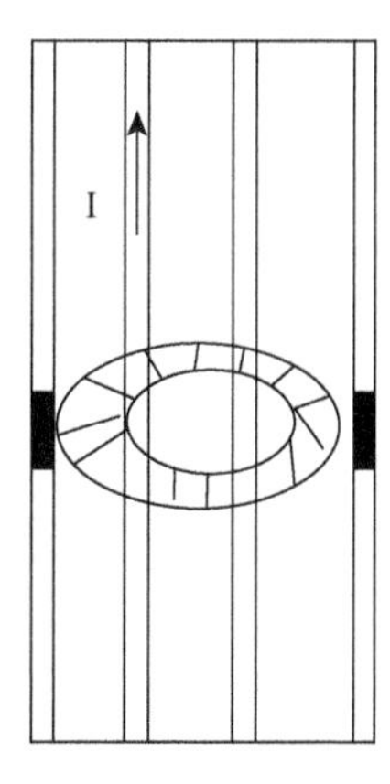

(b) 水平磁流环激励装置

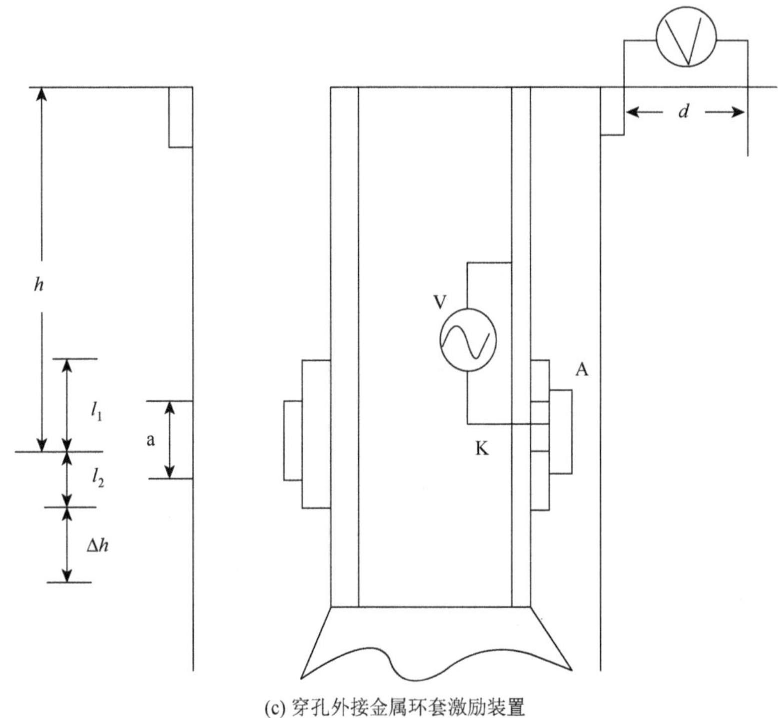

(c) 穿孔外接金属环套激励装置

图 8-3　三种常见的激励轴向电流方法

8.3.2　随钻测量电磁波常见发射方式

借鉴空中发射电磁波时采用磁场激励的传播方式，最初的电磁波随钻测量系统也曾采用磁场激励的传播方式。

图 8-4 为常见的电磁波随钻测量发射天线型式。按它们的电磁特性又可分为垂直磁场法及垂直电场法。

垂直磁场法是纯粹通过地层传输电磁信号的方法；而垂直电场法则是通过地层/钻杆（或套管）体系传播电磁信号的方法[7]。

如图 8-4（a）所示，在钻杆轴向上安装一个螺线管，通电后螺线管产生沿钻杆轴向的磁流，这与常见的空中传播电磁波的原理有些类似。但用这种方法在地层中传输电磁波衰减率很高。若要产生强大到足以把信号从很深的井下传至地面的磁流，螺线管要做得很大，在井下有限空间内实现起来较为困难。

垂直电场法把钻杆与地层均当作导体，电磁波在这种导体体系中传播。其随深度衰减的速率比垂直磁场法低得多。

在钻井领域，钻杆/地层传输系统也可再分为环形线圈偶合（图 8-4（b））和直接偶合两种方法（图 8-4（c））。环形线圈偶合电磁波随钻测量系统多为早期的产品，但直到现在还在应用。对于特别高的负载阻抗，这种环形线圈的功率与其阻抗匹配范围有较为严格的限制。一旦线圈确定，就很难改变负载匹配的范围。对于极低频电磁波信号传输，即使最

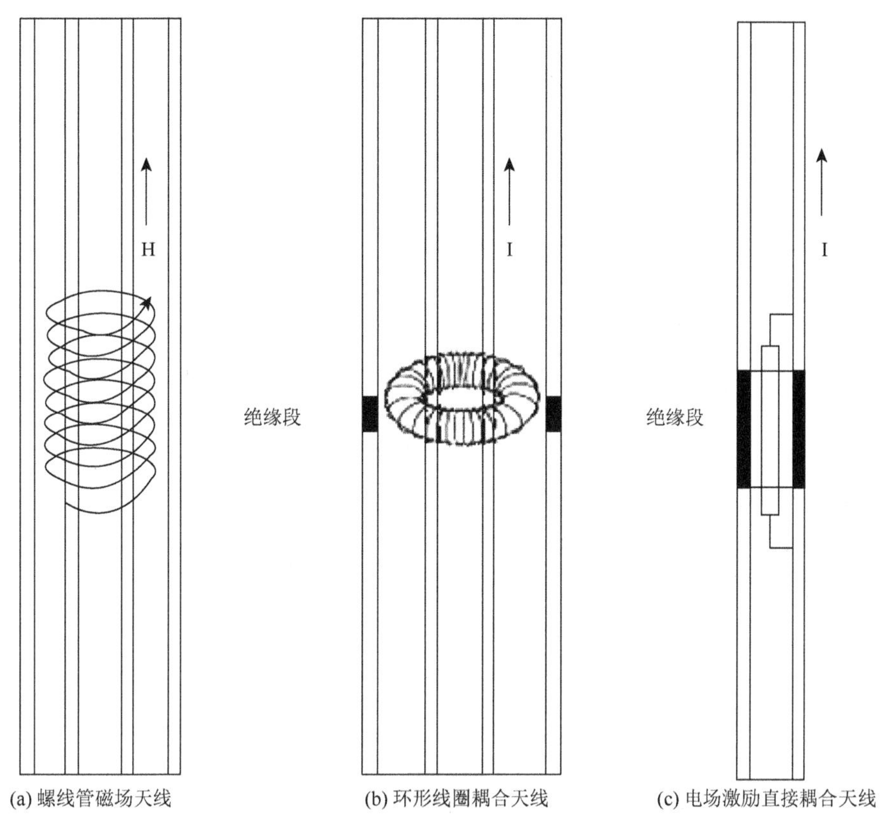

(a) 螺线管磁场天线　(b) 环形线圈耦合天线　(c) 电场激励直接耦合天线

图 8-4　电磁波随钻常见发射天线方式

好的环形线圈类的传送装置也很难与真实的负载进行有效匹配。当随钻进深度越大时，本应降低频率而增加功率，但环形线圈发射装置却起到相反的作用。

直接偶合法不存在环形线圈偶合法的这种缺点，但也有它的困难。直接耦合法需要把钻杆截断，中间用绝缘体隔开，从而形成两个电极。绝缘段需要承受与原钻杆同样的扭矩和压力，所以这种绝缘体制作难度相当高。这种方法的优点在于不需要占空间较大的线圈，能较好地适应钻孔环境。

8.4　随钻测量电磁波接收天线

从原理上讲，直接电激励式电磁随钻信号传输系统的源为变化的电流。随时间变化的电场产生相应的磁场，电场场量与磁场场量在空间以波动形式变化，产生电磁波。电磁波通过钻杆与地层介质传播。这种物理特性可由麦克斯韦方程描述。发射电磁波需要有两个电极，电极中间由绝缘体隔开。但是，由于钻杆所处空间狭小，承受载荷大，工作环境恶劣，实际制作天线存在很大的难度。

下面以中国地质大学研制的电磁波随钻测量仪的电磁波天线为例，论述其相关理论与设计思想。

8.4.1　直接电激励发射的两种天线

图 8-5 所示为两种天线的结构原理图。根据电磁波发射天线理论，对称偶极子天线是一种简单有效的发射天线[8]。理论上讲，为达到较好的发射效果，应该把钻杆从中间截断，由绝缘材料隔开构成对称偶极子天线。但这样做的困难在于，一是需要绝缘段承受太大的抗拉强度；二是需要太长的导线连接上部钻杆与近钻头处的传感器。因而，实际应用的天线还是在距传感器较近的位置截断钻杆安装绝缘段，构成不对称的偶极子天线。这样上下两个电极，中间由绝缘段隔开的天线，可以称为“串式”天线（图 8-5（a））。尽管距离钻头较近，提升钻具时绝缘段所需要的拉力载荷较小，但它仍然要和钻杆一样承受钻压、扭矩，因而，绝缘段强度要求也相当高。这种布置方式的天线具有一个很大的优点，即可以根据需要以及绝缘管的强度适当调整绝缘段的安装位置。钻孔较浅时，绝缘段可距离钻头近些，避免绝缘段承受过大的压力。钻孔较深时为了提高发射效果，可以把绝缘段适当上移，增加下部发射电极的长度。国外常采用这种发射天线方式[9]。

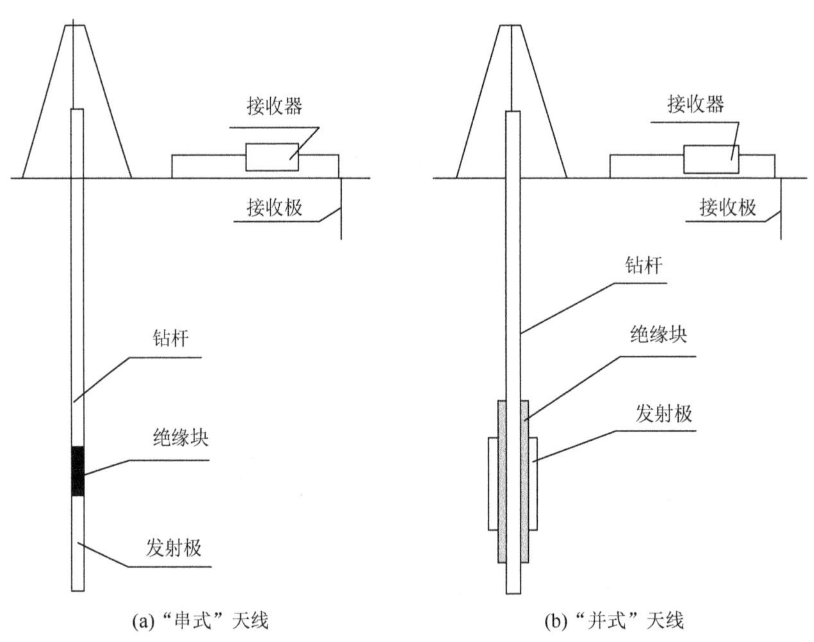

(a)“串式”天线　　(b)“并式”天线

图 8-5　随钻测量信号发射装置示意图

为了避免绝缘段承受过大的载荷，也可以采用“并式”天线（图 8-5（b））发射方式。所谓“并”式天线，即以钻杆作为一个电极，钻杆的外面通过绝缘体绝缘，绝缘体的外面，再装一套管作为另一个电极。由于内管仍为钻杆，外面的套管仅作为发射的一极而不承受钻压，因而，对其强度要求较低。它的缺点在于内外的间隙较小，对绝缘层的制作要求较高，难以做成任意长度，不利于深井钻进使用。

随钻测量信号发射装置设计的基础是电磁波传播的基本理论，常用的有所谓“场”的分析方法及“路”的分析方法。前者指把激励源当作点源激励，按照电磁场的理论进行分析的方法。后者指按照传输线理论分析电磁波传播的方法。由于后者相对简单，不少研究电磁波随钻测量问题的学者采用传输线理论分析电磁波在钻杆/地层中的传播问题。

8.4.2　并式天线特性分析

有的学者认为可以近似地把电磁波在井中的传输看作同轴电缆作为波导传输。将钻杆柱和套管可看作是导线，无限远的地层可看作屏蔽层，钻孔周围的地层可看作绝缘性能不太好的绝缘层。有关文献则把激励回路等效成图 8-6 的方式并给出了详细的计算公式，这里按照有关文献的方法对双管结构的外管发射极进行分析。为实现发射极结构参数优化，对外套管（发射极）长度、绝缘段长度以及绝缘段和金属套长度之比对地面检测电压的影响进行分析[10]。

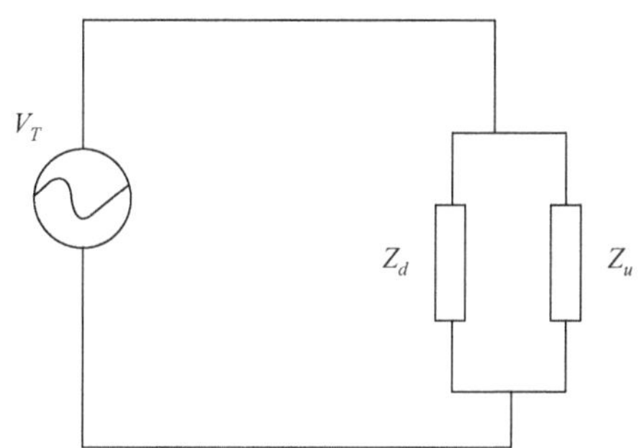

图 8-6　井下激励回路等效电路

1. 天线特性分析的理论基础

现基于图 8-6 所示等效电路，求出上段钻柱的等效传输线分布参数如下。

设钻杆参数为：外半径 b_1，壁厚 τ_1，电阻率 ρ_s，钻杆绝缘段长度 l_1，l_2，金属环套长度 α 及地面至激励点的深度 h。

地层参数：电阻率 ρ，地层的相对介电常数 ε_r，介电常数 ε，真空中的介电常数 ε_0，磁导率 μ_0。

单位长度钻柱的串联电阻 R_1 为

$$R_1 = \frac{\rho_s}{2\pi b_1 \tau_1 \left(1 - \dfrac{\tau_1}{2b_1\tau_1}\right)} \approx \rho_s / 2\pi b_1 \tau \quad (\Omega / m) \tag{8-6}$$

设 s_1 与 s_2 分别为B与A处单位长度钻柱至P处的电流密度线所占据的面积，并且 $s_1 \approx s_2$，又设 H 为与钻柱上电流 $I(z)$对应的磁场强度，r 为从 B 处 z 轴出发沿曲线 BP 的距离，则

$$L_1(z) = \frac{\psi}{I(z)} = \frac{\int_s B \cdot \mathrm{d}s}{I(z)} = \frac{1}{I(z)} \int_S \frac{u_0}{2\pi r} \cdot \mathrm{d}r \approx \frac{u_0}{2\pi} \int_{b_1}^{\pi z/4} \frac{\mathrm{d}r}{r} = \frac{u_0}{2\pi} \ln \frac{\pi z}{4b_1} \quad (\mathrm{H/m}) \tag{8-7}$$

式中：ψ 为磁通量。

（3）单位长度钻柱的并联电容 C_1 与并联电导 G_1

设 A，B 处单位长度钻柱上分别具有电荷 $|-q_a|=|q_b|=q$，沿电流密度线积分可求得其间的电位差为

$$\phi_b-\phi_a=\frac{q}{4\pi\varepsilon}\left(\int_B^P\frac{\mathrm{d}r}{r}+\int_a^P\frac{\mathrm{d}r}{r}\right)\approx\frac{q}{2\pi\varepsilon}\ln\frac{\pi z}{4b_1} \tag{8-8}$$

$$C=\frac{q}{\phi_b-\phi_a}=2\pi\left(\ln\frac{\pi z}{4b_1}\right)\left(\varepsilon+\frac{1}{j\omega\rho}\right) \tag{8-9}$$

因而

$$C_1(z)=\pi z\left(\ln\frac{\pi z}{4b_1}\right)^{-1}\quad(\mathrm{F/m}) \tag{8-10}$$

$$G_1(z)=\frac{\pi}{\rho}\left(\ln\frac{\pi z}{4b_1}\right)^{-1}\quad(\mathrm{s/m}) \tag{8-11}$$

2. 井口钻杆电位以及钻柱上的电流与电压分布

从公式（8-7）、（8-10）、（8-11）知等效分布参数与 z 有关，所以属于非均匀传输线，其电流与电压分布应满足一价变系数联立方程组：

$$\frac{\mathrm{d}I_z}{\mathrm{d}z}=-Y_1(z)V(z) \tag{8-12}$$

$$\frac{\mathrm{d}V_z}{\mathrm{d}z}=-Z_1(z)I(z) \tag{8-13}$$

其中单位长度的导纳与阻抗分别为

$$Y_1(z)=G_1(z)+j\omega C_1(z)\approx G_1(z) \tag{8-14}$$

$$Z_1(z)=R_1+j\omega L_1(z) \tag{8-15}$$

在一般情况下方程（8-12）和（8-13）难以获得解析解。由于本情况下 $Z_1(z)$ 和 $Y_1(z)$ 变化缓慢，通过具体的数值计算，其电流与电压分布仍很接近常系数方程时的指数规律。于是钻杆上的电流与电压分布可近似地由下列公式给出

$$I(z)=\frac{I_1\exp\left[-\int_{l_1}^{z}r_1(z)\mathrm{d}z\right]}{1-\exp\left[-2\int_{l_1}^{h}r_1(z)\mathrm{d}z\right]}\left\{1-\exp\left[-2\int_{l_1}^{h}r_1(z)\mathrm{d}z+2\int_{l_1}^{z}r_1(z)\mathrm{d}z\right]\right\} \tag{8-16}$$

$$V_r(h,d)\approx 2I_1Z_{01}(h)\frac{\ln(d/b_1)}{\ln(\pi h/4b_1)}\exp\left[-\int_{l_1}^{h}r_1(z)\mathrm{d}z\right] \tag{8-17}$$

式中：传播因子传播系数 $r_1(z)$ 和特性阻抗 $Z_{01}(z)$ 分别为

$$r_1(z)\approx[(R_1+jwL_1(z))G_1(z)]^{1/2} \tag{8-18}$$

$$Z_{01}(z) \approx [(R_1 + jwL_1(z)) / G_1(z)]^{1/2} \tag{8-19}$$

I_1 为上部钻杆的输入电流为

$$I_1 = V_0 / Z_1 \tag{8-20}$$

式中：V_0 为井下激励电压；$Z_1 \approx Z_{in} + Z_a$ 为上部回路输入阻抗，其中 Z_{in} 和 Z_a 分别为等效传输线的输入阻抗和导电环套 A 的接地电阻，即

$$Z_1 \approx Z_{01}(l_1)\mathrm{cth}\left(\int_{l_1}^{h} r_1(z)\mathrm{d}z\right) + \frac{\rho}{\pi a}\ln\frac{\pi l_1}{4b_1} \tag{8-21}$$

Z_2 为下部回路的输入阻抗为

$$Z_2 \approx \frac{\rho(a+\Delta h)}{\pi a \Delta h}\ln\frac{\pi l_2}{4b_1} \tag{8-22}$$

激励源总输出电流为

$$I_0 = V_0 \frac{Z_1 + Z_2}{Z_1 Z_2} \tag{8-23}$$

在距离井口 d 处的位置上，设一埋地电极，当这个距离远远小于发射源到地面的深度 h，即满足条件 $d << h$ 时，井口套管与电极间的电位差为

$$V_r(h,d) \approx 2I_1 Z_{01}(h)\frac{\ln(d / b_1)}{\ln(\pi h / 4b_1)}\exp\left[-\int_{l_1}^{h} r_1(z)\mathrm{d}z\right] \tag{8-24}$$

检测电压分贝值为

$$V_{rec} = 20\log[V_r(h,d) / V_T] \tag{8-25}$$

3. 电磁波传输天线性能分析

利用 Matlab 编程，按照表 8-1 给出的参数计算出天线套管长度与地面检测电压之间的关系，将计算结果绘制成图形。如图 8-7 所示。

表 8-1　电磁波传输天线计算参数表

信号电压/V	钻杆外半径/m	钻杆壁厚 τ/m	地层电阻率/ (Ω · m)	长度/m	导电段中心深度 h/m	频率 f/ Hz
15	0.1	0.01	25	1.5	600	10

图 8-7 中纵坐标为检测电压分贝值，横坐标为套管长度。图中星号的数据是频率为 10 Hz 时的计算值，三角形是 20 Hz 时的计算数据。两种数据重合在一起，说明频率对它们之间的关系没有影响。随套管长度增大，信号电压也增大，但不是线性的增大。因此，设计套管长度要根据信号接收需要、加工难易程度、加工成本等因素综合考虑。

在计算绝缘段长度以及绝缘段和金属套长度之比对地面检测电压影响时，由于无法得出合理的数据，因此计算结果从略。

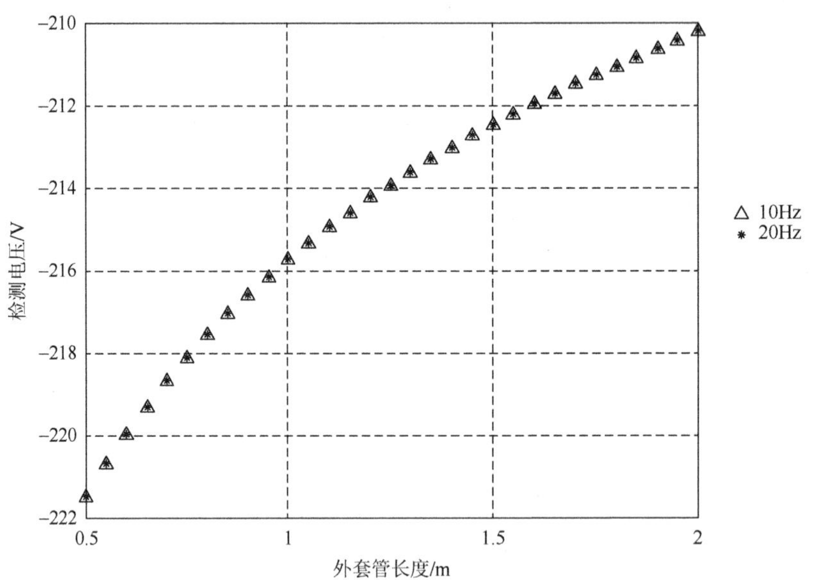

图 8-7　外套管（发射极）长度与地面检测电压的关系

由分析结果可知，对于并式天线，外套管越长其发射效果越好，但并不是呈线性关系。随着套管长度的增加，信号电压的增幅减小。另外，外套管过长也会增加制作难度从而增加制造成本。因而，制作这类发射天线时要从发射效果与制作成本两方面进行综合考虑。

8.5　随钻测量电磁波孔内双向传输试验

为了检验电磁波双向信号传输通道的性能，我们根据上述理论设计制作了两台电磁波随钻测量试验样机以及电磁波双向信号传输试验装置。两台电磁随钻测量样机其他性能参数均相同，不同之处在于，一台发射方波而另一台发射正弦波形。

8.5.1　不同地层的双向信号传输试验

为了确定电磁波天线在不同地层时的传输性能，我们在模拟钻孔及浅孔中进行了多种试验，包括不同波形电磁波传播试验，地层噪音干扰试验以及双向传输对比试验[11]。

电磁波信号经过地层传播就有地层噪音叠加在信号上，采用方波传播数据时，地层噪音叠加在方波幅顶或幅底的平坦处，而对于正弦波则叠加在全波上。为了确定不同地层条件对不同传输波形的影响，分别在干孔与有泥浆的钻孔进行了测试对比，方波对比如图 8-8 所示，正弦波对比如图 8-9 所示。

图 8-8（a）与图 8-9（a）为干孔时孔底传输至地面的信号，图 8-8（b）与图 8-9（b）为孔内有泥浆时孔底传至地面的信号。

试验结果表明，地层的干扰信号对方波影响较大，这些干扰加载在方波的顶部或底部。当方波信号强度较大时，干扰信号对传输误码率没有大的影响。但方波信号较小时，干扰

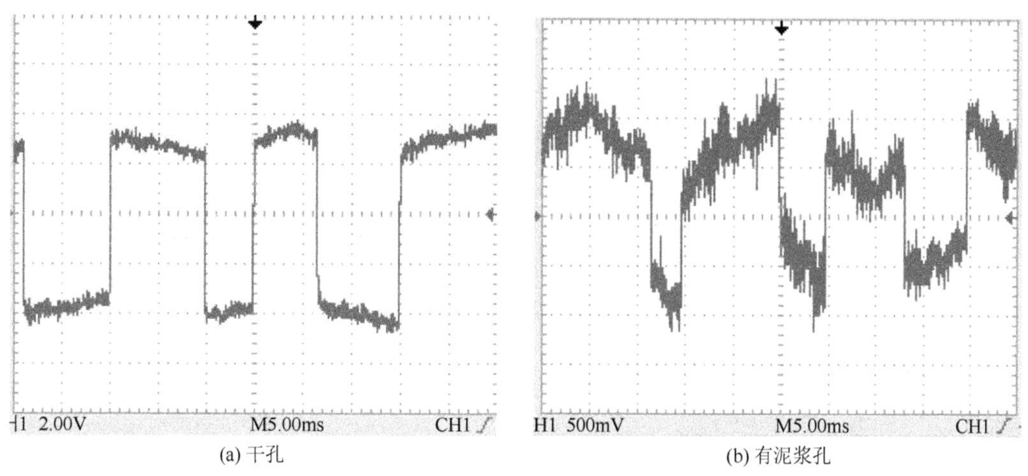

(a) 干孔　(b) 有泥浆孔

图 8-8　孔内泥浆条件不同时方波信号的对比

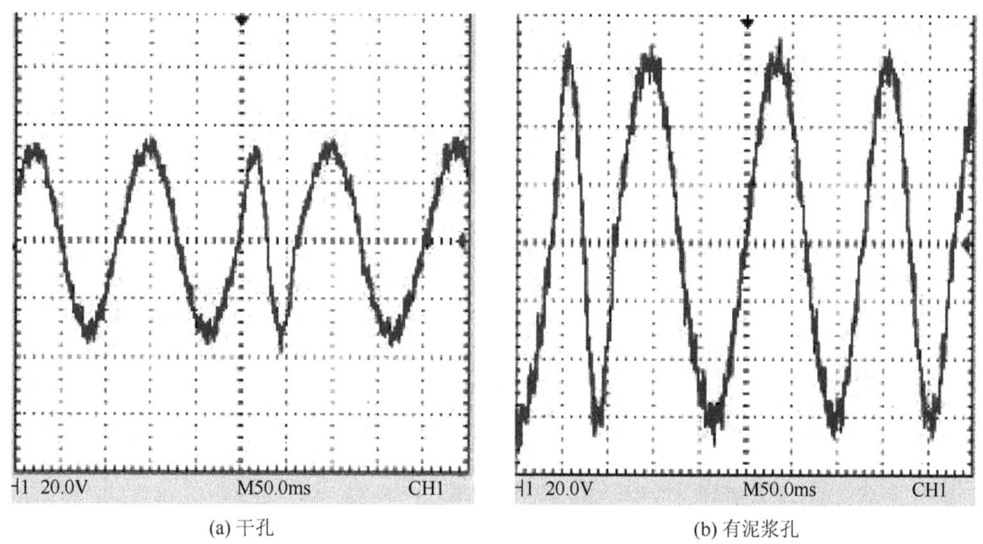

(a) 干孔　(b) 有泥浆孔

图 8-9　孔内泥浆条件不同时正弦波信号的对比

噪音会使信号误码率增大。对于正弦波信号，干扰噪音的影响较小。在接收信号较弱时，正弦波信号传输误码率比方波要小。

8.5.2　正弦波双向信号传输实验

在随钻测量信号传输中正弦波是常用的一种波形，为此我们针对正弦波进行了专门的双向信号传输测试。设计信号下传装置即井上机采用了大功率信号功率放大器，实验装置极限功率在负载电阻为 8 Ω 时可达 1100 W。井下与地面装置均能够发送及接收信号。我们分别进行了室内试验，模拟钻孔试验及浅钻孔试验，实验深度为 68 m。

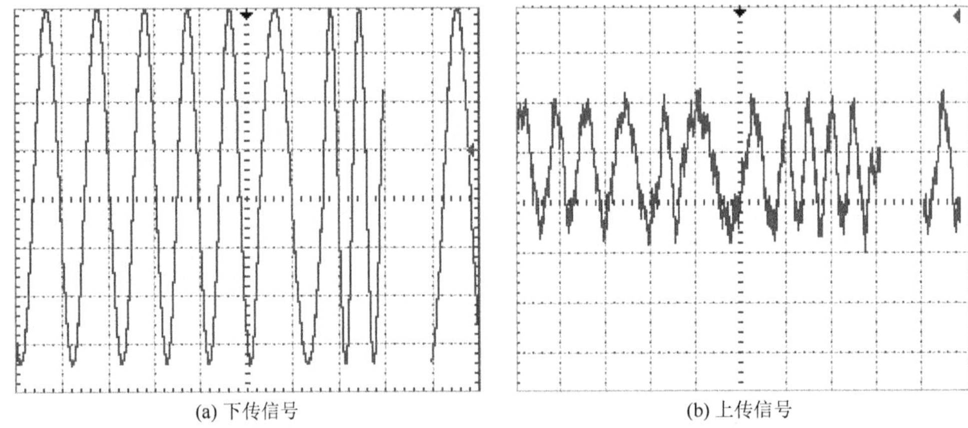

(a) 下传信号　(b) 上传信号

图 8-10　下传信号与上返信号的对比图

试验表明，钻孔冲洗液为水或空气时，双向发射与接收均能正常传输数据，显示波形在孔深较大时略有变形，在 68 m 深的钻孔内测定下行传输信号的衰减比上传信号大 2～3 倍，如图 8-10 所示，图 8-10（a）为下传信号，图 8-10（b）为井下装置接收到下传信号后回返的信号。

参 考 文 献

[1] 许永福，赵克玉. 电磁场与电磁波[M]. 北京：科学出版社，2005.

[2] 邱扬，高莉，田锦等. 电感器磁芯材料特性的参数分析法[J]. 电子元器件应用，2003，5（2）：59-66.

[3] DEGAUQUE P，Grundzinski R. Propagation of Electromagnetic Waves Along a Drillstring of Finite Conductivity [J]. SPE Drilling Engineering，June，1987，127-134.

[4] WAIT J R.，HILL D A. Theory of Transmission of Electromagnetic Waves Along a Drill Rod in Conducting Rock [J]. IEEE Transactions of Geoscience Electronics，1979，17（2）：21-241.

[5] 熊皓，胡斌杰. 随钻测量电磁信道分析的等效传输线法[J]. 电波科学学报，1995，10（3）：8-14.

[6] 熊皓，胡斌杰. 随钻测量电磁传输信道研究[J]. 地球物理学报，1997，40（3）：3-4.

[7] 马超群，张亚洲，万晓玉等. 随钻测量系统的井下数据传输方式的研究[J]. 西部探矿工程，2014，10：58-60.

[8] 邵养涛，姚爱国，张明光. 电磁波随钻遥测技术在钻井中的应用与发展[J]. 煤田地质与勘探，2007，35（3）：77-80.

[9] 陈静，刘勇. EM-MWD 系统无线传输技术探讨[J]. 电子测量技术，2009，32（10）：4-7.

[10] 姚爱国，张萌，吴来杰. 电磁随钻信号传输技术研究[J]. 探矿工程（岩土钻掘工程），2009 增刊：115-119.

[11] 李晓，姚爱国，李运升. 新型电磁随钻测量系统信道传输特性研究[J]. 煤田地质与勘探，2010，38（2）：76-78.

第 9 章　电磁波随钻测量仪结构设计与优化

电磁波随钻测量仪位于自动导向垂直钻井系统的上端，主要包括三个方面的功能：井斜的测量、井斜信息的转换和产生以及电磁波信号的产生与传送。电磁波随钻测量仪承担着孔底与井上信息传递的重要作用，其组成结构包括测斜传感器、电磁波发生器、转换电路、电源系统，整个电气系统安装在相应的机械结构中。由于诸多电器元件要安装在空间有限的筒体内，加之电磁波随钻测量仪工作在井下比较恶劣的环境中，因此电磁波随钻测量仪的机械结构设计上要解决密封、抗震、散热等问题，同时还要解决在狭小空间内实现运行可靠和方便连接的问题。

9.1　电磁波随钻测量仪总体方案设计

9.1.1　系统设计方案

根据电磁波随钻测量的基本原理，设计电磁波随钻测量仪的井下钻具的总体结构、测量控制电路、数据发射电路、数据接收电路软硬件及地表终端显示系统。

电磁波随钻测量仪的总体设计方案：井中仪器由电池组供电，传感器将井内物理量转变为模拟电信号后，送到单片机系统，单片机对信号调制、功率放大等处理后，由发射偶极子发射出去；电磁波经过地层传送到地表，通过插入地下的天线接收电磁波信号，再经过解码、滤波处理后显示结果；井下信号是通过压力、温度、倾角和方位角传感器检测井中信号并转变成电信号而获得的。

设计过程中的主要难点包括：①如何保证深井高温高压环境下传感器和元器件的耐温能力及电路保护筒的密封性能；②由于地层电阻率随着区域和深度变化较大，对于发射机来说也就是负载变化较大，如何保证发射机在负载较大范围变化时能够输出足够的功率；③由于发射信号的频率与传输深度是成反比的，当传输深度较深时，发射信号的频率必须很低才能保证足够的传输深度，因此，必须选择合适的编码方式才可以得到良好的信号。

电磁波随钻测量仪的信号传输过程是：电磁波 MWD 可以不借助钻井介质而通过发射偶极子向地层发射电磁波信号。发射偶极子一端是发射短接，另一端是连接钻机的钻杆；接收偶极子一端是地面电极，另一端是与钻机连接的钻杆。

电磁波随钻测量仪测量的井下参数主要有 5 个：顶角、方位角、工具面向角、井底压力和温度。考虑到井内仪器所处的工作条件十分恶劣，因此，除了在选择传感器、电子原器件上要做到高质量保障外，在结构设计上也要满足密封和高温绝缘等条件。

整个系统由井下仪器和地面接收系统组成。井下仪器实现井斜测量、信息转换和控制、发射电磁信号功能，是电磁波随钻测量仪的核心，其结构设计是讨论的重点。

9.1.2　设计技术指标

按照总体设计方案以及生产需要，下面提出电磁波随钻测量仪的设计技术指标。测量仪器的主要技术参数包括测量精度、测量深度、工作温度和规格尺寸等，同时还有对耐高温、高压、强度的要求，所以其工作温度、压力也很至关重要。

（1）精度。由于无线随钻测量仪器的精度最高精度可达 0.2°，为此设定合适的精度，既能满足现场的需要，又能降低零件的设计加工难度，提高仪器的可靠性。

（2）测量深度。电磁波随钻测量仪主要是应用于深井、超深井测斜，综合考虑信号衰减与信号接收技术，初步设定仪器的最大工作井深为 3000 m。

（3）工作温度。温度是井下测量仪器的一个重要性能参数，考虑到密封件和电子元件的工作温度，其工作温度设定为 120℃，适用于深井及高温井。

（4）规格尺寸。测量仪的孔内仪器直径为 172 mm，可满足小井眼钻井使用。

该测量仪的设计技术指标包括孔内仪器的技术指标和地表系统的技术指标，如表 9-1、9-2 所示。

表 9-1　孔内仪器的技术指标

项目	单位	技术指标	项目	单位	技术指标
项角	°	0～120±0.1	方位角	°	0～360±2.0
工具面向角	°	0～360±2.5	环空压力检测	MPa	0～120，0.3%
孔底温度检测	℃	−10～120±2	发射功率	W	≤100
信号发射的频率	Hz	2～20	适用地层的视电祖率	Ω/m	20～200
最大工作温度	℃	120	最大静水压力	MPa	120
最大抗拉抗压载荷	kN	80	最大扭矩	kN·m	30
钻孔最小弯曲半径	m	80	仪器孔内部分直径	mm	172
系统可达到的最大垂直工作深度	m	3000	系统的组合长度（不含无磁钻铤和电池组）	m	≤6
无磁钻铤长度	m	≥2	电池供电	h	≥40
电压	V	12～48	电流	A	≤10
GPS 同步误差	ns	≤20			

注：角度参数的测量是在冲洗液不循环的“静态”条件下进行。

表 9-2　地表系统的技术指标

项目	单位	技术指标
环境温度	℃	+10～+50
接收装置所需的交流电电压	V	220±10%
对天线的输入阻抗	kΩ	≥40
保证稳定接收的输入信号频率	Hz	2～20

续表

项目	单位	技术指标
允许的最大输入信号电压	V	10
可同时连接的天线数		2
保养期限	h	≥500
GPS 同步误差	ns	≤20

9.1.3　总体结构设计

这里以中国地质大学与上海地学仪器厂共同研制的电磁波随钻测量仪为例进行分析。该电磁波随钻测量仪采用双工通信方式，数据发送的调制方式为正弦波及方波两种方式。其工作原理如图 9-1 所示。图中 BC 段为电磁波随钻测量仪本体 2，其上部与普通钻杆 3（AB 段）相连，下部与一特殊的绝缘钻杆 1 相连，绝缘钻杆是一个特制的钻杆，结构上是一个整体，但电气上被一中间绝缘段隔离成 C、D 两段，D 段与电磁波随钻测量仪及上部钻杆在电气上绝缘，从而构成了一对偶极子，井下低频电磁波信号通过钻杆、环空介质、井壁及周围的地层共同组成了电磁波传输通道，地面接收器 5 通过接收极 6 接收电磁波信号。

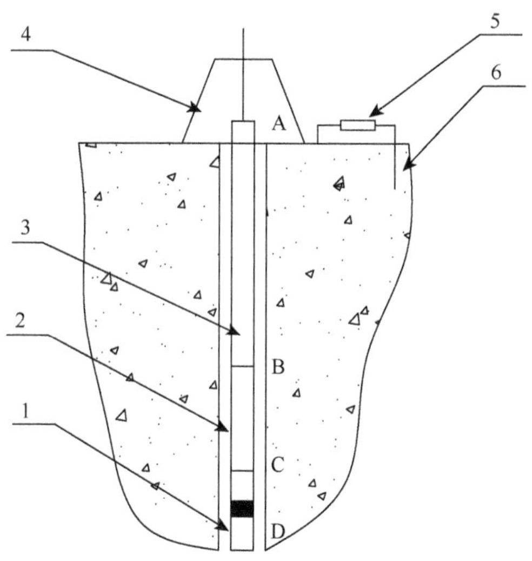

1. 绝缘钻杆；2. 电磁波随钻测量仪；3. 钻杆；
4. 钻机井架；5. 地面接收器；6.接收极

图 9-1　电磁波随钻测量仪工作原理图

电磁波随钻测量仪由内外两层管筒组成，外层管筒直径 $\Phi = 65$ mm，为无磁不锈钢材料，内层管筒为直径 $\Phi = 48$ mm 随钻测量仪本体，其结构组成如图 9-2 所示。随钻测量仪本体（即内层管筒）从左至右依次包括以下 4 个部分：电池组管筒、电磁波发生器管筒、线路板组件管筒以及测斜仪管筒，4 个部分成相对独立的结构，元器件独立安装于外径 $\Phi = 48$ mm 的各段管筒内。4 个管筒之间通过 3 个联结接头相连，联结接头的两端安装有阻尼弹簧，联结接头的作用之一是通过内设的快速电缆插头，进行相邻管筒间的电气连接，作用之二是起到电磁波随钻测量仪管筒与外层的无磁钻杆部分之间的导向和定位作用。电磁波随钻测量仪上端接口通过螺纹接头与上部特制绝缘钻杆柱相连接。电池组管筒内安装有若干节高效锂电池组、电源开关及电源状态指示灯。电磁波发生器管筒内安装有电磁波信号产生与传送电路板，线路板组件管筒内安装有单片机控制的线路板组件，测斜传感器管筒内固定了可测量井斜角和方位角的测斜传感器。电磁波随钻测量仪的结构图如图 9-2 所示。

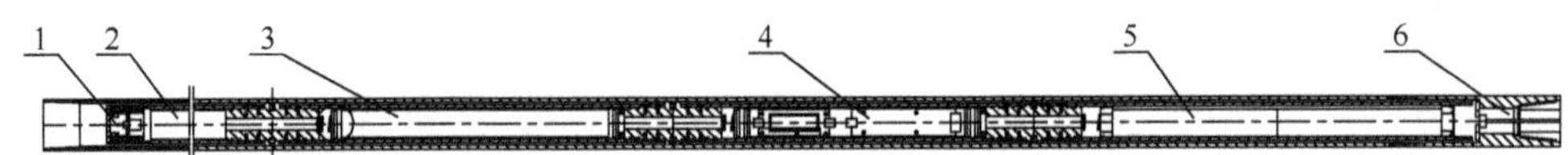

1. 电磁波随钻测量仪上端接口；2. 电池组管筒；3. 电磁波发生器管筒；
4. 线路板组件管筒；5. 测斜传感器管筒；6. 电磁波随钻测量仪下端接口

图 9-2　电磁波随钻测量仪结构图

该电磁波随钻测量仪共设计两套，两套的机械结构基本相同，但采用的测斜仪有所不同。第一套测斜仪采用三轴磁液悬浮加速度计按正交的安装结构形式封装而成，第二套测斜仪采用石英加速度计，两种加速度计均按正交的安装结构形式封装而成。测斜仪三个加速度计的输出信号均为电压信号，经过信号变换，最终是以脉冲信号组的形式输出钻孔偏斜信息的。

9.1.4　结构设计关键技术分析

电磁波随钻测量仪作为一种井下信号遥测测量仪器，其工作的可靠性与精度同样重要。自动导向垂钻系统一般都应用在深孔的防斜打直钻孔过程中，因此作为系统中重要组成部分的电磁波随钻测量仪也要适应深孔钻进的工作环境。深孔钻进时，孔底一般处于高温高压环境，孔底钻井液的密度也会发生变化，实际的孔底压力和温度受井身结构、泥浆性能、泥浆循环参数、环境温度地温梯度、井身结构等众多复杂因素的影响，需要建立比较复杂的数学模型进行数值法求解[1]。

本书采用经验法来进行压力和温度的估算。出于实用性和经济性的考虑，将垂钻系统的工作深度设定为 1000 m，因此随钻测量仪等垂钻系统各组成单元也参照此深度进行设计和计算。首先考虑工作压力，井下环境压力的大小为

$$P = \rho g h \qquad (9\text{-}1)$$

式中：h 为液柱高，这里可以看作井深即 1000 m；g 为重力加速度；ρ 为泥浆的密度，由于泥浆的密度随泥浆的成分不同而变化。参考中国石油化工集团公司在川西龙门山推覆体构造上使用美国贝克休斯公司的自动垂直钻井系统 VTK 钻龙深 1 井时使用的泥浆密度 1.13～1.14 g/cm^3[2]，以此数值代入式（9-1），可知磁波随钻测量仪工作环境压力为：$P = 11$ MPa 。

电磁波随钻测量仪工作的环境温度可按照美国石油学会（Amenican Petroleum

Institute，API 推荐的方法进行估算，这一方法估算的井下温度一般要稍低于实际井下实测泥浆循环温度，估算时可参考图 9-3[3]。

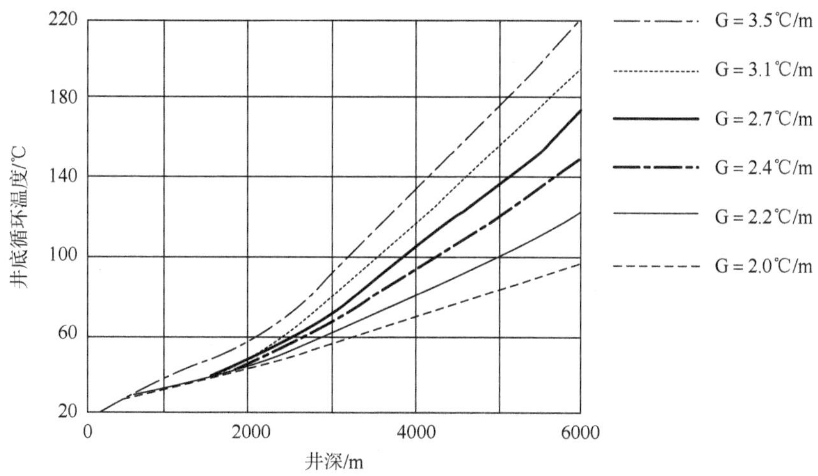

图 9-3　API 推荐的井下泥浆循环温度曲线图

图中横坐标表示井深（m），纵坐标为井下泥浆循环温度（℃），图中 G 为地温梯度（℃/m）。按照最大地温梯度估算，井下 1000 m 处的泥浆循环温度约为 40℃。因此对电磁波随钻测量仪进行结构设计时，首先要考虑的因素是其壳体要能承受高压，并能满足密封的要求，其次要能承受一定的振动冲击和高温影响。由于井下测量仪器工作的环境条件比地面上的要恶劣，内部元件的故障机率要大于地面仪器，相对其维修机率也较高。设计时还要考虑仪器拆卸方便及电气连接的快速性要求。

9.2　电磁波随钻测量仪密封抗压技术

9.2.1　电磁波随钻测量仪管筒抗压设计

电磁波随钻测量仪由内外两层管筒组成，所有电气元件均安装于内层管筒内，外层管筒与上下钻杆相连，内外层管筒之间有泥浆通道，内层管筒由四节组成，如图 9-4 所示。

图 9-4　电磁波随钻测量仪内层管筒结构图

4 节管筒内外径尺寸完全相同，结构类似，仅长度不同。管筒外径 $\Phi = 48$ mm，壁厚 4 mm，管筒材料为 0Cr17Ni12Mo2（316 不锈钢），其相对磁导率 $\mu_r \leqslant 1.02$，可以作为无磁材料使用，管筒的屈服强度 $\sigma_{0.2} = 205$ Mpa，材料密度 $\rho = 8.0$ kg/dm^3。密封管筒计算时可按薄壁圆筒耐压强度设计公式进行校核。外部受压的圆筒按直径、壁厚及相应的长度可分为长圆筒、短圆筒和刚性圆筒三种类型。其中刚性圆筒是指相对长度较小，相对厚度较大的圆筒，三种类型的圆筒对应不同的耐压强度计算方法。判别长圆筒和短圆筒可以采用下述公式[4]

$$L_{k1} = 1.17D\sqrt{\frac{D}{S}} \tag{9-2}$$

式中：D 为圆筒的平均直径；S 为圆筒壁厚；L_{k1} 为长圆筒与短圆筒的临界长度。将相关参数代入上式后计算得：$L_{k1} = 170.7$ mm 。由于四节内层管筒中最短的一节长度为 442 mm，已大于长圆筒与短圆筒的临界长度值，故可以认为四节内层管筒均属长圆筒，其破坏形式为外压容器的失稳，其临界压力 P_k 可按下式计算

$$P_k = \frac{2E}{1-\mu^2}\left(\frac{S}{D}\right)^3 \tag{9-3}$$

式中：μ 为圆筒材料的泊松比，钢制容器可取 $\mu = 0.3$；S 为圆筒的计算壁厚，单位为 mm；D 为圆筒的平均直径，单位为 mm；E 为圆筒材料的弹性模量。

由式（9-3）可知，长圆筒的临界压力仅与圆筒的相对厚度有关，而与圆筒的相对长度无关。圆筒材料为 0Cr17Ni12Mo2，其弹性模量取值为 $E = 193 \times 10^9$ Pa。计算后可得 $P_k = 174.7$ MPa，显然四节内层管筒均满足临界压力条件，不会出现折皱或压扁现象。

上述计算是按内层管筒均匀厚度并无开孔的理想条件计算得到的。由于在内层管筒的两端开有螺钉孔用于两端管筒间连接头的固定，可能会出现应力集中现象。为此利用三维 CAE 软件 COSMOSWorks 对内层管筒进行有限元分析。COSMOS 是美国 SRAC 公司（structural research & analysis corporation）推出的一套强大的有限元分析软件，COSMOS 采用了快速有限元（fast finite element，FFE）技术，使得复杂耗时的工程分析时间大大缩短，它是目前运算速度最快的有限元分析软件之一。COSMOSWorks 是 COSMOS 中的一个模块，主要功能是进行零件与装配体的静态、热传导、跌落及频率分析。与其他一些 CAE 软件相比，它在线型材料的静态分析方面有一定的优势。

选择四个管筒中最长的一节即电池组管筒，对其处于 1000 m 井深的压力环境条件进行有限元分析，按米塞斯（Von Mises）屈服准则进行管筒强度的校核。米塞斯屈服准则是很常用的强度校核准则，多数金属材料符合米塞斯屈服准则[5]。米塞斯屈服准则的数学表达式可描述为：在一定的变形条件下，当受力物体内一点的应力偏张力的第二不变量达到某一定值时，该点就开始进入塑性状态，即

$$(\sigma_x - \sigma_y)^2 + (\sigma_y - \sigma_z)^2 + (\sigma_z - \sigma_x)^2 + 6(\tau_{xy}^2 + \tau_{yz}^2 + \tau_{zx}^2) = 2\sigma_s^2 = 6K^2 \tag{9-4}$$

用主应力表示为

$$(\sigma_1 - \sigma_2)^2 + (\sigma_2 - \sigma_3)^2 + (\sigma_3 - \sigma_1)^2 = 2\sigma_s^3 = 6K^2 \tag{9-5}$$

式中：σ_s 为材料的屈服点；K 为材料的剪切屈服强度。

与等效应力 $\bar{\sigma}$ 比较，可得

$$\bar{\sigma}=\frac{1}{\sqrt{2}}\sqrt{(\sigma_x-\sigma_y)^2+(\sigma_y-\sigma_z)^2+(\sigma_z-\sigma_x)^2+6({\tau^2}_{xy}+{\tau^2}_{yz}+{\tau^2}_{zx})}=\sigma_s \qquad (9\text{-}6)$$

在进行有限元分析计算时，载荷按均布载荷计算，外压 P 按式(9-1)计算值取为 11 MPa，运算结果如图 9-5 及图 9-6 所示。其中图 9-5 为电池组管筒等效应力云图，图 9-5（a）为管筒整体的等效应力云图，图 9-5（b）为管筒端部放大视图的等效应力云图。

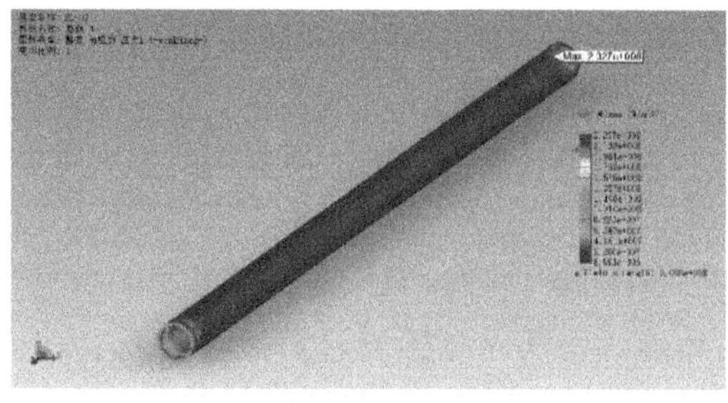

(a) 管筒整体等效应力云图

(b) 管筒端部放大视图的等效应力云图

图 9-5　电池组管筒应力云图

可以看到管筒的米塞斯应力都基本小于其屈服强度极限，仅在管筒边缘的螺钉开孔处有一定程度的应力集中（最大米塞斯应力为 2.327×10^8 N/m^2），由于此处有螺钉将管筒与内部管筒连接头相连（图上未表达）起到了加强作用，因此并不会造成管筒的变形破坏。图 9-6 为电池组管筒合力位移云图，管筒的最大合力位移位于管筒端部，最大值为 8.9×10^{-6} m，说明管筒端部变形量很小，不会影响管筒端部与管筒连接头处的配合关系，对密封结构不会造成影响。对其他 3 节管筒的分析类似，在此不再赘述。

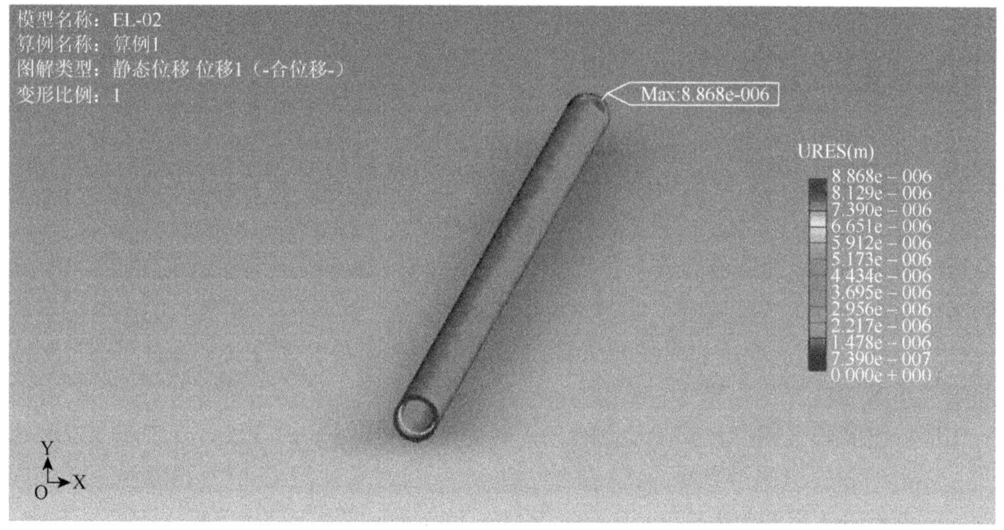

图 9-6　电池组管合力位移图

9.2.2　电磁波随钻测量仪密封设计

电磁波随钻测量仪的密封是整个仪器结构设计要考虑的重点内容，也是关键技术之一。对于井下工作的随钻测量仪，密封结构总的设计原则是：①结构上应具有良好的密封性能，并且对于微小的泄漏，可以进行自动补偿，防止外部介质进入仪器内部，因此结构上设计成外部受压形式；②井下仪器的工作温度一般要高于地面工作温度，因此要求仪器要耐一定的高温；③电磁波随钻测量仪在高速流动的泥浆通道中工作，而泥浆一般含有复杂的化学成分，因此密封件材料应具备抗冲刷和耐腐蚀的性能。此外，导向垂钻系统的电磁波随钻测量仪结构尺寸小，空间紧凑，因此在密封设计时所采取的密封结构形式也要尽可能紧凑。

电磁波随钻测量仪的电器元件分别安装在 4 个管筒内，均为外部受压形式。4 个管筒是相对独立结构，各管筒间通过管筒连接头相连，要考虑电磁波随钻测量仪两端以及 3 个管筒连接头的两侧，共 8 处位置要进行密封处理，具体的密封结构分布位置见图 9-7。其中第 2～7 处属于管筒连接头处的径向密封，第 1 处属于端面的轴向密封，第 8 处结构比较特殊，需要将管筒内电磁波发射天线引出，并接到电磁波随钻测量仪下部的绝缘钻杆的一端，既要保证管筒内部仪器与外部的密封，又要保证管筒内外信号线的连通。这 8 处密封可分为 3 种密封形式：O 形橡胶圈径向密封、O 形橡胶圈轴向密封以及密封垫密封。

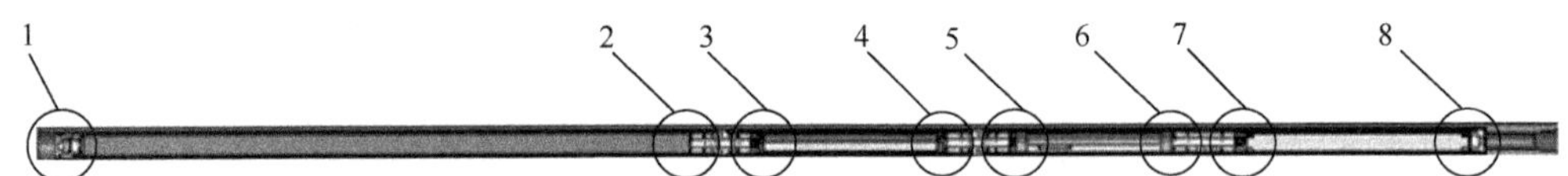

图 9-7　电磁波随钻测量仪密封位置分布

1. O 形橡胶圈轴向密封；2～7. O 形橡胶圈径向密封；8. 密封垫密封。

1. 管筒连接头处径向密封设计

一般机械密封按负载类型可分为静密封和动密封；按密封用途可分为孔用密封、轴用密封和旋转轴密封；按其安装形式又可分为径向安装和轴向安装。管筒连接头处的密封属于径向密封。而在径向密封中采用 O 形橡胶圈密封是一种比较紧凑的密封形式，在装配时会形成预紧力，然后工作介质产生的压力也对密封环进行挤压，使之产生自紧力。O 形橡胶圈密封属于自紧式的密封，也称为自封式密封。O 形橡胶圈可靠密封的主要因素取决于 O 形橡胶圈的预压缩率以及密封处孔与轴的配合精度，也就是取决于合理的选配密封圈及安装沟槽的尺寸。

O 形橡胶圈属于标准件，有一定的规格系列，规格用 $d_1 \times d_0$ 表示，d_1 表示密封圈内径尺寸（mm），d_0 表示密封圈断面直径尺寸（mm），自由状态的 O 形橡胶圈如图 9-8（a）所示。图 9-8（b）是安装后的 O 形橡胶圈及安装沟槽示意图。

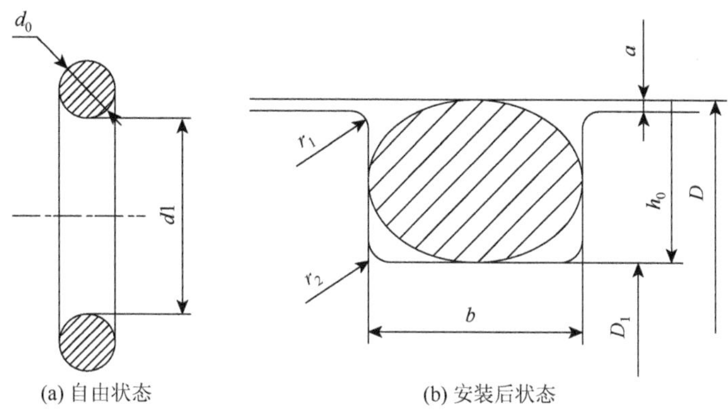

图 9-8　O 形橡胶圈安装结构图

对 O 形橡胶圈密封效果影响较大的结构尺寸主要有：沟槽顶部和底部圆角半径 r_1 和 r_2；轴套内径 D 以及轴与轴套之间的间隙 a 等。由于 O 形橡胶圈在安装时其内径一般小于沟槽底面直径，会使 O 形橡胶圈产生少量的拉伸量，拉伸量不宜过大，否则会导致 O 形橡胶圈安装困难，也会使截面直径 d_0 发生变化，从而降低压缩率。O 形橡胶圈拉伸量的取值范围为 1%～5%。O 形橡胶圈选配时的配合直径尺寸要合适，主要考虑压缩率 ε 和过盈量 δ 的大小，压缩率 ε 的计算方式如下[6]

$$\varepsilon=\frac{d_0-h_0}{d_0}\times 100\% \tag{9-7}$$

式中：d_0 为密封圈截面直径，单位为 mm；h_0 为密封圈槽底至被密封面的距离，单位为 mm。

压缩率 ε 的选择要合理，如果 ε 过小，会影响密封性能；而如果 ε 过大，则压缩应力和摩擦阻力也相应增大，易使 O 形橡胶圈发生扭曲破坏，当 ε 过大时也会带来装配困难。对于液体和气体在静密封情况下的压缩率可以参考图 9-9 来进行选取。

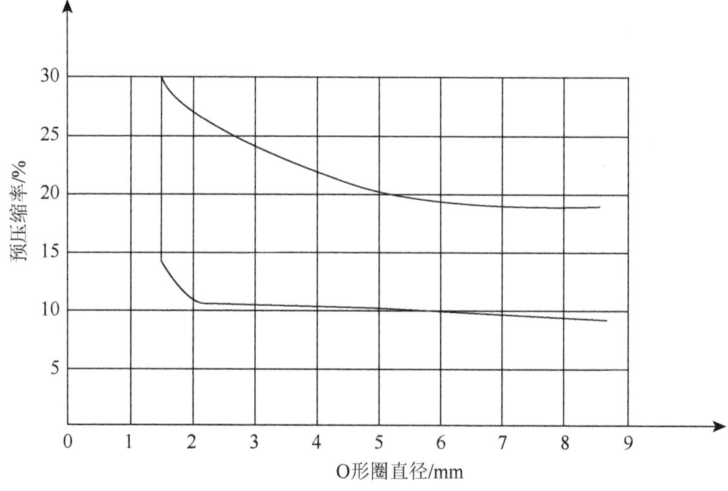

图 9-9　静密封时 O 形橡胶圈压缩率范围图

一般 O 形橡胶圈直径越大压缩率应越小。选取密封圈压缩率时主要应考虑的因素，一是要有足够的密封面接触压力；二是摩擦力应尽量小；三是应尽量避免永久性变形。与压缩率 ε 相对应的是过盈量 δ，过盈量 δ 表示密封圈的预压缩量，一般可按照有关设计手册上的推荐值选择，具体可参见表 9-3[7-8]。

表 9-3 基本尺寸与过盈量关系推荐值

孔直径 D 尺寸	过盈量 δ/ mm	
范围/ mm	动密封	静密封
<30	0.25～0.33	0.3～0.4
30～50	0.35～0.50	0.4～0.6
50～80	0.50～0.70	0.6～0.8
80～120	0.70～1.00	0.8～1.2
>120	1.00～1.40	1.2～1.6

电磁波随钻测量仪中管筒连接头处的密封（即图 9-7 所示第 2～7 处）均采用了 O 形橡胶圈径向密封形式，此 6 处的密封结构形式完全相同。根据轴径大小，所选 O 形橡胶圈规格为 36.5 mm×2.65 mm（GB3452.1-88），O 形橡胶圈截面直径为 2.65 mm，沟槽宽应大于 O 形橡胶圈截面直径，按 O 形橡胶圈厂家推荐值取值为 3.6 mm。沟槽底径 $D1$ 的基本尺寸为 36.86 mm，轴套 D（即管筒端部的内径）的基本尺寸为 41 mm。则可计算出

密封圈槽底至被密封面的距离 $h_0 = (D - D_1)/2 = 2.07$ mm

过盈量 $\delta = d_0 - h_0 = 0.58$ mm

压缩率 $\varepsilon = \dfrac{d_0 - h_0}{d_0} \times 100\% = 22\%$

查表 9-3，O 形橡胶圈压缩率 ε 及过盈量 δ 均在图 9-9 及表 9-3 的推荐范围内。管筒连接头外圆表面与管筒内圆表面之间的间隙 a（即轴套与轴颈间距）初步考虑在 0.1～0.4 mm。a 值过小的话，会对配合零件同轴度提出较高要求，造成零件加工精度要求过高以及装配困难；a 值过大，可能会使 O 形橡胶圈发生挤出现象，对材料表面造成损伤。沟槽圆角半径 r_1 和 r_2 暂取 0.2 mm。

2. 管筒端面轴向密封设计

随钻测量仪最左边的管筒为电池组管筒，该管筒左端面的电源开关固定件内安装有电源开关，为保证内部的水密性，通过电源开关罩、O 形橡胶圈及电源开关固定件组成密封结构，其结构示意图如图 9-10 所示。

与上述管筒连接头处的径向密封不同，此处 O 形橡胶圈受力方向为轴向受力，因此属于轴向密封形式。轴向密封的设计计算与前述的径向密封有所不同。轴向安装时，要考虑压力方向，内部受压力时，O 橡胶圈外径应比沟槽外径 d 约大 1%～2%；外部受压力时，应使 O 橡胶圈内径比沟槽内径 d 约小 1%～3%，此处属于外部受压，故设计时使沟槽内径大于 O 橡胶圈内径。根据电源开关固定件端面尺寸，所选 O 形橡胶圈规格为

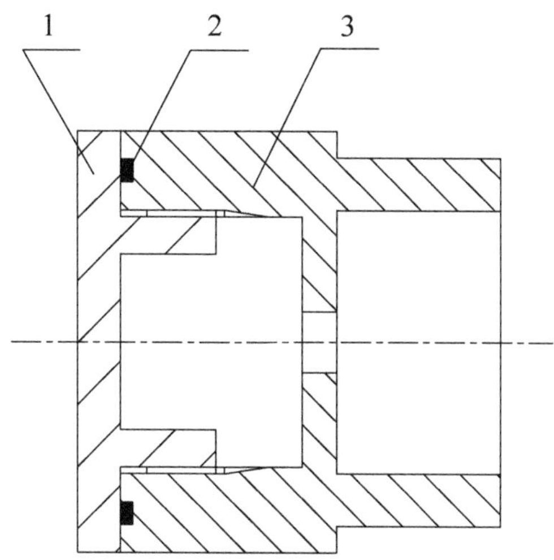

图 9-10　管筒左端面处的密封结构示意图

1.电源开关罩；2. O 形橡胶圈；3. 电源开关固定件

36.5 mm×1.8 mm（GB3452.1-88），O 形橡胶圈截面直径为 1.8 mm，参考图 9-8 的 O 形橡胶圈安装结构图，沟槽宽取 2.4 mm，沟槽两处的圆角半径 r_1 和 r_2 暂取 0.2 mm。与径向密封不同的是，轴向密封结构的零件尺寸不存在配合零件同轴度要求的问题，但对零件表面粗糙度要求，一般可取 $Ra = 3.2$～6.4。电源开关罩底面与电源开关固定件端面的 a 值可以作为无间隙处理，O 形橡胶圈过盈量暂取 0.15 mm。

3. 管筒端面引出天线密封设计

电磁波随钻测量仪采用电磁波偶极子发射原理，其内部的发射天线需与随钻仪下部的绝缘钻杆相连，因此在电磁波随钻测量仪管筒的右端面需设计一个水下电缆密封连接装置，保证管筒内部的密封要求，同时也能起到管筒内外电缆之间电气连接的作用。水下密封电缆常用的插接方法有直接缠绕法、钟罩式气密法及整体式密封法[9]。钟罩式气密封法需要将电缆插座放置在一个密封的钟罩顶部，体积较大，电缆插接不方便。直接缠绕法是将连接的电缆直接焊接或绞接，然后在连接处涂耐水胶或者缠绕耐水绝缘胶布，这种方法可靠性比较差，一般只用在临时性、不重要的场合。整体式密封法是将电缆插座置于密封的容器中，内外电缆在容器内插接，电缆穿过容器的接口处采用整体硫化工艺，这种密封方法比较可靠，但成本较高，同时接头处体积较大。由于电磁波随钻测量仪体积小，端部安装空间狭小，径向空间尺寸只有 $\Phi = 24$ mm 左右。测斜仪需要长时间在深井内工作，管筒内传感器及其他器件价格比较昂贵，对密封的可靠性要求高，因此上述三种常规的方法均不适合。

由于管筒内部引出到外部的电缆只有一根，据此特点，我们专门设计了一种管筒端面引出天线的密封装置，结构如图 9-11 所示。件 1 为天线隔离套，作用是在电缆与堵头螺塞（与管筒相连）之间起电气隔离作用，材料采用聚四氟乙烯，这种材料具有抗酸抗碱、抗各种有机溶剂的特点，几乎不溶于所有的溶剂；同时，聚四氟乙烯具有耐高温和绝缘性好的特点，非常适合作为密封材料和填充材料；此外，它也具有良好的机械加工性能。件4及件6为密封垫，材料采用丁腈橡胶，丁腈橡胶具有耐热、耐油、耐水，适合在高压下工作的特点。件5为天线引出件，其材料采用H62黄铜，具有良好的导电性。该部件两端有螺纹孔，分别用于压接管筒内外电缆。管筒端面引出天线密封结构在电磁波随钻测量仪进行井下试验后证明密封是可靠的。

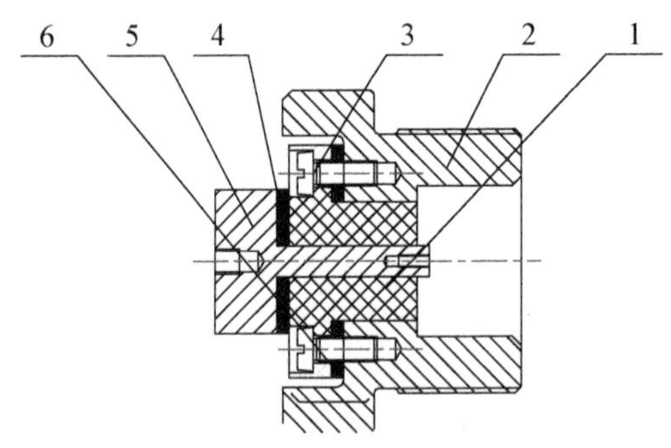

图9-11　测斜仪管筒端面引出天线密封示意图

1. 天线隔离套；2. 堵头螺塞；3. 开槽盘头螺钉；4. 密封垫；5. 天线引出件；6. 密封垫

9.3　电磁波随钻测量仪密封结构仿真分析

密封设计是随钻测量仪结构设计中最重要的环节，一旦密封结构设计不当，仪器下井后发生渗漏，将会使管筒内价格不菲的传感器、电路板以及电源等遭到损毁，使整个系统无法使用，并带来极大的经济损失。上述密封设计时依据的是一些传统的经验，无法获知O形橡胶圈等密封材料在密封沟槽内的具体应力应变情况和变形过程，缺乏对密封效果更准确的预测和评价，故而有必要在仪器投入生产之前运用先进的仿真技术手段，对随钻测量仪结构密封结构进行仿真分析，以改进和优化密封设计形式。

9.3.1　仿真软件的选用及基本理论和计算

1. 仿真软件的选用

井下仪器的密封元件一般都是采用橡胶类材料，橡胶属于大变形的超弹性材料，橡胶密封结构分析既具有几何非线性，又具有材料非线性和接触非线性的特点。一般的线性有限元分析（finite elemenf analysis，FEA）软件仅限于分析小变形的问题，难以求解超出结构材料弹性范围的问题。Marc软件是一款功能齐全的高级非线性有限元软件，具有极强的结构分析能力。该软件提供了丰富的结构单元、连续单元和特殊单元的单元库，几乎每种单元都具有处理大变形几何非线性、材料非线性和包括接触在内的边界条件非线性以及组合的高度非线性的超强能力，它可以处理的各种线性和非线性结构包括：线性/非线性静力分析、模态分析、简谐响应分析、频谱分析、随机振动分析、动力响应分析、自动的静/动力接触分析、屈曲/失稳分析、失效和破坏分析等。Marc 软件的一个显著特点是拥有包括金属、非金属、聚合物、岩土、复合材料等多种线性和非线性复杂材料行为的结构分析材料库。Marc 软件的另一个显著特点是仿真运算时采用了具有高精度、高数值稳定性以及快速收敛的高度非线性问题求解技术。Marc 软件还提供了多种功能强大的加载步长自适应控制技术，可实现分析屈曲、蠕变、热弹塑性以及动力响应时加载步长的自动确定。Marc 软件的第三个显著特点是有优秀的网格自适应技术，能以多种误差准则自动调节网格疏密，不仅可提高大型线性结构分析精度，而且能对局部非线性应变集中、移动边界或接触分析提供优化的网格密度，保证计算精度的前提下，使非线性分析的计算效率得到了提高[10]。因此，这里采用 Marc 软件对电磁波随钻测量仪密封结构中两类主要的密封结构，即管筒连接头处的 O 形橡胶圈径向密封及管筒端部的 O 形橡胶圈轴向密封进行仿真分析。

2. 基本理论和计算

由于 O 形橡胶圈密封结构具有材料非线性、几何非线性和接触非线性，因此必须确定合理的材料本构关系及合理的算法才能进行正确的求解。

1）超弹材料非线性材料模型建立

目前橡胶概念不局限于原始的天然橡胶，而是指任何与天然橡胶具有类似力学特性的材料。橡胶材料最明显也是最重要的物理特性是在较小的应力作用下有高度变形。橡胶材料一般难以定义杨氏模量，在小应变范围内杨氏模量在 1.0 MPa 数量级。这种高可伸展性和低模量与钢材等典型坚硬固体正好相反，钢的杨氏模量值约为 200 GPa，最大弹性延伸率约为 10%或更低。因此橡胶与如金属、玻璃等一般坚硬固体材料之间有很大的差别。常用的橡胶力学性能的描述方法主要分为基于热力学统计的方法和表象学方法两类[11-12]；前者主要有指数—双曲法则（exponential-hyperbolic）、Neo-Hookean 应变能函数等，后者主要有 Mooney-Rivlin 模型和 Ogden-Tschoegl 模型等。其中 Mooney-Rivlin 理论能比较好地描述橡胶这类超弹性不可压缩材料在大变形下的力学特性。它将橡胶的应变能函数表征为应变或变形张量的纯量函数，应力表征为应变能函数对应变的偏导数。其应变能密度函数为

$$\begin{aligned} W = {} & C_{10}\cdot(I_1-3)+C_{01}\cdot(I_2-3)+C_{11}\cdot(I_1-3)(I_2-3) \\ & +C_{20}\cdot(I_1-3)^2+C_{30}\cdot(I_1-3)^3 \end{aligned} \tag{9-8}$$

式中：I_1 和 I_2 为应变的第一和第二不变量；C 为弹性常数，如果只输入 C_{10}，则为 Neo-Hookean 材料，如果只输入 C_{10} 和 C_{01}，则为 Mooney-Rivlin 材料。我们采用 Mooney-Rivlin 本构模型对 O 形橡胶圈材料进行分析。

2）几何非线性有限元分析

密封结构中橡胶材料在受力下的变形和位移关系属于几何非线性问题，不能用线性理论研究。在涉及几何非线性问题的有限元法中，一般采用增量分析的方法。根据不同的坐标系，有两种表达形式：总体拉格朗日格式和更新拉格朗日格式。其中更新拉格朗日格式比较适合大转动的梁、壳结构的分析。而总体拉格朗日格式更适合于分析橡胶这类几何非

线性材料。因此我们采用总体拉格朗日格式，即参照描述法，以未变形时结构构形为参照构形，推导出非线性平衡方程。进行有限元离散后的平衡方程最终表征为

$$\tilde{\boldsymbol{K}}^{T} = \tilde{\boldsymbol{K}}^{E} + \tilde{\boldsymbol{K}}^{S} + \tilde{\boldsymbol{K}}^{G} \tag{9-9}$$

上述方程中左侧第一项为总体刚度，右侧依次为线性刚度矩阵、初应力（或几何刚度矩阵）、几何非线性刚度矩阵，其各自的表达式为

线性刚度矩阵$\tilde{K}^{E}$

$$\tilde{\boldsymbol{K}}^{E} = \sum_{e}\int_{V^e}\frac{1}{4}(\tilde{\boldsymbol{B}}_{ij} + \tilde{\boldsymbol{B}}_{ji})L_{ijkl}(\tilde{\boldsymbol{B}}_{kl} + \tilde{\boldsymbol{B}}_{lk})\mathrm{d}\boldsymbol{V}^{e} \tag{9-10}$$

初应力刚度矩阵$\tilde{K}^{\mathrm{S}}$

$$\tilde{\boldsymbol{K}}^{\mathrm{S}} = \sum_{e}\int_{V^e}\boldsymbol{S}_{kl}\tilde{\boldsymbol{B}}_{ik}\tilde{\boldsymbol{B}}_{ij}\mathrm{d}\boldsymbol{V}^{e} \tag{9-11}$$

几何非线性刚度矩阵$\tilde{K}^{\mathrm{S}}$

$$\tilde{\boldsymbol{K}}^{\mathrm{G}} = \sum_{e}\int_{V^e}\begin{bmatrix}(\tilde{\boldsymbol{B}}_{ij} + \tilde{\boldsymbol{B}}_{ji})\boldsymbol{L}_{ijkl}(\tilde{\boldsymbol{B}}_{qk}\tilde{u}\tilde{\boldsymbol{B}}_{ql} + \tilde{\boldsymbol{B}}_{ql}\tilde{u}\tilde{\boldsymbol{B}}_{qk}) \\ +(\tilde{\boldsymbol{B}}_{pk}\tilde{u}\tilde{\boldsymbol{B}}_{pl} + \tilde{\boldsymbol{B}}_{pl}\tilde{u}\tilde{\boldsymbol{B}}_{pk})\boldsymbol{L}_{ijkl}(\tilde{\boldsymbol{B}}_{kl} + \tilde{\boldsymbol{B}}_{lk}) \\ +(\tilde{\boldsymbol{B}}_{pi}\tilde{u}\tilde{\boldsymbol{B}}_{pj} + \tilde{\boldsymbol{B}}_{pj}\tilde{u}\tilde{\boldsymbol{B}}_{pi})\boldsymbol{L}_{ijkl}(\tilde{\boldsymbol{B}}_{qk}\tilde{u}\tilde{\boldsymbol{B}}_{ql} + \tilde{\boldsymbol{B}}_{ql}\tilde{u}\tilde{\boldsymbol{B}}_{qk})\end{bmatrix} \tag{9-12}$$

3）接触非线性有限元方法

O 形橡胶圈与轴套的接触问题需要准确追踪接触前多个物体的运动以及接触发生后这些物体之间的相互作用，同时包括正确模拟接触面之间的摩擦行为和可能存在的接触间隙传热。产生接触的两个物体必须满足无穿透约束条件，数学上施加无穿透接触约束的方法有拉格朗日乘子法、罚函数法以及直接约束法。

三种方法中，罚函数法是一种施加接触约束的数值方法，其原理是一旦接触区域发生穿透，罚函数将放大误差的影响，从而使系统满足力平衡及位移协调的求解过程无法正常实现。采用罚函数法的好处是数值上实现比较容易，但是当罚函数选择不合适时将对系统的数值稳定性造成不利影响。而拉格朗日乘子法是通过拉格朗日乘子施加接触体必须满足的非穿透约束条件的带约束极值问题描述方法。该方法的特点是数学描述完美，但是拉格朗日乘子法限制了接触物体之间的相对运动量，并且需要预先知道接触发生的确切部位，以便施加界面单元。直接约束法采用追踪物体的运动轨迹的方法，当发生接触时，将接触所需的节点力和运动约束作为边界条件，进而直接施加于产生接触的节点上。该方法的特点是不涉及过多的复杂接触条件变化，也无须增加特殊的界面单元，具有一定的普适性。因而本书中我们采用直接约束法来分析 O 形橡胶圈与轴套之间的接触问题。

9.3.2 管筒连接头 O 形橡胶圈径向密封结构仿真分析

按照上节初选的 O 形橡胶圈径向密封结构进行建模，相应的沟槽几何尺寸按上节所述，首先采用材料为丁腈橡胶的 O 形橡胶圈（规格为 36.5 mm×2.65 mm（GB3452.1-88），硬度为 70 IRHD），将沟槽与轴颈简化为刚体固定边界，采用覆盖法生成四节点平面单元。得到的平面对称有限元网格模型如图 9-12 所示。要注意的是在橡胶圈这类大变形材料的

分析中，因为过度的大变形可能造成原网格单元严重畸变，从而使以此为参考构型的后继增量分析在质量低劣的网格上完成，影响结果精度，甚至导致分析的中止。为了使分析在足够的精度下继续进行，有必要采用网格重划分（rezone）技术[13]，网格重划分包括三个步骤：第一，用连续函数定义旧网格上所有变量；第二，定义一个覆盖旧网格全域的新网格；第三，确定新网格点上的状态变量和节点变量。具体的方法是将每个二维的四边形或三角形单元细划成更小的三角形单元；每个三维的四面体、五面体或六面体单元都被离散成更小的四面体单元。用旧细划网格的三角坐标可以描述新网格上任意一个节点的空间位置。通过插值，不难获得新网格单元节点变量和单元积分点网格自适应与重划分的状态变量。

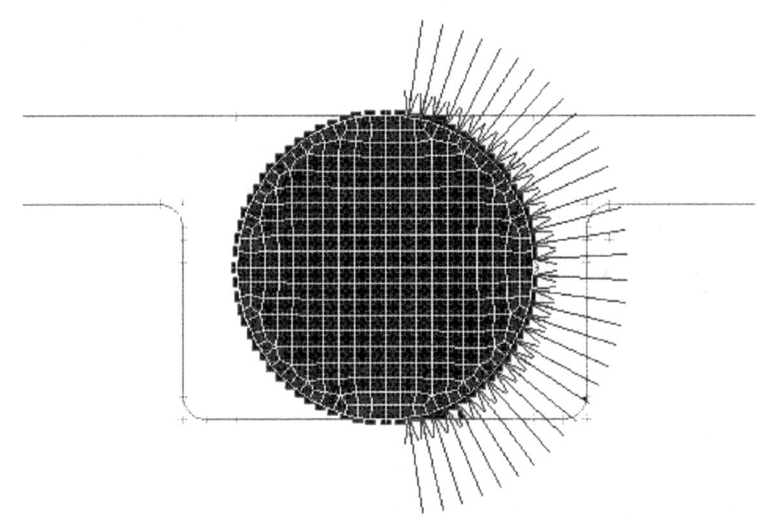

图 9-12　O 形橡胶圈径向密封结构有限元网格模型

在实施加载过程中，首先对 O 形橡胶圈进行径向压缩，以实现 O 形橡胶圈的预紧，然后再在 O 形橡胶圈的高压侧对其暴露的单元边缘施加外压，根据前述的计算结果，模拟电磁波随钻测量仪深井工作的工况时选取外压为 11 MPa，加载采用固定载荷增量步长算法，整个加载时间设为 1 s，共 25 个增量步。在采用 Mooney-Rivlin 本构模型时，对于丁腈橡胶的 mooney 常数取值为 $C_{10} = 1.87$，$C_{01} = 0.46$[14]。图 9-13 是按照压缩率 21%，间隙 $a = 0.4$ mm，沟槽圆角半径 $r_1 = 0.2$ mm 和 $r_2 = 0.2$ mm 条件下得到的 O 形橡胶圈受压过程的等效应力云图。其中图 9-13（a）为第 18 增量步时 O 形橡胶圈等效应力云图，图 9-13（b）是外侧压力加载完成后的 O 形橡胶圈等效应力云图，从图中可以看出，在外侧压力加载过程中的第 18 增量步时 O 形橡胶圈最大等效应力值约为 5.6 MPa，而外侧压力加载完成后 O 形橡胶圈最大等效应力值反而下降为 2.59 MPa，同时可以看出 O 形橡胶圈变形后延伸到了空隙处，说明此时如果 O 形橡胶圈处于实际工况时，已被挤入到管筒内圆表面和连接头外圆柱表面之间的空隙中，将会发生间隙咬伤，导致 O 形橡胶圈密封结构失效。

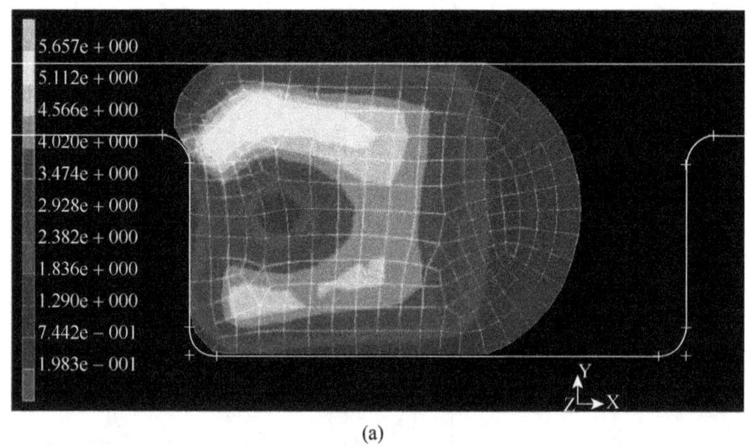

(a)

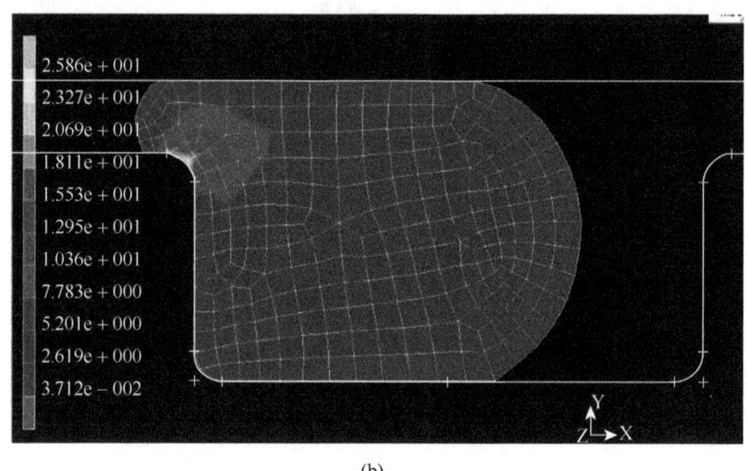

(b)

图 9-13　O 形橡胶圈等效应力云图（$a = 0.4$ mm，$P = 11$ MPa，$r = 0.2$ mm）

鉴于不发生 O 形橡胶圈挤入间隙的间隙值大小随压力增大而减小[15]，将间隙值 a 取为 0.1 mm 重新构建模型，定义相同的边界条件，对丁腈橡胶 O 形橡胶圈施加外载进行仿真运算。图 9-14 是 O 形橡胶圈的等效应力云图，其中图 9-14（a）为加载过程中第 18 增量步时 O 形橡胶圈的等效应力云图，图 9-14（b）为加载完成后 O 形橡胶圈的等效应力云图。图 9-14 与图 9-12 进行对比可以看出，在其他参数相同的情况下，对于间隙值 $a = 0.4$ mm 和 $a = 0.1$ mm 两种情况，O 形橡胶圈在加载过程中（第 18 增量步）内部等效应力分布情况基本相同，在加载完成后，内部等效应力分布情况相差很大，间隙值 $a = 0.1$ mm 时，其最大等效应力值约为 7.4 MPa，而且材料也未被挤出到管筒内圆表面和连接头外圆柱表面之间的间隙中，不会发生间隙咬伤现象。由此说明间隙值 a 取 0.1 mm 是基本合理的，根据公差配合标准，管筒内圆表面与连接头外圆柱表面的配合选取优先配合尺寸 Φ41H8/f7，则两者配合后最小间隙值为 0.025，而最大间隙值为 0.09 mm。

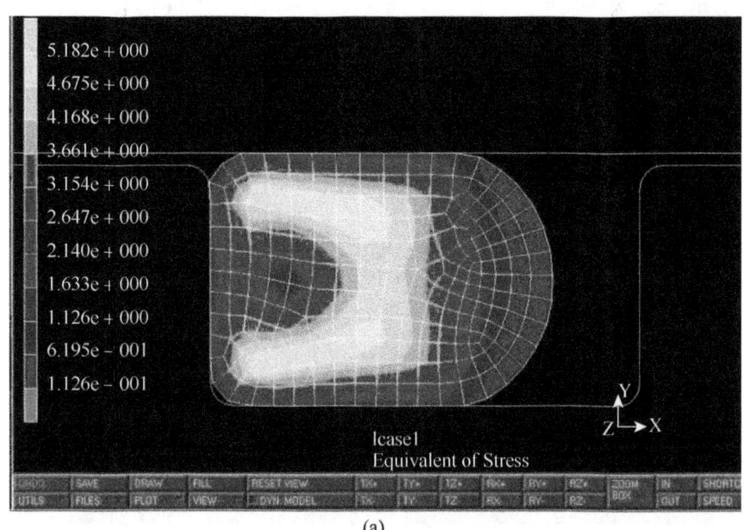

(a)

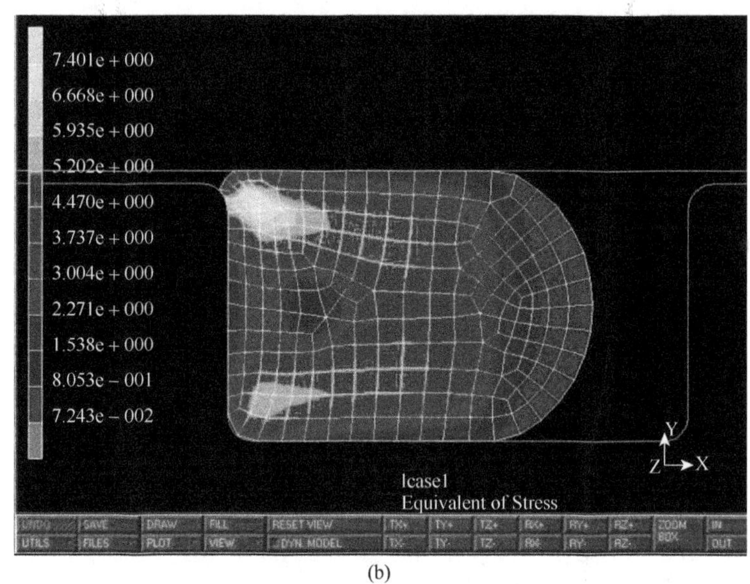

(b)

图 9-14　O 形橡胶圈等效应力云图（$a = 0.1$ mm，$P = 11$ MPa，$r = 0.2$ mm）

按公差配合尺寸 $\Phi = 41\text{H8/f7}$，重新选取 $r_1 = 0.2$ mm 和 $r_2 = 0.4$ mm 的值进行仿真运算，得到 O 形橡胶圈新的位移云图及剪切应力云图，如图 9-15 及图 9-16 所示。可以看出，O 形橡胶圈向间隙处的位移量显著减小，向间隙位置挤出的趋势下降。沟槽底部圆弧转角处对橡胶圈的挤压作用明显降低，改善了 O 形橡胶圈的受力状况，因此需要对原来管筒连接头处的径向密封结构尺寸进行修订。

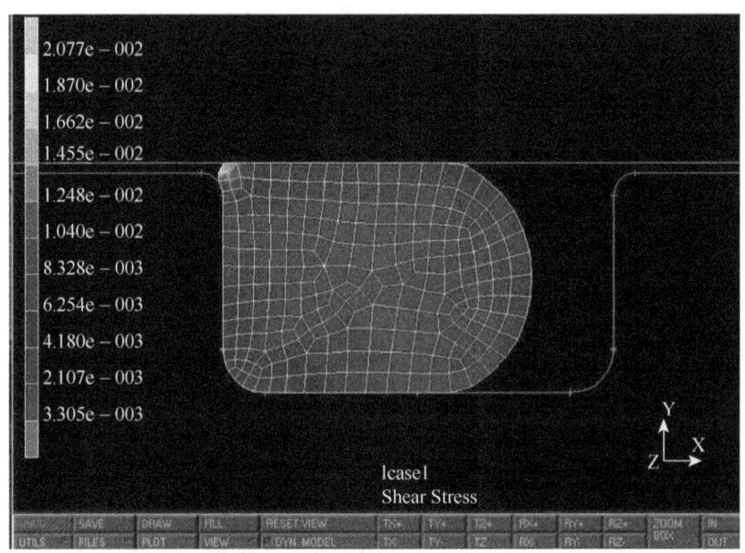

图 9-15　O 形橡胶圈位移云图（$r_1 = 0.2$ mm，$r_2 = 0.4$ mm）

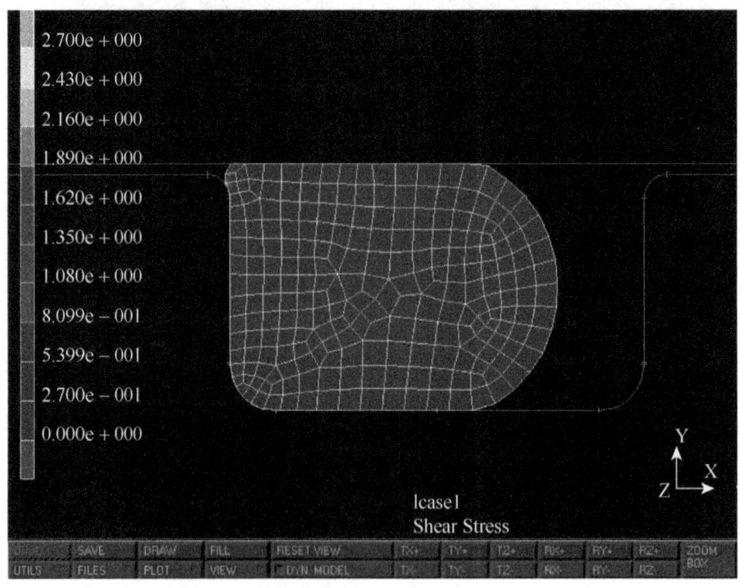

图 9-16　O 形橡胶圈剪切应力云图（$r_1 = 0.2$ mm，$r_2 = 0.4$ mm）

O 形橡胶径向密封接触应力曲线如图 9-17 所示。对接触应力曲线的分析表明，此时 O 形橡胶圈受压后接触表面的最大接触应力为 16 MPa，在图 9-17 中纵坐标为接触应力（单位为 10 MPa，负号表示压应力），横坐标为接触长度（单位为 mm）。O 形橡胶圈的最大接触应力大于外部压力时，说明其密封是有效的[16-17]。

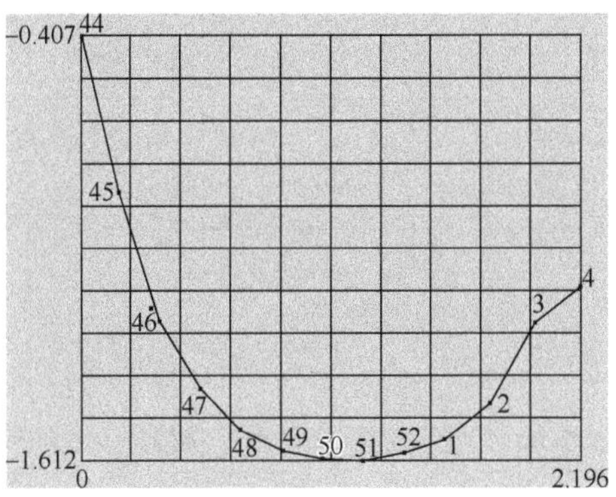

图 9-17　O 形橡胶径向密封接触应力曲线图

按仿真分析后的优化结果确定合理的参数，即密封处管筒内圆表面与连接头外圆柱表面的配合尺寸选定 $\Phi = 41H8/f7$，沟槽宽度 3.6 mm，沟槽底径 $D1$ 的基本尺寸 36.86 mm，沟槽顶部圆角半径 $r_1 = 0.2$ mm，沟槽底部圆角半径 $r_2 = 0.4$ mm。

9.3.3　管筒连接头 O 形橡胶圈轴向密封结构仿真分析

按照同样的思路对管筒连接头 O 形橡胶圈轴向密封结构的初始参数进行仿真分析。按初始设计时过盈量 0.15 mm 及圆角半径 $r_1 = r_2 = 0.2$ mm 进行仿真分析，加载完成后发现其接触应力小于外载压力，说明 O 形橡胶圈变形量不够，密封不可靠。重新将其过盈量增加为 0.4 mm，同时将沟槽底部 r_2 增加为 0.3 mm，再次进行仿真，得到的等效应力云图及接触应力分布曲线如图 9-18 及如图 9-19 所示。

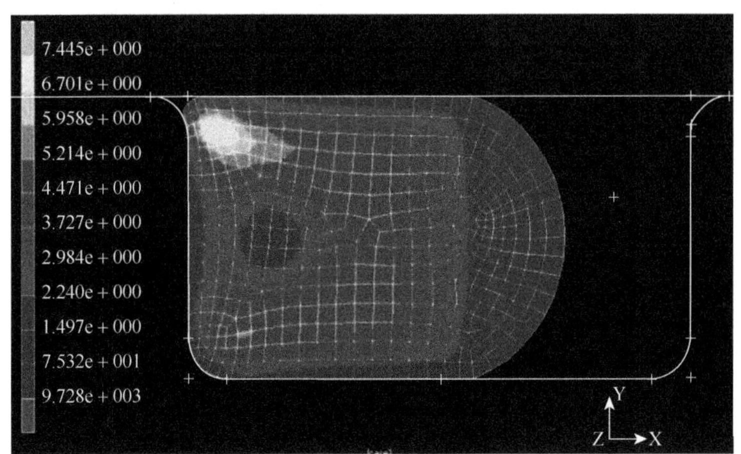

图 9-18　O 形橡胶圈轴向密封等效应力云图（过盈量 0.4 mm，$r_2 = 0.3$ mm）

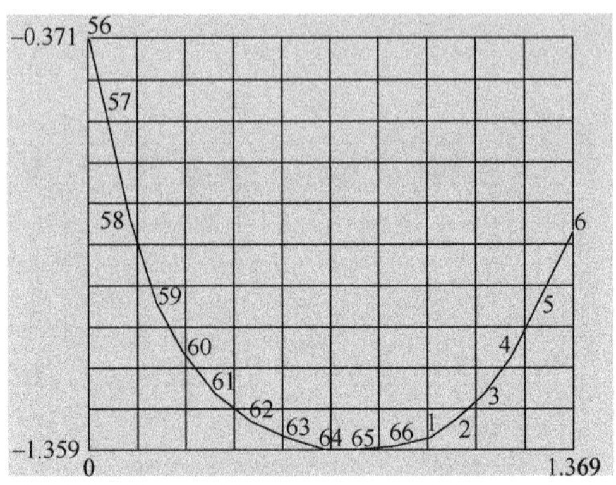

图 9-19　O 形橡胶圈轴向密封接触应力曲线图

由于此处为轴向密封，所以电源开关罩底面与电源开关固定件端面的配合可以看作间隙值 $a=0$ 来处理。

仿真结果表明修改后的 O 形橡胶圈最大等效应力值为 7.4 MPa，最大接触应力值为 13.6 MPa 大于外部压力，说明轴向密封理论上也能达到密封要求。

结构参数修改后的轴向密封和径向密封在理论分析上都能满足密封要求，但是两者压缩过盈量较大，而且所处工作环境较差，一定程度上会影响使用寿命，因此，对于轴向密封最后采用在同一位置安装双 O 形橡胶圈的方法以提高可靠性，如图 9-20 所示。径向密封由于结构限制无法采用双 O 形橡胶圈的方法，在此采用了在结合面涂敷乐泰密封胶的辅助密封方法来提高可靠性。

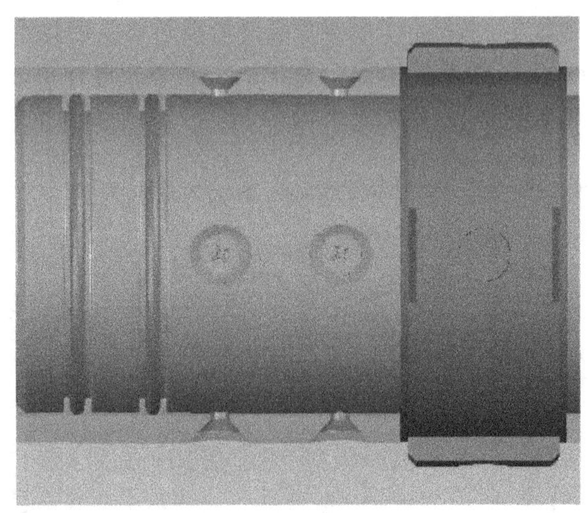

图 9-20　双 O 形橡胶圈结构

9.4　电磁波随钻测量仪电气安装技术

井下仪器工作在高温、高压、强冲击振动、高过载等恶劣环境下，一般对其电子元器件的质量和安装有较高的要求。基于小型化设计要求的电磁波随钻测量仪的内层管筒直径小，内部安装空间有限，结构上相对独立。在电子元件的配置与安装时，除考虑其工作寿命及可靠性以外，还要重点考虑使电路板尺寸小巧、便于安装，同时各单元之间能够快速联接和拆卸。

9.4.1　电源的选取与安装

电池组管筒负责向电磁波发生器、线路板组件以及测斜传感器管筒提供电源。电池组的输出电压为 + 36 V，测斜传感器工作电压为 + 15 V、电磁波发生器及线路板组件工作电压为 + 5 V，因此需要设计电源稳压电路给不同负载供电。该种电源稳压电路考虑了两种方案，一种是采用串联反馈式稳压电路，另一种是采用降压型开关稳压电路。串联反馈式稳压电路具有稳定性好、纹波小、瞬态响应快、线路简单等优点，但是由于调整管工作在线性放大区，因此在负载电流较大时，调整管静态损耗大，电源效率低，需要散热器，存在体积和重量大的情况。降压型开关稳压电路的调整管主要工作在饱和导通和截止状态，具有较高的效率，较小的体积与重量。对比两种方案，为了减小占用空间尺寸、提高效率，降低印制板的散热，最终采用了降压型开关稳压电路。图 9-21 所示为最终设计的电源稳压器电路原理图。

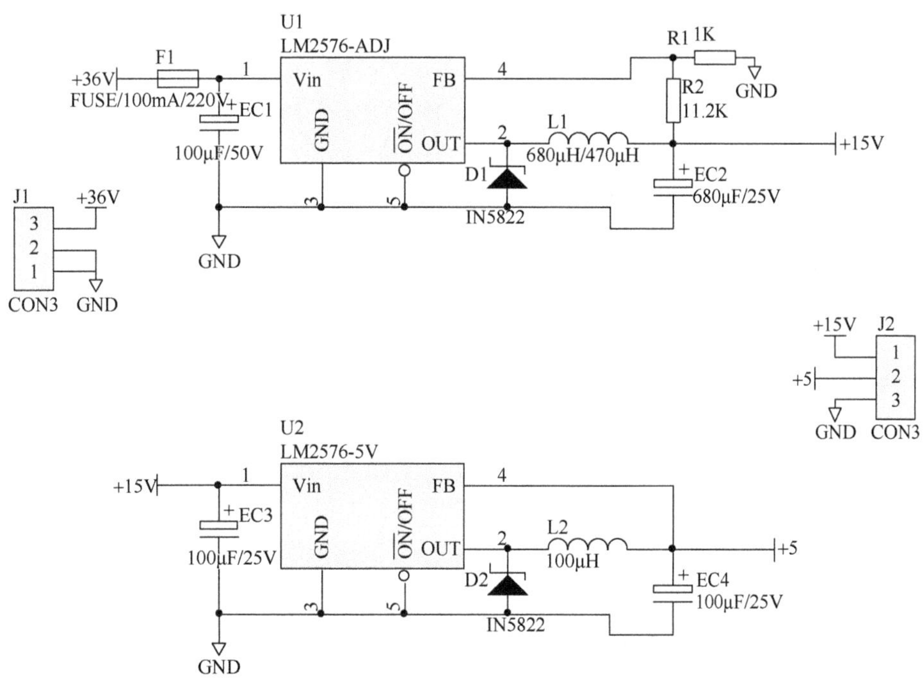

图 9-21　测斜仪电池组电源稳压器电路图

式中：$R1 = 1\ \text{K}$；$V_{\text{REF}} = 1.23\ \text{V}$；R2 值计算如下

$$R2 = R1 \times \left(\frac{V_{\text{OUT}}}{V_{\text{REF}}} - 1 \right) \approx 11.2\text{K} \tag{9-13}$$

9.4.2　各组件的连接方式

随钻测量仪本体（即内层管筒）由电池组管筒、电磁波发生器管筒、线路板组件管筒以及测斜传感器管筒四个相对独立的单元组成，四个单元之间在机械结构上独立而电气上相联，如果采用电缆焊接的方式，不仅拆卸和安装困难，而且可靠性也不高。为此我们设计了专用的管筒连接头，该管筒连接头不仅在机械结构上与管筒配合，保证了密封要求，同时两端的快速插座起到了相邻管筒间电气通道的作用，两端电器元件的输入/输出线通过各自的快速插头可以很方便迅速地与快速插座进行插接，实现两个单元间的电气连接。实际使用时表明，这种结构形式连接可靠、拆卸方便，在进行调试和故障查找方面也比较实用。管筒的连接结构如图 9-22 所示。

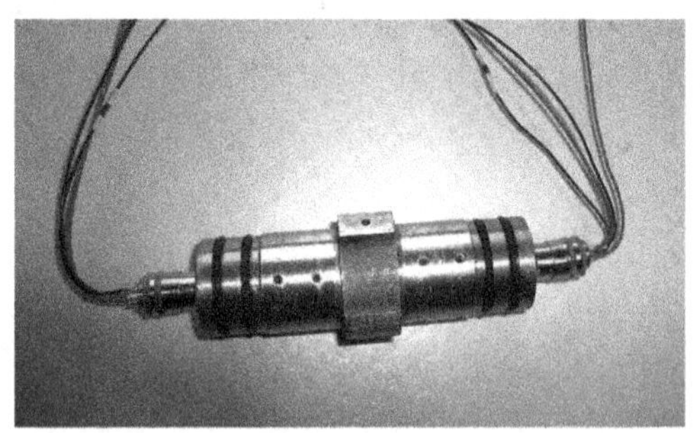

图 9-22　测斜仪管筒连接头电气接口图

9.4.3　测斜传感器的安装

在四个相对独立的单元中，测斜传感器径向尺寸最大，其他部分电路单元的径向尺寸相对较小，可以通过上述方式利用管筒连接头快速插座进行电气连接，而测斜传感器单元在径向上几乎没有过线空间，为此专门设计了一个测斜传感器接头，接头内嵌入了九芯方形插头，通过该插头与传感器上的九芯方形插座进行插接，插头上的导线穿过测斜传感器接头中间的过线孔后接上快速插头与管筒连接头上快速插座相连，实现测斜传感器管筒与线路板组件管筒之间的电气连接。测斜传感器接头内孔道复杂，直径较小，在加工时采用电火花成型加工，图 9-23 为专门设计的测斜传感器接头的三维零件装配图。由于该零件内部穿线孔道复杂而且直径很小，因此采用了三维设计，便于反映其内部结构，保证了设计质量和加工的精度。

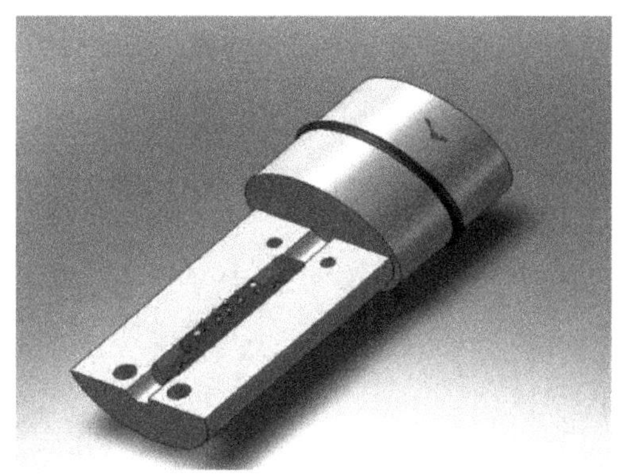

图 9-23　测斜仪管筒连接头三维零件装配图

9.5　电磁波随钻测量仪环境适应性技术

自动导向垂直钻井系统处在孔底位置，相应的随钻测量仪也安装于近钻头处，此处的环境条件非常复杂。由于电磁波随钻测量仪外壳由坚固的无磁不锈钢筒体保护，孔底钻井液的腐蚀、冲刷、外壁的摩擦等作用对其工作性能的影响不大。因此在对电磁波随钻测量仪环境适应性进行设计时，要充分考虑底部钻具组合的振动及环境温度的影响。

9.5.1　电磁波随钻测量仪减振设计

钻具振动可分为横向振动、轴向振动以及扭转振动。钻具的振动是由于钻柱与井壁，钻头与岩石之间的相互作用使钻具受力变形而产生。横向振动是指从一边到另一边的运动，横向振动的主要表现是钻头或钻杆偏离井眼的中心线转动时产生的偏转。扭转振动是指导致井下钻具扭曲、产生扭矩的运动。轴向振动是指沿钻具轴向方向的运动。

钻具振动的三种主要形式反映到地面的主要表现形式分别为黏卡——释放、偏转及钻杆跳动，三种形式的振动均会对钻具造成一定程度的损伤。例如扭转振动产生的黏卡——释放现象会导致钻具串接头间的超扭矩以及钻头切割部件的疲劳损坏；横向振动偏转产生的偏转和扭矩震荡现象导致钻头的磨损率提高、井径扩大以及钻速的降低；轴向振动产生的钻头跳动现象对钻头、井下涡轮钻具以及随钻测量仪都有破坏作用。三种振动形式既有区别，又有相互联系，一般认为在坚硬地层中发生的扭转振动会引起轴向振动，而轴向振动的加剧会进一步加剧扭转振动，扭转振动和轴向振动的发生会导致横向振动的产生，相对而言横向振动比轴向振动和扭转振动更难检测和分析[18-19]。轴向振动在整个钻井作业中都会存在，是由钻头与井底地层冲击而产生的，它的表现形式为钻头接触井底的垂直振动和钻头在井底的弹跳。目前对于钻井过程中钻柱振动所采取的减振措施大都是针对轴向振动（纵向振动）而实施的，一般是在钻柱适合的位置处串接井下减振器，利用隔振原理来降低钻柱轴向振动的。因此在考虑电磁波随钻测量仪的减振措施时通常是以减少轴向振动的影响为主要设计目标。为减少轴向振动，我们采取的措施是在每个管筒端部处在电子线路板组件或传感器与管筒接头之间安装一个阻尼弹簧，安装时给弹簧一个预紧力，起到缓冲减震的作用，如图 9-24 所示。

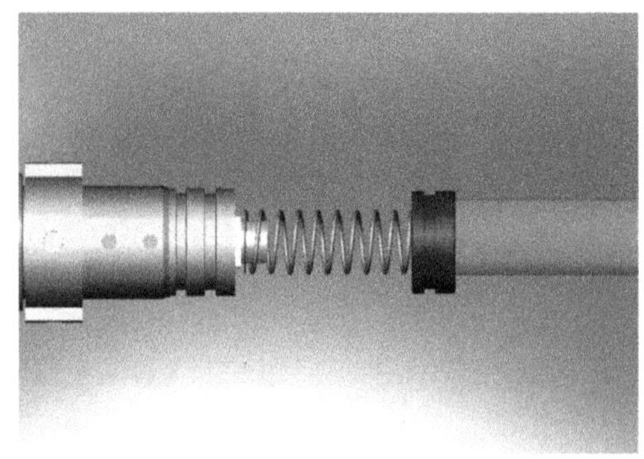

图 9-24　测斜仪管筒端部阻尼弹簧

对于钻柱的横向振动在设计和装配时也要采取一定的措施。例如在线路板或传感器的两端固定端头上各安装了一个 O 形橡胶圈，使得固定端头与管筒内壁避免刚性接触。这里的 O 形橡胶圈并不是起密封作用，而是利用其一定的弹性作用来减小由管筒传递横向振动。此外在线路板的元件管脚等处使用了硅橡胶。测斜仪线路板组件装配后的结构如图 9-25 所示。

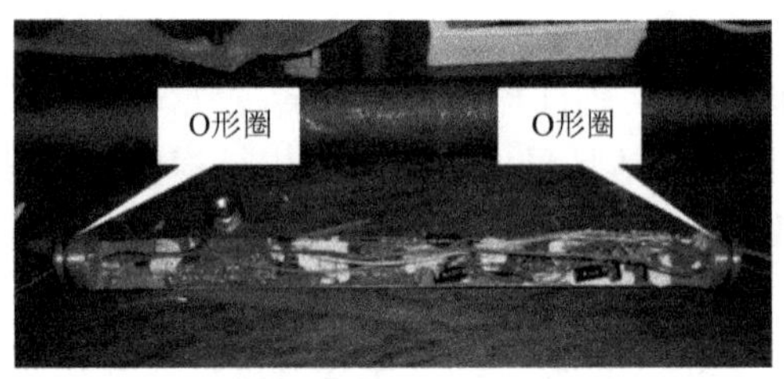

图 9-25　测斜仪线路板组件装配后结构

9.5.2　电磁波随钻测量仪散热设计

散热设计不良是造成电子元器件损坏的一个重要原因，在密闭的测量管筒中各类芯片、电路板及功率元件等在有限的封闭空间内耗散出大量的热量，而密封的壳体上不能开散热孔使得内部积聚的热浪不易快速散去，容易造成设备内过高的热流密度[20]，这是在电磁波随钻测量仪设计时应当考虑的问题。电磁波随钻测量仪内的电子元器件被封闭在一个狭长型的密闭空间中，空间内部的热辐射和热对流作用较小，而热传导对设备的散热作用更显著一些。对电子设备的热设计首先在元件级上进行考虑，也就是在进行电路设计时尽可能选用功耗小的元器件，在 PCB 板设计时对元器件进行合理的布局和采取结构散热措施[21]。对电子设备的热设计的另一个重点在系统级，也就是设计合理的密闭结构、使得热源到耗散空间之间形成较低的低热阻通路，以提高散热效率。此处所考虑的主要是指系统级的散热，就是合理设计密闭管筒的内外结构。在四段管筒中电磁波发生器管筒是发热量相对较大的单元。

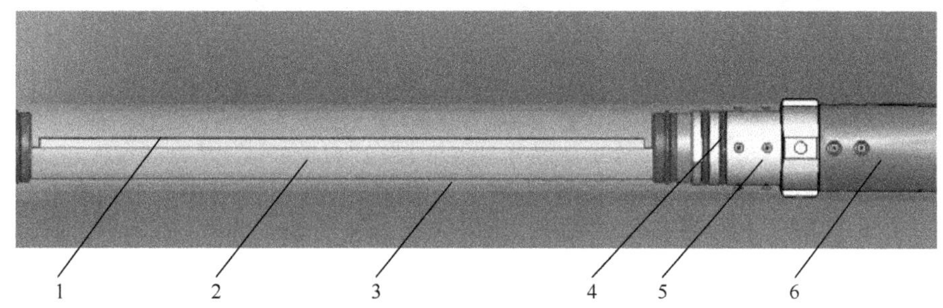

图 9-26　电磁波发生器管筒单元结构图

1. 电磁波发生器电路板；2. 电磁波发生器安装柱；3. 内层管筒；
4. 电磁波发生器件器固定端；5. 导热隔圈；6. 管筒连接头

这里以电磁波发生器管筒为例说明散热设计上采取的措施。

电磁波发生器管筒单元结构如图 9-26 所示，电磁波发生器电路板 1 安装在电磁波发生器安装柱 2 上。电路板上的主要发热元器件跨接在导热条上，而导热条通过紧固件与铝制半圆柱型电磁波发生器安装柱相接触。同时在发热元件及导热条间充填导热硅胶，以此来降低接触热阻，使元器件的热量迅速通过导热条传到电磁波发生器安装柱。

电磁波发生器安装柱 2 通过铝制电磁波发生器件器固定端 4 及铝制导热隔圈 5 将热量再传递到铜制管筒连接头 6，筒连接头 6 中间的凸起部分是处在内外层管筒之间的泥浆流中，循环流动的泥浆把连接头 6 上传导的热量带走。在这里循环的泥浆流起到了液体间接冷却的作用。因为纯铜和铝的导热系数分别为 385 W/(m·℃)和 237 W/(m·℃)，是不锈钢导热系数的 10 倍以上，所以在结构设计时，导热通道上的零件均采用了纯铜和铝，而未用不锈钢作为材料。

9.6　电磁波随钻测量仪现场试验

我们根据上述设计理论和优化策略设计和研制了两套电磁波随钻测量仪样机，如图 9-27 所示。两套样机的机械结构基本上相同，主要是在电磁波发射电路板和传感器上有所区别，第一套样机的测斜传感器采用的是 JJX-3D 型测斜传感器，电磁波发射信号为方波信号，进行井下至井上的单向信号传输试验。第二套样机的测斜传感器采用的是 LHE2711 型测斜传感器，电磁波发射信号为正弦波信号，进行井下与井上之间的双向信号传输试验。单向和双向传输试验均取得了成功[22]。

整机先后在中国地质大学钻探大厅利用 XY-44 型钻机进行了钻井测试。在 XY-44 型钻机试验台上的测试中，整机的机械结构基本没有出现问题，长时间的井下试验密封情况良好。采用管筒连接头快速插座进行管筒间电缆连接后，随钻测量仪管筒内的导线连接情况良好，井上的人为晃动和实际钻机测试时的钻柱振动没有对内部电子器件电路和传感器

图 9-27 电磁波随钻测量仪整机

造成破坏，说明针对电磁波随钻测量仪进行的密封设计、减振设计、电气联接设计等是有效的。经过试验测试整机功能正常，取得了预期的效果，验证了相关理论的正确性和可行性。

参 考 文 献

[1] 宁立伟. 钻井液物性参数对深水钻井井筒温度压力的影响[D]. 北京：中国石油大学，2005，5-10.

[2] 冯圣凌，蒲吉玲等. 龙深 1 井使用 VTK 工具的钻井液技术[J]. 西部探矿工程，2006（11）：173-174.

[3] 尹成，何世明等. 对常规注水泥温度场预测方法的评价[J]. 西南石油学院学报，1999，21（4）：57-60.

[4] 陈永华，李思忍等. 一种小型水密耐压舱体的设计与制作[J]. 压力容器，2007，24（9）：25-28.

[5] 孙训芳，方孝淑等. 材料力学（第四版）[M]. 北京：高等教育出版社，2002，40-54.

[6] 董庆军，朱军. 井下工具用 O 形密封圈密封参数选配[J]. 石油矿场机械，2003，33（3）：80-82.

[7] 陈爱平，周忠亚. O 形密封圈和密封圈槽的选配及应用[J]. 石油机械，2000，28（5）：49-51.

[8] 黄密梅. 液压气动密封与泄漏防治[M]. 北京：机械工业出版社，2002，20-35.

[9] 张明松，罗朝祥. 水下电缆密封插接的设计[J]. 机械设计与制造工，2001（1）：17-18.

[10] 陈火红. 新编 Marc 有限元实例教程[M]. 北京：机械工业出版社，2002，2-10.

[11] Marc Analysis Research Corporation. Nonlinear finite element analysis of elastomers，The paper collection of MarcSoftware. 1996.

[12] ISAAC，FRIED，ARTHUR R J. Nonlinear computation of axisy mmetric solid rubber deformation，Computer Methods in Applied Mechanics and Engineering[J]. Volume 67，Issue 2，March 1988：241-253.

[13] LI，MAYS S. Springback analysis of metallic o-ring seals using the non-linear finite element method[J]. 18th International Conference of Fluid Sealing，Antwerp，Belgium，October 12，2005：217-222.

[14] 胡殿印，王荣桥等. 橡胶 O 形圈密封结构的有限元分析[J]. 北京航空航天大学学报，2005，31（2）：25-27.

[15] 王伟，越权高. 橡胶 O 形密封圈的非线性有限无名析[J]. 润滑与密封，2005（4）：106-107.

[16] 穆志韬，邢耀国. 固体发动机工况中密封圈大变形接触应力分析[J]. 机械强度，2006，26（5）：560-563.

[17] 任全彬，蔡体敏等. 橡胶“O”形密封圈结构参数和失效准则研究[J]. 固体火箭技术，2006，29（1）：9-14.

[18] 王刚，丁永伟等. 钻具振动分析方法与应用[J]. 江汉石油职工大学学报，2006，19（4）：71-74.

[19] 杨玉丰，刘玉榜等. 钻具振动对 FEWD 井下仪器的影响及预防措施[J]. 石油钻探技术，2007，35（3）：88-90.

[20] 王萌，徐晓婷. 高密度密封电子设备热设计与结构优化[J]. 电子工艺技术，2006，27（6）：339-343.

[21] 白秀茹. 典型的密封式电子设备结构热设计研究[J]. 电子机械工程，2002，18（4）：36-38.

[22] 姚爱国，张萌等. 电磁随钻信号传输技术研究[J]. 探矿工程，2009 年增刊，115-119.

第 10 章　井下涡轮发电机结构分析与仿真

井下涡轮发电机是给自动导向垂直钻井系统提供动力的单元，它的工作原理主要是利用压力流体（泥浆）对叶轮的冲击作用，使叶轮旋转，叶轮带动与其相连的转轴（转子）驱动负载（线圈）旋转，从而在定子上产生电流，其本质上是一种涡轮机构驱动的永磁同步交流发电机。然而由于涡轮发电机处于深井下恶劣的工作环境条件，特别是自动导向垂直钻井系统钻具尺寸的限制，对其结构紧凑性和工作高效性提出了很高的要求，设计和加工的难度是比较大的。要实现井下涡轮发电机的预定功能，除了对发电机部分的电磁结构和参数进行优化设计外，对涡轮机械结构形式和结构参数的优化设计也是关键的设计要素。

10.1　井下涡轮发电机基本理论

涡轮发电机主要由涡轮机构和发电机两个部分组成。在机械工程领域中，涡轮机构实际上包含了涡轮机及压缩机两个部分，均涉及流体的能量（动能、势能及压力能）与机械能之间的转换。如果是将流体的动能、位能或压力能转变成机械能，则称该机构为涡轮机；反之，如果是将机械能转换成流体之动能、位能或压力能的装置则称之为压缩机。对于可压缩的流体，涡轮发电机一般是燃气涡轮机、蒸汽涡轮机和风力发动机。对于不可压缩的流体，涡轮发电机主要是指水轮机。水轮机一般分为反击式和冲击式两大类。反击式水轮机按转轮区域内水流运动的方向分为混流式、轴流式、斜流式和贯流式。冲击式水轮机按射流冲击水斗的方式不同分为水斗式、斜击式和双击式，其中轴流式水轮机是指水流进、出转轮沿轴向流动的水轮机。井下涡轮发电机的结构类似于轴流式水轮机。可以参照水轮机的基本理论对井下涡轮发电机的涡轮机械结构进行分析。

10.1.1　水轮机工作中的能量转换

1. 水轮机中水流运动规律分析

水轮机流道内水流的运动属于空间三元流动，转轮中任一点水流质点的绝对速度都可以分解为沿转轮叶片流动的相对速度和随着转轮一起旋转的牵连速度，如图 10-1 所示。图 10-1（a）为轴流式叶轮内的速度分解，这三个速度向量构成一个闭合的三角形，一般把这个三角形称为水轮机水流速度三角形，如图 10-1（b）所示。水流在转轮中的运动，一方面沿着叶片流道运动，一方面还要随着转轮做旋转运动。水流质点沿着转轮叶片的运动称为相对运动；水流质点随着转轮一起旋转的运动称为牵连运动，对水轮机的转轮而言，即为圆周运动；水流质点对水轮机固定部件的运动称为绝对运动。水流运动规律可用速度三角形表达：

$$\boldsymbol{c} = \boldsymbol{w} + \boldsymbol{u} \tag{10-1}$$

式中：$\boldsymbol{c}$ 为水流质点绝对运动速度（相对于地球）；$\boldsymbol{w}$ 为水流质点沿叶片的相对运动速度；$\boldsymbol{u}$ 为水流质点跟随转轮的周向牵连运动速度。用速度三角形分析水流运动的方法是研究转轮流速场的重要方法[1]。

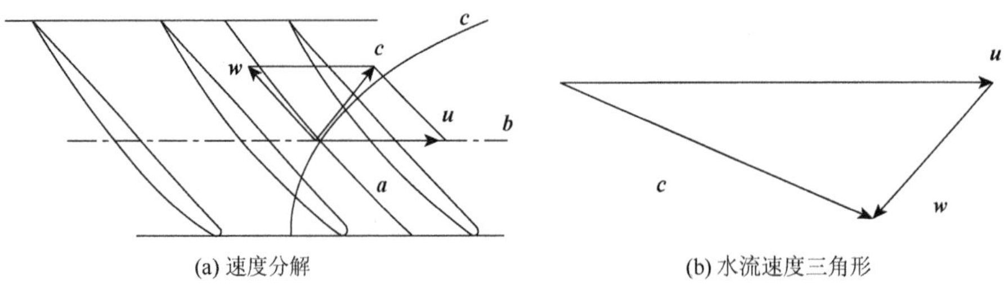

图 10-1　水流速度分解与速度三角形

在圆柱坐标系中，任意速度矢量都可以用其在三个方向上的分量表示，如图 10-2 所示。速度 $\boldsymbol{c}$ 分解成了圆周、径向及轴向三个分量，可用式（10-2）表示。

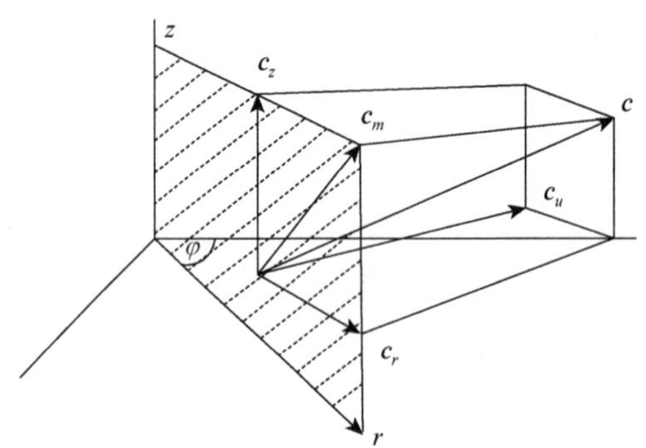

图 10-2　圆柱坐标系中速度矢量的分解图

$$\boldsymbol{c} = \boldsymbol{c}_z + \boldsymbol{c}_r + \boldsymbol{c}_u \tag{10-2}$$

式中：圆周分量 $\boldsymbol{c}_u$ 沿圆周方向与轴面垂直，该分量对叶轮与流体之间的能量转换起决定性作用。径向速度 $\boldsymbol{c}_r$ 和轴向速度 $\boldsymbol{c}_z$ 的合成可用式（10-3）表示，因其位于轴面内（图 10-2 中阴影部分），故称为轴面速度 $\boldsymbol{c}_m$。

$$\boldsymbol{c}_m = \boldsymbol{c}_r + \boldsymbol{c}_z \tag{10-3}$$

涡轮机流道内流体的速度也可以用式（10-4）表达，即流体的速度可以用轴面速度和圆周速度两个分量予以表达。图 10-1 中的 $\boldsymbol{c}$ 和 $\boldsymbol{w}$ 两个矢量也可以分解为圆周分量和轴面分量，并可以用图 10-3 来表示。

$$\boldsymbol{c} = \boldsymbol{c}_m + \boldsymbol{c}_u \tag{10-4}$$

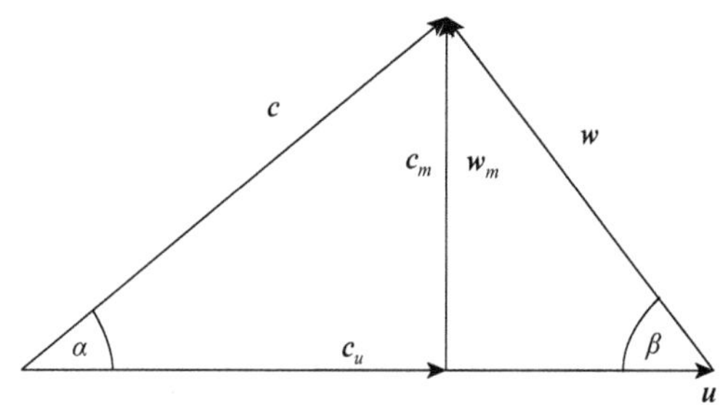

图 10-3　速度三角形示意图

对于叶轮内每一空间点，都可以做出上述速度三角形，其中 β 称为相对流动角，α 称为绝对流动角。叶片进出口处的流动情况，或者说叶片进出口处的速度三角形与叶轮与流体之间的能量转换是密切相关的。

2. 水轮机中基本能量方程式

对于水轮机这类叶片式流体机械传统上采用一元流动理论进行分析，所谓一元流动理论是基于转轮采用无限叶片数的假设，轴面速度沿过流断面均匀分布。在此假设下，流动状态只是轴面流线长度坐标的函数。由此可以由一元流动理论建立水轮机的基本能量方程。

单位时间内水流对转轮的动量矩的改变，应等于作用在该水流上的外力对同轴的力矩总和，即

$$\boldsymbol{M}=\frac{\mathrm{d}\boldsymbol{L}}{\mathrm{d}t}=\boldsymbol{q}_m(\boldsymbol{c}_{u1}\boldsymbol{r}_1-\boldsymbol{c}_{u2}\boldsymbol{r}_2) \tag{10-5}$$

式中：单位时间流出控制面的流体动量矩为 $\boldsymbol{L}_2=\boldsymbol{q}_m\boldsymbol{c}_{u2}\mathbf{r}_2$；单位时间流入控制面的流体动量矩为 $\boldsymbol{L}_1=\boldsymbol{q}_m\boldsymbol{c}_{u1}\boldsymbol{r}_1$，由于流动定常，控制面内的动量矩不变；$\boldsymbol{M}$ 为水流对转轮的力矩；方程右端为水流本身速度矩的变化。该式表达了水轮机中水流能量转换为旋转机械能的平衡关系。式（10-5）反映的是水轮机这类原动机的动量矩方程，如果是水泵类工作机，则方程右边前后两项交换位置。根据式（10-5）推导出的叶轮机的欧拉方程如下

$$g\boldsymbol{H}_{\mathrm{th}}=\boldsymbol{h}_{\mathrm{th}}=\frac{\boldsymbol{P}_{\mathrm{th}}}{\rho}=\boldsymbol{u}_1\boldsymbol{c}_{u1}-\boldsymbol{u}_2\boldsymbol{c}_{u2} \tag{10-6}$$

式中：$\boldsymbol{H}_{\mathrm{th}}$、$\boldsymbol{h}_{\mathrm{th}}$ 及 $\boldsymbol{P}_{\mathrm{th}}$ 分别称为理论扬程（水头）、理论能量头和理论全压，分别指的是在没有损失情况下，每单位量（重力，质量，体积）流体从叶片获得的能量。

该方程的实质是由水流能量转换为旋转机械能的平衡方程。水流传给转轮的能量与水流在转轮进出口之间的动量矩的变化相平衡。没有这种动量矩的改变，转轮就不可能获得水流能量而做功。换句话说，欧拉方程指出水能转变成固体旋转机械能的必要条件是转轮进、出口必须存在水流速度矩（或环量）的差。该方程式说明，要提供上述转换的必要条件，以至保证能量转换的成效，转轮叶片流道的形状（迫使水流速度矩变化）是决定性的因素。

因此我们可以得出推论：要使井下涡轮发电机获得高的能量转换效率的一个重要因素

是设计合理的涡轮结构形式，优化的涡轮叶片流道形状，使进出口水流速度矩变化达到最大值。

10.1.2　交流同步发电机基本理论

目前常用的小型水力发电机主要包括永磁同步发电机、电容励磁异步发电机以及无刷同步发电机。其中永磁同步发电机结构相对简单，尺寸较小，比较适于在小功率的水力发电机上使用。

按照结构形式，同步电机可以分为旋转电枢式和旋转磁极式两类。旋转电枢式的特点是电枢装设在转子上，主磁极装设在定子上，这种结构适合在小容量同步电机中的应用。在旋转磁极式电机中，按照主极的形状，又可分成隐极式和凸极式，一般对于转速不是很高的水轮发电机常采用凸极式结构，其制造工艺相对简单，因此井下涡轮发电机也采用凸极永磁同步交流发电机，负载呈感性。

同步电机的主要参数有以下六项。

（1）额定容量 S_N（额定功率 P_N）：指额定运行时电机的输出功率。同步发电机的额定容量既可用视在功率表示，也可用有功功率表示；同步电动机的额定功率是指轴上输出的机械功率。

（2）额定电压 U_N：指额定运行时定子的线电压。

（3）额定电流 I_N：指额定运行时定子的线电流。

（4）额定功率因数 $\cos\phi$：指额定运行时电机的功率因数。

（5）额定频率 f_N：指额定运行时电枢的频率。

（6）额定转速 n_N：指额定运行时电机的转速，对同步电机而言，即为同步转速。

同步发电机输出电功率与额定电压、额定电流及额定功率因数的关系如下：

$$P_N = S_N \cos\phi_N = \sqrt{3} U_N I_N \cos\phi_N \tag{10-7}$$

对于凸极同步电机来说，其气隙沿电枢圆周是不均匀的，因此在定量分析电枢反应的作用时，需要应用双反应理论；当电枢磁势的轴线既不和直轴重合又不和交轴重合时，可以把电枢磁势分解成直轴分量和交轴分量。分别求出直轴和交轴磁势的电枢反应，最后再把它们的效果叠加起来。

永磁凸极同步电机若不考虑转子励磁的损耗，则发电机轴上输入的机械功率 P_1 扣除机械损耗 P_Ω 和定子铁耗 P_{fe} 后，余下的功率将通过旋转磁场和电磁感应的作用，转换成定子的电功率，所以转换功率就是电磁功率 P_e，即

$$P_1 = P_\Omega + P_{Fe} + P_e \tag{10-8}$$

再从电磁功率 P_e 中减去电枢铜耗 P_{Cua} 可得电枢端点输出的电功率 P_2，即

$$P_e = P_{Cua} + P_2 \tag{10-9}$$

式中：$P_{Cua} = mI^2R_a$；$P_2 = mUI\cos\varphi$；m 为定子相数。式（10-8）和式（10-9）就是同步发电机的功率方程。

把功率方程（10-8）两端同除以同步角速度 ω，可得转矩方程

$$T_1 = T_0 + T_e \tag{10-10}$$

式中：T_1为原动机的驱动转矩：$T_1 = \dfrac{P_1}{\omega}$；$T_e = P_e/\omega T_e$为电磁转矩：$T_e = \dfrac{P_e}{\omega}$；$T_0$为发电机的空载转矩：$T_0 = \dfrac{P_\Omega + P_{Fe}}{\omega}$。

原动机的驱动转矩 T_1 对于井下涡轮发电机而言就是涡轮机构提供的输出转矩。而发电机轴上输入的机械功率 P_1 就是涡轮机构的输出功率，涡轮机构的输出功率的大小直接决定了发电机输出功率的大小，当发电机的电磁结构参数确定下来以后，要提高发电机的功率关键在于提高涡轮机构的输出功率。

10.2　井下涡轮发电机涡轮结构的优化

10.2.1　井下涡轮发电机涡轮结构分析

井下涡轮发电机由于尺寸结构的限制，并且考虑到加工的工艺性，采用等距螺旋线型的叶片较好[2]。涡轮发电机的能量转换效率除与叶片的叶型结构等几何参数有关外，也与涡轮的布置和安装方式有密切联系。这里考虑三种涡轮安装结构形式的涡轮发电机，如图 10-4 所示，涡轮叶型均采用等距螺旋线型，发电机径向和轴向尺寸相同。其中（a）方案的结构最简单，只采用了一个涡轮，安装在井下涡轮发电机的中间位置。（b）方案的结构比（a）要复杂一些，虽然也是采用一个涡轮，但是在叶轮前面加了一个导轮，主要目的是减少涡轮出口处流体圆周速度的损失。方案（c）的结构要复杂一些，采用了两个涡轮，分别安装在井下涡轮发电机的两端。为了评判三种方案的优劣，采用计算流体动力学（computational fluid dynamics，CFD）的方法对三种结构安装形式的井下涡轮发电机的内部流场进行数值模拟，以分析其水力效率。

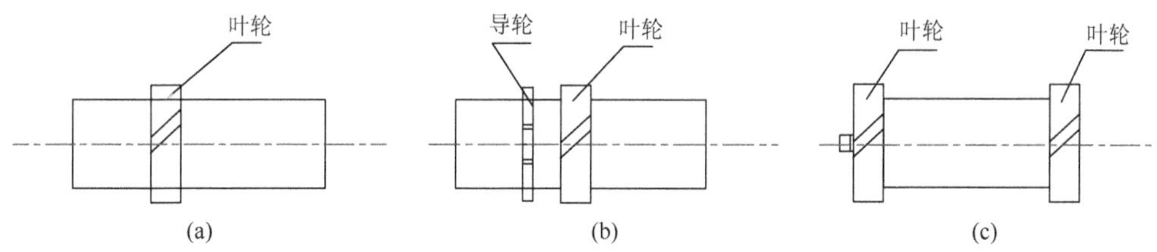

图 10-4　井下涡轮发电机涡轮结构布置图

1. CFD 分析原则和建模

涡轮的内部流动非常复杂，一般是三维的湍流流动，采用传统的一元和二元理论分析起来比较困难，也缺乏准确性。由于计算机技术的进步，寻找此类问题的数值解已成为可能，CFD 开始成为研究流体机械内部流体运动规律的一种重要手段。CFD 分析是通过计算机数值计算和图像显示，对含有热传导及流体流动等有关物理现象的系统所做的分析。

CFD 分析的基本思想是把原来在时间域、空间域上连续的速度场和压力场等物理量的场，用一系列有限个离散点上的变量值集合代替，通过一定的规则和方式来建立关于这些离散点上场变量之间关系的代数方程组，最后通过求解代数方程组从而获得场变量的近似值[3]。经过几十年的发展，CFD 出现了多种数值解法，这些方法的主要区别在于对控制方程的离散方式。

根据离散的原理不同，CFD 大体上可分为三个分支；有限差分法（finite different method，FDM）、有限元法（finite element method，FEM）和有限体积法（finite volume method，FVM）。其中有限体积法在 CFD 分析软件中应用比较多。有限体积法是将计算区域划分为一系列控制体积，将待解微分方程对每一个控制体积积分得出离散方程。有限体积法的关键是在导出离散方程过程中，需要对界面上的被求函数本身及其导数的分布作出某种形式的假定。用有限体积法导出的离散方程可以保证具有守恒特性，而离散方程系数物理意义明确，计算量相对较小。目前有限体积法在 CFD 中的应用比较广泛并得到了不断的发展，一些新的改进方法也已出现，例如适用于任意多边形非结构网格的扩展有限体积法[4]。

在流体力学中，描述流体运动的基本方程为质量守恒、动量守恒和能量守恒方程。其中动量守恒（Navier-Stokes 方程）描述为

$$\frac{DW}{Dt}=\frac{\partial W}{\partial t}+W\cdot\nabla W=-\frac{\nabla p}{\rho}+f+\frac{\mu}{\rho}\nabla^2 W-[2\omega\times W+\omega\times(\omega\times R)] \tag{10-11}$$

式中：W 为相对速度；p、ρ 为压力和密度；f 为质量力；u 为黏性系数；R 为半径；$-2\omega\times W$ 为科氏力；$\omega\times(\omega\times R)$ 为离心力。

对于牛顿流体，目前普遍公认 Navier-Stokes（以下简称 N-S）方程能够正确描述了流体运动的规律。对于不可压 N-S 方程的计算是计算流体力学的典型问题，对 N-S 方程直接求解比较困难，一般采用不同程度的简化以便求解，这样就产生了各种不同解法，大致可以分为无黏性流动解；边界层解；抛物线化 N-S 方程解和全三维 N-S 方程求解。随着计算机的迅速发展，对有分离、旋涡等情况的复杂三维流动，比较理想的方法是全三维 N-S 方程求解。

工程上普遍应用的全三维 N-S 方程求解采用雷诺（Reynolds）时均方程法，该法将非稳态的 N-S 方程对时间作平均，求解工程中感兴趣的时均量。从雷诺平均 N-S 方程出发的数值模拟方法称为 RANS 法。使用 RANS 法时，为了使方程组封闭，必须做出假设，即建立各种相应的湍流模型。目前在工程中得到最广泛应用的是 k-ε 模型，主要是因为 k-ε 模型相对简单且拥有良好的数值特性。这种模型在计算带有压力梯度的二维流动和三维边界层流动时可以取得良好的效果，它同时也是经过大量工程检验并被认为是相对理想的湍流模型。本书即采用 N-S 方程的 RANS 法 k-ε 湍流模型对涡轮的内部流场进行数值模拟运算。

2. 涡轮结构的建模与仿真

目前可用于 CFD 计算的软件基本都是国外公司的产品。这里采用的是 Flomerics 公司开发的 FloWorks。FloWorks 是基于有限体积法的 CFD 软件，它适用于二维、三维；外流、内流；定常、非定常；可压、不可压；非牛顿流（只能解决层流问题）、湍流、过渡流等方面的流体数值求解。它的一个显著特点是利用一些自动化工具来简化分析过程并提高工作效率，可以自动检测 SolidWorks 几何体中的流体体积，从而区分流体区域和固体区域；自动生成流体区域和固体区域的网格，还能够通过生成自适应网格提高精确度[5]。

分析前面针对井下涡轮发电机涡轮结构的三种形式进行三维建模，如图 10-5 所示，涡轮叶型均采用等距螺旋线，叶轮外径均为 108 mm，其中的（a）～（c）分别对应图 10-4 中的（a）～（c）。因为这里主要是分析井下涡轮发电机外部结构在井壁内的流场特性，我们对井下涡轮发电机结构进行了适当简化处理，如一些外部的细小突起（如螺钉等）未予考虑。为了分析井下涡轮发电机迎水面形状对流场特性的影响，针对图 10-5（b）的涡轮结构安装形式，采用了另一种涡轮发电机顶部装有圆锥导水体的结构形式，如图 10-5（d），该结构的井下涡轮发电机除顶部外其他参数与图 10-5（b）完全相同。为了方便描述，我们下面将分别（a）～（d）称为井下涡轮发电机的第一、第二、第三及第四种结构。

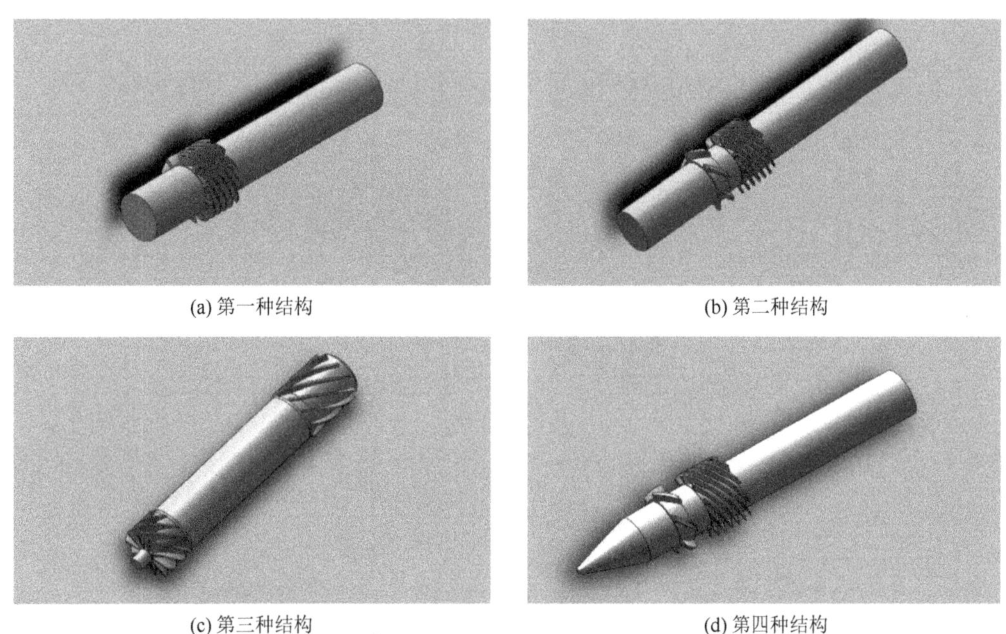

(a) 第一种结构　(b) 第二种结构

(c) 第三种结构　(d) 第四种结构

图 10-5　井下涡轮发电机 CFD 分析涡轮结构三维模型图

仿真分析时内部流道入口压力设为 350 kPa，质量流量设为 18 kg/s，环境温度设为 293 K。仿真分析是对整个发电机涡轮结构进行的，而不是针对其中某一个叶片结构。

仿真结果如图 10-6 所示，图 10-6 反映的是涡轮发电机内部流场的流线和速度场分布情况。图 10-6 中的（a）～（d）分别对应于图 10-5 中的（a）～（d）四种结构形式。

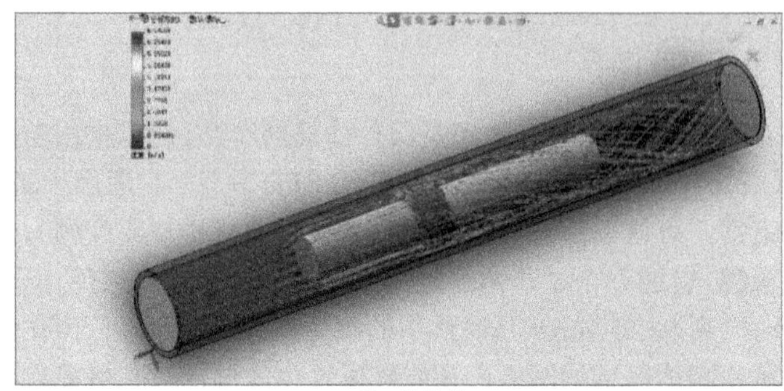

(a) 第一种结构

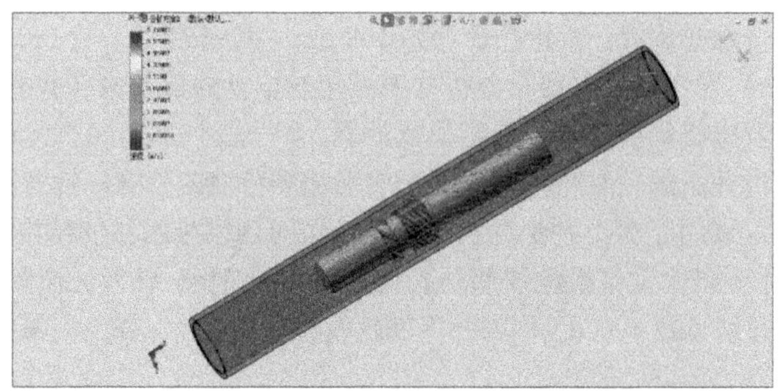

(b) 第二种结构

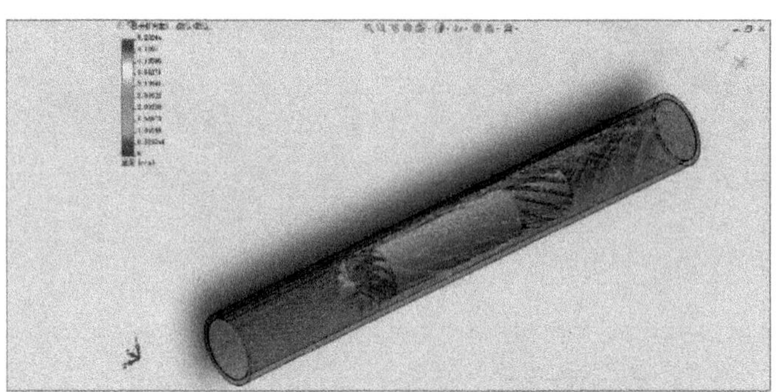

(c) 第三种结构

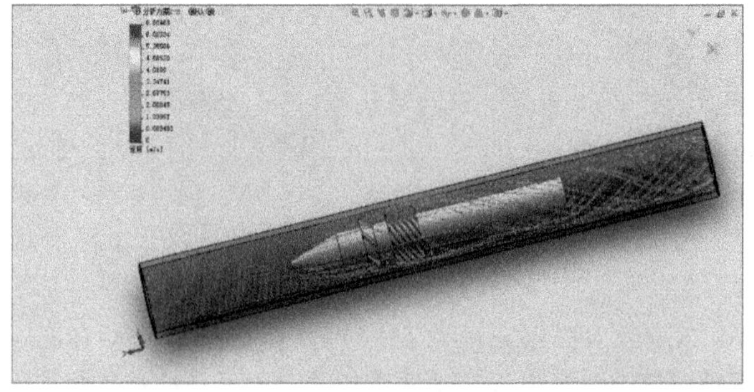

(d) 第四种结构

图 10-6　涡轮发电机内部流场图

仿真结果表明，以上四种结构中，当入口压力、质量流量、环境温度等条件相同时，四种涡轮发电机结构其内部流场的最大流速是不同的，具体数值参见表 10-1。说明第一种涡轮发电机内部的动能损失最小，第三种涡轮发电机结构内部的动能损失最大。在涡轮发电机结构内部流体动能的损失主要是流体对涡轮叶片的做功以及产生回流及涡流损失所造成。

表 10-1　不同涡轮发电机结构内部最大流速

涡轮发电机结构	第一种结构	第二种结构	第三种结构	第四种结构
最大速度/(m/s)	7.23	6.26	5.22	6.94

3. 涡轮内部流场的仿真分析

分析四种涡轮发电机结构内部流场（中间段和出口段）的细部特征，如图 10-7～图 10-10 所示。

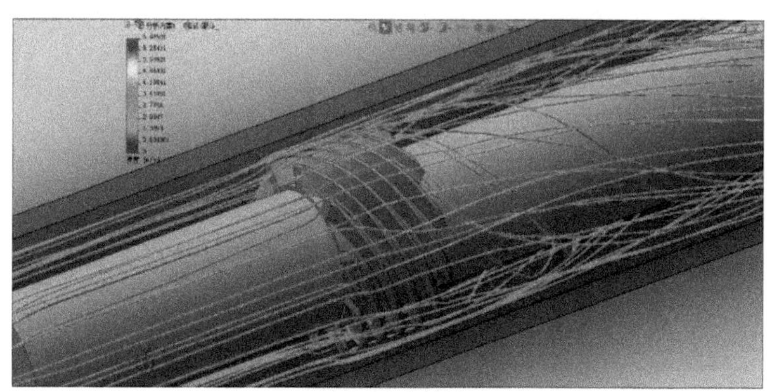

(a) 中间段流场图

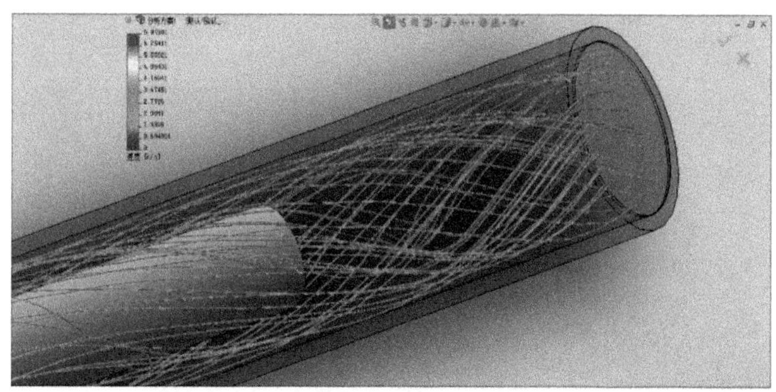

(b) 出口段流场图

图 10-7　第一种涡轮发电机结构内部流场细节图

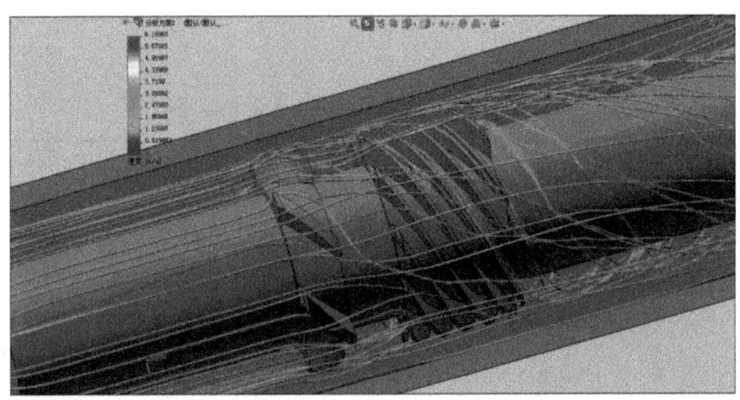

(a) 中间段流场图

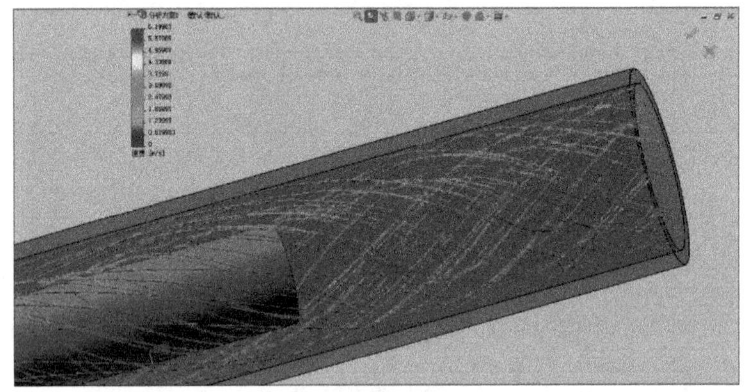

(b) 出口段流场图

图 10-8　第二种涡轮发电机结构内部流场细节图

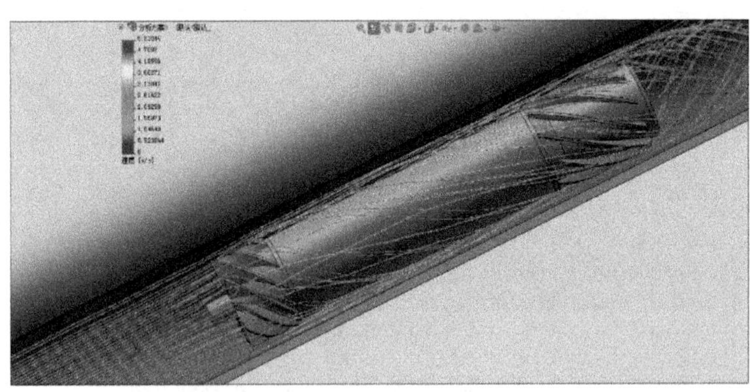

(a) 中间段流场图

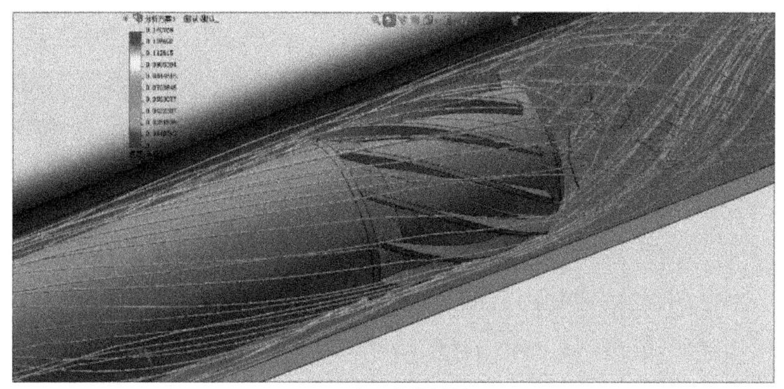

(b) 出口段流场图

图 10-9　第三种涡轮发电机结构内部流场细节图

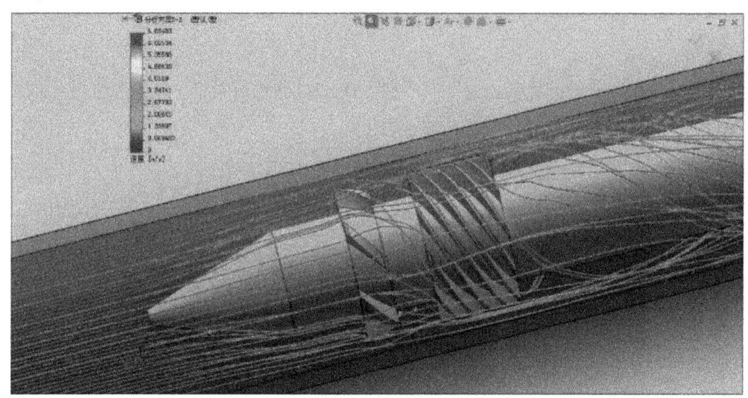

(a) 中间段流场图

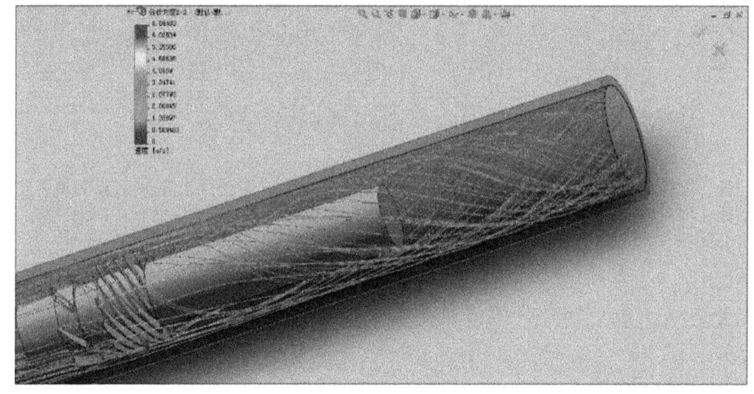

(b) 出口段流场图

图 10-10　第四种涡轮发电机结构内部流场细节图

从上述流场速度图可以看出，四种涡轮发电机结构在进口处的流线都比较平稳，都没有涡流产生。第一种结构在中间段流过涡轮后有少许涡流产生。第二种结构由于在涡轮前加装了导轮，改变了流束形态，流过涡轮后没有涡流产生，但在导轮之后有涡流产生，说明导轮可以改善涡轮的流场分布，但要设计合理的叶型结构并采用适合的叶片数量。第三种涡轮发电机结构在第一个涡轮和第二涡轮处速度过渡均匀，无涡流和回流，但在出口处有回流现象发生。第四种结构在电机顶部采用了导流锥的结构形式，其流线与第二种结构相比相差不大，说明涡轮发电机顶部迎水面的结构对提升涡轮发电机的效率影响不大。

综合判断表明，四种涡轮发电机结构内部回流及涡流均不大，在尺寸相同的情况下，流体对第三种涡轮发电机结构叶轮的做功最大，涡轮发电机的能量利用率最高。可以认为对于小口径的涡轮发电机来说，采用第四种结构形式为最佳。但须改进第二涡轮的叶型结构，另外从便于元件结构布置，最大利用发电机内部空间的角度考虑，涡轮发电机顶部迎水面的结构可不必采用导水锥的结构形式，而采用平顶的结构即可。

10.2.2 井下涡轮发电机结构设计与试验

根据前面分析的结论，按照第三种结构形式对涡轮发电机结构进行初步设计，其结构如图 10-11 所示。

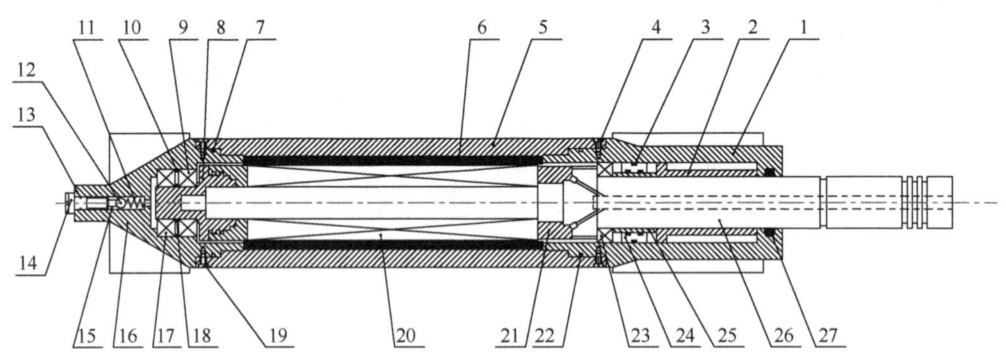

图 10-11 小口径的涡轮发电机结构图

1. 涡轮 1；2. T 型衬套；3. O 型密封圈；4. 螺钉；5. 机壳；6. 磁铁；7. O 型密封圈；22. O 型密封圈；23. 轴承；24. 柱塞；25. 衬套；26. 定子轴；27. 毡圈 15. 阀座；16. 涡轮 2；17. 轴承；18. 隔离圈 2；19. 螺钉；20. 线圈；21. 绝缘块；8. 绝缘块；9. 轴承；10.隔离圈 1；11. 弹簧；12. 钢球；13. O 型密封圈；14. 螺栓；

发电机包括带绕组的定子 26 和外壳 5，其中定子为轴向静止状态，而外壳起转子作用。在外壳 5 中，固定了为建立磁场和在定子 26 绕组上产生电动势的磁铁 6。外壳的一头与涡轮 1 相连，而另一头与涡轮 16 相连，外壳与涡轮连接的地方借助密封圈 3、7 进行密封，同时，用螺钉 4、8 进行固定。涡轮 1、16 用于驱动带磁铁 6 的外壳 5 旋转，以产生交变的旋转磁场。在涡轮 1 的内部安装了轴承 9 和两个 O 型密封圈 7。在涡轮 1 的前端留有注油孔，里面带有密封圈 13 和封闭螺栓 14。在这个注油孔里还装有带弹簧 11 和钢球 12 的阀座 15。在两轴承之间安装了隔离圈 10、18。定子 26 安装在轴承 23 上，轴承 23 的端面密封定位靠衬套 25 及 T 形衬套 2 和带密封圈的柱塞 24 来实现，同时在涡轮的端面可以安装毡圈 27 用于确保发电机内的密封。定子轴的左端为空心的，该孔用于发电机电路的导线安装及其他电子元件的安装。图 10-12 为按照第三种结构形式设计的小口径的涡轮发电机的三维装配图。

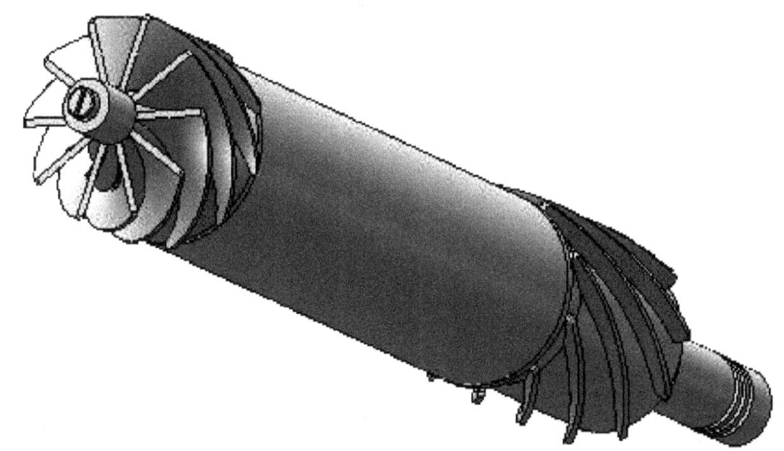

图 10-12　小口径的涡轮发电机三维装配图

实验流体力学与计算流体力学的结合能更准确地研究井下涡轮发电机的水力性能，通过对水力性能进行试验、水力参数进行采集，寻找涡轮发电机的水力性能变化规律及影响因素，为其结构参数的最优化、工作环境的最佳选择提供重要理论依据。限于实验条件的限制，我们未能进行井下涡轮发电机的实际水力学试验测试，根据前述井下涡轮发电机结构设计的相应试验装置结构如图 10-13 所示。

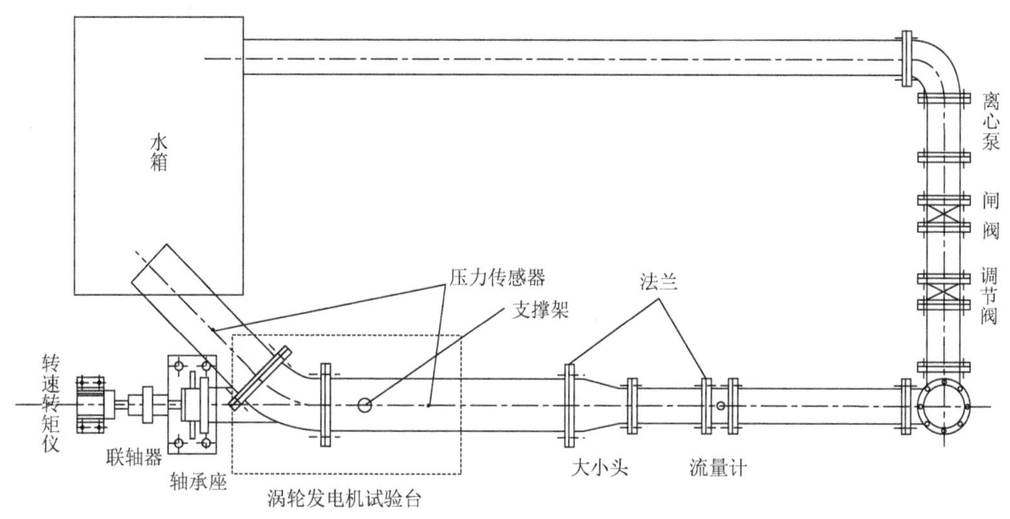

图 10-13　涡轮测试实验装置示意图

实验装置中水循环部分包括水箱、管道、离心泵、闸阀、调节阀、弯头、大小头、法兰等，整个系统采用密闭形式，泥浆或清水经过离心泵加压后不断在管道间循环，带动涡轮发电机旋转。涡轮发电机的安装部包括试验平台、轴承座、支撑架、轴承、轴承盖、弹性挡圈、密封圈、毡圈。其中轴承座通过法兰与管道连接，并用螺栓固定在试验平台上，试验平台的高低可以调节。支撑架通过螺纹连接在管道中，安装在涡轮发电机不转的一端，使其两侧的受力平衡，实验时支撑架的中心和轴承座的中心处在同一水平面上。水力性能参数测试的传感器包括流量计、压力传感器、转速转矩仪等，如采用三孔或五孔流体动力探针，还可以测得涡轮前后水流总压分布情况[6]。

涡轮测试实验装置测控系统流程图及测控系统软件界面如图 10-14 和 10-15 所示。

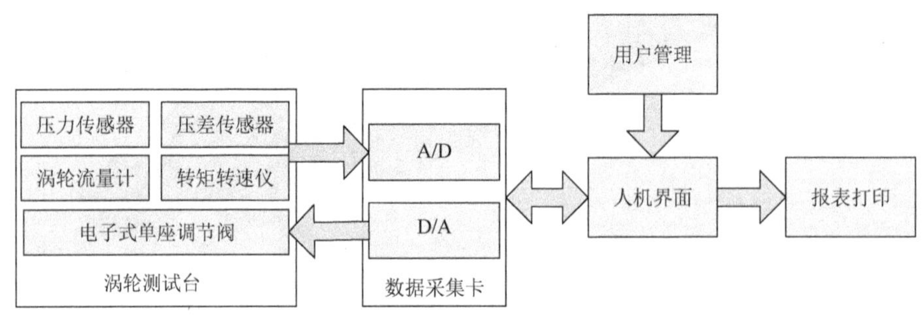

图 10-14　涡轮测试实验装置测控系统流程图

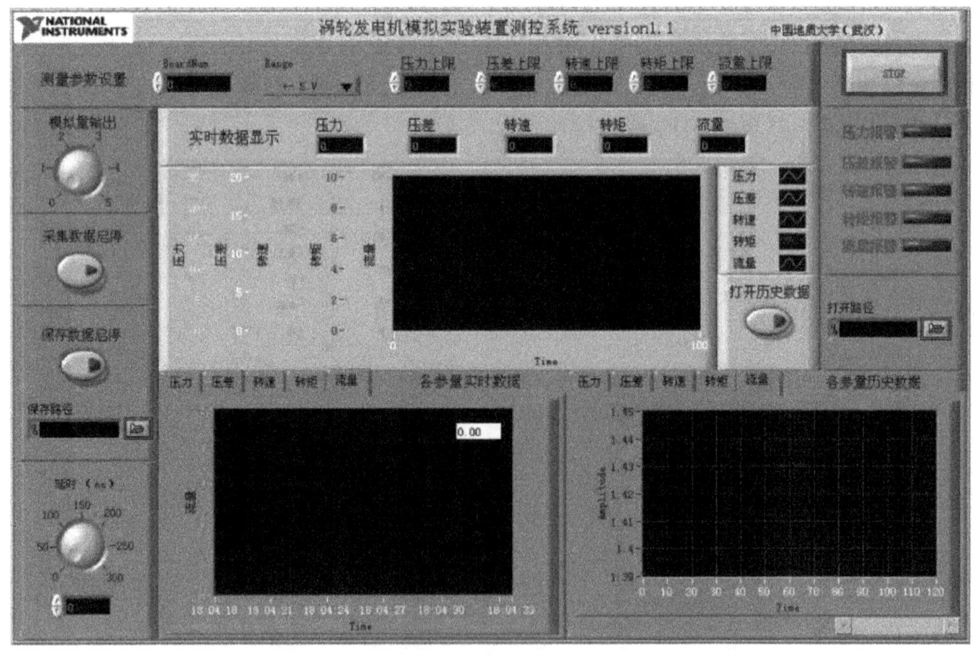

图 10-15　涡轮测试实验装置测控系统软件界面

参 考 文 献

[1]　铁占续. 流体机械原理设计及应用[M]. 北京：中国电力出版社，2009.

[2]　张先勇，冯进等. 井下涡轮式发电机水力性能研究[J]. 机械研究与应用，2006，29（1）：9-14.

[3]　王福军. 计算流体动力学分析[M]. 北京：清华大学出版社，2004.

[4]　CHOW P，PERCLEOUS M. A natural extension of the conventional finite volume method into polygonal unstructured meshed for CFD application. meshes for CFI application. App. Math. Modelling，1996：170-183.

[5]　卢海星，胡仁喜. SolidWorks 2014 有限元、虚拟样机与流场分析从入门到精通[M]. 北京：机械工业出版社，2014.

[6]　杨敏官，王军峰等. 流体机械内部流动测量技术[M]. 北京：机械工业出版社，2006.